TORBEN PLATZER

SELF MADE
BRANDING

TORBEN PLATZER

SELF MADE
BRANDING

WIE MAN SCHRITT FÜR SCHRITT ZU EINER UNVERWECHSELBAREN PERSONENMARKE WIRD

REDLINE | VERLAG

Bibliografische Information der Deutschen Nationalbibliothek
Die Deutsche Nationalbibliothek verzeichnet diese Publikation in der Deutschen Nationalbibliografie. Detaillierte bibliografische Daten sind im Internet über http://dnb.d-nb.de abrufbar.

Für Fragen und Anregungen
info@redline-verlag.de

Wichtiger Hinweis
Ausschließlich zum Zweck der besseren Lesbarkeit wurde auf eine genderspezifische Schreibweise sowie eine Mehrfachbezeichnung verzichtet. Alle personenbezogenen Bezeichnungen sind somit geschlechtsneutral zu verstehen.

2. Auflage 2022
© 2022 by Redline Verlag, ein Imprint der Münchner Verlagsgruppe GmbH,
Türkenstraße 89
D-80799 München
Tel.: 089 651285-0
Fax: 089 652096

Alle Rechte, insbesondere das Recht der Vervielfältigung und Verbreitung sowie der Übersetzung, vorbehalten. Kein Teil des Werkes darf in irgendeiner Form (durch Fotokopie, Mikrofilm oder ein anderes Verfahren) ohne schriftliche Genehmigung des Verlages reproduziert oder unter Verwendung elektronischer Systeme gespeichert, verarbeitet, vervielfältigt oder verbreitet werden.

Redaktion: Desirée Šimeg
Umschlaggestaltung: TPA Media GmbH
Umschlagabbildung: © Torben Platzer
Illustrationen: Kristina Konradi
Satz: Carsten Klein, Torgau
Druck: GGP Media GmbH
Printed in Germany

ISBN Print 978-3-86881-785-0
ISBN E-Book (PDF) 978-3-96267-326-0
ISBN E-Book (EPUB, Mobi) 978-3-96267-327-7

Weitere Informationen zum Verlag finden Sie unter

www.redline-verlag.de
Beachten Sie auch unsere weiteren Verlage unter www.m-vg.de

Inhalt

Auf dem Weg zur Personal Brand ... 9
Individuelle Ausgangssituationen, identisches Vorhaben 9
Gemeinsame Spielregeln für dieses Buch ... 12
Spielwiese Social Media ... 16

1. Social Media + Personal Branding = Must-have ... 21
Internet und Social Media überall ... 23
Personal Branding auf dem Vormarsch ... 26

2. Im Irrgarten namens Social Media ... 41
Die großen Vier ... 43
Ergänzende Kanäle ... 57
Der alles berechnende Kern der Social-Media-Plattformen ... 59
Die bunte Content-Palette ... 73
Die Qual der Wahl ... 78

3. Die Power von Branding ... 87
Eine Bindung durch die Liebe zur Marke ... 89
Markenverbundenheit als Gewohnheit ... 95
Der Impact von Influencer-Marketing ... 100
Organische vs. bezahlte Reichweite ... 108
Einer Marke ein Gesicht geben ... 111
Entscheidende Schlüsselmomente ... 117

4. Die neun Elemente einer Personal Brand 125
Die Cubes der Personal Brand 126
Cube 1: Ein Kernthema finden 129
Cube 2: Eine Brand-Story erzählen 143
Cube 3: Positionierung, Mission und Vision entwickeln 162
Cube 4: Eine Zielgruppe definieren 175
Cube 5: Art der Ansprache und Kommunikation wählen 182
Cube 6: Brand-Design und Stimmung kreieren 197
Cube 7: Content erstellen und Formate entwickeln 221
Cube 8: Reichweite und Community aufbauen 240
Cube 9: Mitspieler und Gegenspieler checken 257

5. Alle Cubes in Position 261
Der Launch deiner Personal Brand 263
Tipps für einen guten Start beim Social-Media-Branding 264

6. Erweiterung und Monetarisierung deiner Personal Brand 271
Luft nach oben 272
Promotion von Erweiterungen – punktueller Launch 274

Trommelwirbel! 281

Glossar 285

Dank 289

Über den Autor 291

Quellen 293

KEIN ÖDES FACHCHINESISCH.

KEINE KOMPLIZIERTEN FORMELN.

KEINE BILLIGEN AUSREDEN MEHR (FÜR DICH).

MEINE PERSÖNLICHE HERANGEHENSWEISE.

UNSERE GESAMMELTEN SOCIAL-MEDIA-ERFAHRUNGEN.

DEIN INDIVIDUELLER WEG ZUR PERSONAL BRAND.

Auf dem Weg zur Personal Brand

Individuelle Ausgangssituationen, identisches Vorhaben

Ein privater Facebook-Account, auf dem man gelegentlich Urlaubsfotos teilt, mit einer Freundesliste, in der fast ausschließlich ehemalige Schulkameraden stehen, mit denen man genau zwei Mal im Jahr Kontakt hat, weil die Erinnerungsfunktion automatisch auf anstehende Geburtstage hinweist und vorgefertigte Torten mit Kerzen als GIF anbietet, die man mit einem Klick verschicken kann, und man jedes Jahr die obligatorischen Weihnachts- und Neujahrsgrüße in die Runde sendet. Ein Instagram-Account unter falschem Namen, um den oder die Ex heimlich zu »stalken« und so zu erfahren, wenn er oder sie jemand Neues hat, sodass man die Bilder an den besten Freund oder die beste Freundin schicken kann, um dann gemeinsam darüber zu lästern. Die eine oder andere Inspiration auf Pinterest oder Instagram, wenn es um die Einrichtung des neuen Wohnzimmers, aktuelle Beauty-Trends oder leckere neue Koch- oder Backrezepte geht. Ein YouTube-Video hier, ein TikTok da zum Zeitvertreib im Wartezimmer, in der U-Bahn oder am Flughafen – oder auch nachts, wenn der Schlaf mal wieder auf sich warten lässt. Darauf beschränken sich die »Social-Media-Aktivitäten« vieler Leute.

Falls Sie sich bei dieser Beschreibung (teilweise) wiedererkannt haben, bin ich ganz ehrlich mit Ihnen: Sie müssen noch einiges aufholen, sollten Sie ernsthaft mit dem Gedanken spielen, einen Markenaufbau auf Social Media zu starten, egal ob für Sie persönlich oder für Ihr Business. Das ist Ihnen vermutlich bereits bewusst. Aber keine Panik – das kann super klappen, sofern Sie bereit sind, sich wirklich reinzuhängen. Schauen Sie sich dazu auf allen Plattformen um, lernen Sie deren Features, Funktionsweisen und Vorzüge kennen und finden Sie heraus, wo Sie sich am wohlsten fühlen. So erkennen Sie auch allmählich, welche davon sich für Ihre Zwecke gut eignen könnte. Sie werden zudem bei der Lektüre erkennen: Branding und Social Media sind kein Hexenwerk, sondern folgen in vielen Bereichen klaren Spielregeln, die man eben kennen muss, um langfristig Erfolge zu erzielen und eine starke Personenmarke aufzubauen. Ich selbst bin seit über sieben Jahren auf Instagram, YouTube & Co. unterwegs und aktiv, berichte meinen Fans, Followern und Abonnenten von meiner persönlichen Reise durch die wundersame Welt der sozialen Medien und teile meine Erkenntnisse und Erfahrungen mit ihnen.

Möglicherweise beschäftigen Sie sich aber auch schon längere Zeit und intensiver mit Social Media und sind in dem Zusammenhang dem Begriff »Branding« bereits mehrfach begegnet. Sie möchten nun gerne mehr darüber erfahren, wie Sie die Kommunikationsmittel des 21. Jahrhunderts für sich und/oder Ihr Unternehmen nutzen können, sodass Sie mehr Leute erreichen, die zu Interessenten, Fans, Abonnenten und Followern, perspektivisch aber auch zu neuen Mitarbeitern, Kunden oder Geschäftspartnern werden, die sich wirklich für Sie persönlich und Ihre Produkte oder Dienstleistungen interessieren.

Es kann aber auch sein, dass Sie bereits fundiertes Wissen über Social Media und Branding haben und selbst schon auf einigen Plattformen aktiv sind, aber noch nicht so richtig durchstarten konnten, wie Sie sich das vorgestellt haben oder wünschen. Vorgemacht haben das ja bereits einige Menschen, die in den letzten Jahren Schlagzeilen gemacht haben und auf ganz neuen Plattformen wie TikTok gefühlt über Nacht zu Internetstars – neudeutsch auch Influencer genannt – geworden sind, wie zum Beispiel Younes Zarou, ein in Frankfurt geborener Webvideoproduzent, der innerhalb von zwei Jahren über 35 Millionen Follower auf TikTok aufbauen konnte und schon Kooperationen mit Großkonzernen wie Mercedes eingegangen ist.[1] Kein Wunder, dass beim Influencer-Marketing mittlerweile mit Millionenbudgets hantiert wird, die man bislang eher bei Werbedeals mit Hollywood-Stars und -Sternchen kannte. Bereits 2020 gaben 11 Prozent der befragten Unternehmen an, dass sie mehr als 250.000 Euro pro Jahr für die Kooperation mit Personenmarken einplanten, Tendenz steigend.[2]

Wie Sie sehen, mache ich mir als Autor jede Menge Gedanken darüber, wer mein Buch lesen wird und wie der- oder diejenige den größten Nutzen daraus ziehen kann – beziehungsweise andersherum: wie ich meinen Lesern mit meinem Wissen und meinen Erfahrungen am besten beim Personal Branding und dem Markenaufbau via Social Media unter die Arme greifen kann. Im Grunde genauso wie ich mir überlege, welcher Content für meine Follower und meine Community relevant, interessant und hilfreich sein könnte. Doch ganz egal zu welcher Leserkategorie Sie sich zählen würden oder auf welcher Wissensstufe Sie gerade stehen, mein Anspruch an dieses Buch ist, Ihnen auf verständliche Art und Weise zu erklären, was die sozialen Medien in puncto Branding auszeichnet und wie der Markenaufbau im digitalen Raum funktioniert. Doch um sich als Person oder Unternehmen erfolgreich auf Social Media zu präsentieren, müssen Sie nicht nur die Basics und die jeweiligen Spielregeln der Plattformen kennen, sondern am Ende selbst aktiv werden wollen. Darum erlaube auch ich mir, für unsere weitere gemeinsame Reise ein paar Spielregeln aufzustellen.

Gemeinsame Spielregeln für dieses Buch

 Ohne Textmarker

Sie brauchen beim Lesen keinen Textmarker beziehungsweise keine Notizfunktion, falls Sie das E-Book nutzen. Sie sollen sich hier nichts merken, um es einfach nur auswendig zu lernen und irgendwann Wort für Wort wiederzugeben, sondern Sie sollen sich voll und ganz darauf konzentrieren, die Dinge, die ich Ihnen erkläre, zu verstehen, damit Sie das Ganze dann auch in die Tat umsetzen können. So ziehen Sie den größten Benefit aus diesem Buch, denn durch Ihre Reflexion schürfen Sie nach Ihren persönlichen Golden Nuggets in puncto Personal Branding – und das wird Sie am schnellsten voranbringen.

Ohne Fachchinesisch

Dieses Buch ist ein Begleiter auf Ihrer persönlichen Reise durch die sozialen Medien und die Welt des Markenaufbaus. Es gibt immer wieder Calls to Action in Form von Aufgaben oder Anregungen zum Weiterdenken. Am Ende des Buchs finden Sie zudem ein Glossar mit den wichtigsten Social-Media-Begriffen und Slang. Das alles trägt zum tieferen Verständnis bei und soll Ihnen helfen, zu eigenen Erkenntnissen und besseren Entscheidungen zu gelangen. Bei unserer täglichen Arbeit mit Persönlichkeiten und Unternehmen bei TPA Media – der Social Media & Branding-Agentur, die ich mit gegründet habe –, haben sich über die Jahre einige Spielregeln der Plattformen und damit Anforderungen an den Aufbau von Personenmarken herauskristallisiert, die ich in diesem Buch besprechen werde. So können Sie bei Ihrer Personal Brand einige unnötige Fehler von vornherein vermeiden und unsere Erfahrungen für sich oder Ihre Mitarbeiter nutzen. Über den QR-Code im Schlusskapitel gibt es nach einer Registrierung bei uns zusätzlichen wöchentlichen Input und weitere Informationen.

 ## Ohne erhobenen Zeigefinger

Ich will hier absolut nicht als Oberlehrer auftreten und Ihnen vorschreiben, was Sie zu tun oder zu lassen haben, oder jemand sein, der von oben herab Dinge erklärt. Ich wünsche mir eine Konversation auf Augenhöhe. Okay, im ersten Schritt ist es natürlich ein schriftlicher Monolog meinerseits, aber durch Ihre Umsetzung wird es in gewissem Sinne ein Dialog. Bei Ihrer Reise bin ich sozusagen der Typ im Reisebüro, der mit Ihnen einen aufregenden Trip plant, der aber nicht mehr dabei sein wird, wenn Ihr Abenteuer richtig losgeht. Das bedeutet, ich kann Ihnen gerne mögliche Ansätze zeigen und Sie auch bei den ersten Schritten anleiten, aber den »richtigen« Weg können nur Sie allein finden – und müssen ihn dann auch mutig gehen.

 Ohne Blaupause

Zwar habe ich das Social Media Branding in neun Elemente zerlegt, doch das bedeutet nicht, dass das Ergebnis ein lückenloser Blueprint ist, den man einfach eins zu eins kopieren kann. Es ist beim Aufbau einer Personenmarke extrem wichtig, persönliche Talente, individuelle Charaktereigenschaften und maßgeschneiderte Ziele miteinzubeziehen. Das Aufdröseln des Prozesses hat den Sinn und Zweck, dass Sie nacheinander (oder meinetwegen auch durcheinander) an verschiedenen Elementen arbeiten und Ihre Basisstrategie aufbauen können. In Kapitel 4 finden Sie dazu konkrete Anhaltspunkte und verzetteln sich weniger, weil Sie schneller entscheiden können, was als Nächstes ansteht oder in Angriff genommen werden sollte.

 Ohne Eile

Es geht nicht darum, Speed Reading zu betreiben und möglichst schnell hier durch zu sein, sondern mit dem neu erworbenen Wissen zu arbeiten und den Weg zum Markenaufbau, wie ich ihn vorstelle und auch selbst lebe, direkt zu beschreiten. Daher ist es sinnvoll, das Buch nach einzelnen Kapiteln auch mal wegzulegen und ein paar Dinge anzustoßen, auszuprobieren oder anders zu machen als bisher. Nehmen Sie sich unbedingt Zeit für Time-outs! Zur Marke wird man zudem nicht über Nacht. Erwarten Sie also bitte keine Wunder! Stellen Sie sich darauf ein, dass es sechs bis zwölf Monate dauern kann, bis sich Fortschritte bemerkbar machen, dass es ein kontinuierlicher Prozess der Markenbildung ist, der nie abgeschlossen ist, aber exponentielles Wachstum in Aussicht stellt.

 Immer in Verbindung

Ich freue mich, wenn Sie mir Updates schicken – ganz einfach über meine Social-Media-Kanäle. Wie Sie mit mir Kontakt aufnehmen können, erfahren Sie auf den letzten Seiten dieses Buchs. Das heißt aber nicht, dass Sie sich erst nach der Lektüre melden dürfen. Sie können mich auf Social Media jederzeit mit Fragen löchern, falls noch etwas unklar geblieben ist. Denn ich möchte über die Buchseiten hinaus für Sie da sein.

> **Haben wir einen Deal? Super, Hand drauf – ein virtuelles (und total coronakonformes) Shakehands! Ab sofort würde ich dann auch gerne auf die förmliche Anrede verzichten und zum Du wechseln, so wie ich auch auf Instagram & Co. mit meinen Followern und Abonnenten spreche. Also: Auf eine gute Zusammenarbeit! Ich wünsche dir eine spannende und erkenntnisreiche Reise und viel Erfolg bei deinen Branding-Start!**

Spielwiese Social Media

Der Aufbau einer Personal Brand ist eine langfristige Entscheidung, die mit Vor- und Nachteilen daherkommt. Ich beleuchte ausführlich die goldene, glänzende Seite der Medaille, da ich unglaubliche Chancen für so viele Menschen als Marken darin sehe, möchte aber die andere, die schmutzige und hässliche Seite nicht unerwähnt lassen. Denn die unschönen Aspekte rund um Social Media habe ich schmerzhaft zu spüren bekommen und wünsche mir, dass du viele meiner Anfängerfehler mithilfe dieses Buchs vermeidest. Spulen wir also zu Anschauungszwecken mal kurz ein paar Jahre zurück in die Zeit, als ich gerade anfing, in den sozialen Medien aktiv zu werden – damals, wie alle anderen, total unwissend und ohne Plan oder Strategie.

Das Internet und Social Media steckten, was Branding anging, mehr oder weniger in den Kinderschuhen, zumindest in Deutschland. Ich war gerade dabei, meinen Master of Education für die Fächer Germanistik und Medienwissenschaft abzuschließen, als mir meine damalige Freundin über ICQ[*] von Facebook erzählte. Sie meinte, dass ich mich dort unbedingt anmelden müsse. SchülerVZ und StudiVZ[**] kannte ich schon, denn diese Plattformen benutzten wir immer mal wieder, vor allem um Gruppen beizutreten, die lustige Namen hatten. Es dauerte etwas, bis ich begriff, wie bei Facebook alles funktionierte, aber dann mochte ich es und nutzte es gerne. Ich connectete mich mit alten Klassenkameraden, erfuhr, wer mit wem zwischenzeitlich wie viele Kinder gezeugt hatte, likte quasi alles und fing irgendwann auch an, selbst zu posten.

---

[*] Wenn du den Sound noch im Ohr hast, bist du alt. Willkommen im Club!
[**] Die beiden Plattformen waren in Deutschland seinerzeit sehr beliebt – das war vor dem Siegeszug von Facebook. Sie sind Relikte aus einer früheren Zeit im Social-Media-Irrgarten (siehe Kapitel 2).

Ich war damals ein sehr ruhiger, eher introvertierter Typ und würde mich aus heutiger Sicht als Nerd bezeichnen.* Witzigerweise hatte ich keine großen Probleme damit, Selfies zu schießen oder Videos zu drehen, weil mir der Gedanke gefiel, dass ich es so lange wiederholen konnte, bis es mir zusagte und »gut genug« war, um es öffentlich zu posten. Anders als in der realen Welt, wo man bei Konversationen besser nachdenkt, bevor man spricht, weil es eben keine Zurückspul- oder Löschen-Taste gibt, wie ich schon oft hatte erfahren müssen. Gleichzeitig meldete ich mich auf YouTube an und lud eigene Videos hoch, damals noch extrem experimentell und abwechslungsreich, um es mal positiv zu formulieren. In Wahrheit war es purer Zufall (Neudeutsch: komplett *random*). Mal ein Versuch, lustig zu sein, dann wieder ein kleiner Vlog aus der Bar am Freitagabend oder die Dokumentation meiner ersten Schritte in die Selbstständigkeit, einem Start-up im Gesundheitssektor, bei dem es um Leistungstests für Sportler ging. Einen roten Faden gab es dabei nicht. Ein Konzept dahinter? Fehlanzeige! Eine eigene Brand hatte ich damals auch noch nicht im Sinn. Das war alles Fun, Zeitvertreib, Ausprobieren und so weiter.

Die Resonanz war verschwindend gering; nicht weiter verwunderlich, denn viele Follower und Fans hatte ich ja noch nicht vorzuweisen. Wenn es mal Reaktionen gab, waren sie überwiegend negativ: Leute aus meiner Uni posteten Fragezeichen unter den Videos oder wenig konstruktive Kommentare wie »nicht lustig«. Beim Thema Entrepreneurship gab es gar kein Erbarmen. 1 Like und 17 Dislikes für das dazugehörige Video, alle wussten mit Sicherheit: »Das wird nix.« Ich würde mein ganzes Geld verlieren und selbst wenn ich welches verdiene, müsste ich viel zu viel ans Finanzamt

---

* Die Bezeichnung »introvertiert« mag dir überraschend vorkommen, wenn du mir vielleicht erst seit Kurzem auf Social Media folgst, aber du musst bedenken: Diese Geschichte ist schon eine ganze Weile her und Menschen ändern sich. Auch ich habe mich als Person über die Jahre weiterentwickelt. Wenn dich meine persönliche Story interessiert, kannst du gerne mal einen Blick in meine Biografie LIVING A SELFMADE LIFE werfen. Oder meine Videos und Posts auf Social Media durchforsten, da gibt's auch immer wieder mal einen Schwank aus meiner Jugend zu entdecken.

abdrücken. Erschwerend hinzu kamen die missbilligenden Blicke auf dem Unigelände oder in der Innenstadt, wenn ich in mein Smartphone oder in die Kamera sprach. Natürlich durfte ich mir den einen oder anderen blöden Spruch anhören, und die hatten es manchmal echt in sich.

Alles in allem erschreckend und zugegebenermaßen ziemlich demotivierend. Aus heutiger Sicht verstehe ich einige der Reaktionen und kann sie mir besser erklären. Doch damals führten sie dazu, dass ich öfter grübelte, ob ich wirklich weiter Inhalte hochladen wollte, und um ein Haar hätte ich die ganze Social-Media-Sache bleiben lassen, wenn nicht etwas Entscheidendes passiert wäre. Doch dazu später mehr.

Wichtig ist an dieser Stelle die Message, dass du nicht ohne Plan drauflos posten oder reden solltest, so wie ich und viele andere es anfangs ganz unbedarft getan haben, sondern den Input aus diesem Buch zu nutzen, um dein Personal Branding mit einem soliden Konzept aufzubauen und Strukturen und Prozesse zu schaffen, um die Wahrnehmung deiner Marke so zu steuern, wie du es dir vorstellst. **Das, was du in der Hand hast, solltest du auch wirklich im Griff haben.** Gleichzeitig solltest du die Spielregeln des Internets und der sozialen Medien kennen und akzeptieren, bevor du deine erste Zeile schreibst, das erste Foto hochlädst oder das erste Video ins Netz stellst.

> **DAS, WAS DU IN DER HAND HAST, SOLLTEST DU AUCH WIRKLICH IM GRIFF HABEN**

Time-out!
Ein kleines Brainstorming zu Beginn

Ich kann nachvollziehen, dass du jetzt auf glühenden Kohlen sitzt und endlich mit deinem Social-Media-Branding loslegen willst. Dennoch möchte ich dich bitten, das Buch schon jetzt für mindestens 30 Minuten wegzulegen, um in Ruhe zu reflektieren. Ja, das ist mein voller Ernst. Du sollst ganz unvoreingenommen überlegen, was du wirklich willst, ohne bereits bestimmte Strategien oder Methoden im Hinterkopf zu haben.

Achtung! Dieses Time-out zu überspringen erhöht die Wahrscheinlichkeit, dass du den Markenaufbau nach einigen Tagen oder Wochen wieder vernachlässigst, wenn nicht sogar aufgibst, um ein Vielfaches!

Notiere dir am besten die Ergebnisse deines Brainstormings, sodass du sie immer wieder ansehen kannst. Deine Aufzeichnungen sollen dich in den schwierigen Phasen deines Markenaufbaus – und die werden garantiert kommen! – daran erinnern, wieso du dieses Abenteuer überhaupt angefangen hast:

- Schreib fünf Punkte auf, wieso du die Entscheidung getroffen hast, eine Personal Brand aufzubauen.
- Beschreibe so detailliert wie womöglich, welche Identität du innerhalb der nächsten sechs bis zwölf Monate kreieren möchtest.
- Welche Wahrnehmung möchtest du bei deinem bisherigen Umfeld und vor allem auch neuen Leuten erzeugen?

- Optional: Erstelle ein Moodboard mit Elementen, die deine Marke ausmachen sollen (siehe Kapitel 4).
- Formuliere in einem Satz: Wofür möchtest du bekannt als Personal Brand werden?

Deine Antworten dürfen narzisstischer, egoistischer und auch monetärer Natur sein. Niemand wird sie je zu Gesicht bekommen – außer du willst sie unbedingt posten (was ich dir nicht raten würde, aber: deine Entscheidung). Was ich dir aber unbedingt ans Herz lege: Sei absolut ehrlich zu dir, das hilft dir am meisten.

Ich empfehle dir grundsätzlich regelmäßige Time-outs, am besten an einem festen Tag in der Woche, an dem du etwas mehr Zeit für dich hast und nicht im Alltagsstress steckst, um deine nächsten Schritte zu überdenken. Eine halbe Stunde ist das absolute Minimum, du kannst dir aber gelegentlich auch einen halb- oder ganztägigen, bei Bedarf sogar einen mehrtägigen Zoom-out gönnen, wenn du magst (siehe Kapitel 1).

Du hast dein erstes Time-out voll durchgezogen? Perfekt! Du hast nun hoffentlich so einiges über deine Intention gelernt. Also dann: weiter im Text.

1.
SOCIAL MEDIA + PERSONAL BRANDING = MUST-HAVE

Die Digitalisierung hält Einzug in jeden Bereich unseres Lebens. Heutzutage beklagen sich bereits 67 Prozent der Bundesbürger über Stress, ständige Hektik und Unruhe[3]: Im Café sitzen und den Latte macchiato genießen oder doch lieber »to go« und ab zum nächsten Termin? Früher sind wir in den Tante-Emma-Laden um die Ecke oder in den Supermarkt gegangen, in ein lokales Klamottengeschäft, auf den Flohmarkt oder in ein ausgewiesenes Fachgeschäft, um einzukaufen. Heutzutage verlagern sich unsere Shopping-Gewohnheiten mehr und mehr ins Internet. Wir lassen uns die Ware direkt nach Hause liefern – zumindest taten das 2020 schon 29 Prozent der befragten Deutschen wöchentlich.[4]

Wenn wir krank waren, haben wir als Arbeitnehmer früher schon ab und zu Dinge von zu Hause aus erledigt, die sich nicht aufschieben oder delegieren ließen, mit dem Laptop im Bett sitzend und einem heißen Tee auf dem Nachttisch. Mittlerweile heißt das Neudeutsch »Homeoffice« und wurde laut dem Statistischen Bundesamt 2019 schon von 12,9 Prozent aller Erwerbstätigen in Deutschland genutzt, und im Verlauf der Corona-Pandemie stiegen diese Zahlen zwangsweise.[5] Und viele Menschen finden diese Entwicklung gar nicht so verkehrt und arbeiten gerne *remote*. Dass Bandscheibenvorfälle, Essstörungen und Burn-outs schon längst keine Alterserscheinungen mehr sind, sondern immer öfter auch bei jüngeren Menschen auftreten, sind nur einige der gesundheitlichen Folgen der Digitalisierung.

Wobei das Internet und soziale Medien nicht nur problembehaftet sind, wie viele Kritiker gerne pauschal behaupten; sie bieten auch Lösungen, die unser Leben wahnsinnig erleichtern: Wir kommunizieren über weite Strecken mit unserem Smartphone binnen Sekunden, was vor einigen Jahren noch umständlich bis unmöglich war. Wir können uns jederzeit in eine Videokonferenz mit beliebig vielen Arbeitskollegen einloggen, egal wo diese sich gerade befinden, und über Projekte sprechen. Das Internet ist die größte Enzyklopädie der Welt, in Sekundenbruchteilen bekommen wir auf so ziemlich jede Frage eine Antwort und können uns selbst Dinge beibringen, für die wir sonst Fachleute engagiert oder einen Kurs gebucht hätten.

Ich erinnere mich noch gut an meinen Informatikunterricht anno 2004, als die ersten bunten iMacs im Klassenzimmer standen und wir Google ausprobieren sollten für eine Recherche. Ich konnte kaum glauben, dass sich nach wenigen Sekunden Webseiten öffneten, auf denen unzählige Informationen standen, die ich früher mühsam aus vielen verschiedenen Büchern hätte heraussuchen müssen, die ich zum Teil vorher extra zu diesem Zweck in der Bibliothek hätte ausleihen müssen. Laut dem Report *Digital 2021* waren allein im Januar 2021 etwa 4,6 Milliarden User im Internet unterwegs – und zwar um einiges länger als meine damalige 45-minütige Schulstunde, nämlich satte sieben Stunden täglich, Tendenz steigend.[6]

Internet und Social Media überall

Meinen ersten Rechner hatte ich zwar bereits mit zwölf Jahren, doch mein 56K-Modem sorgte damals regelmäßig für Nervenzusammenbrüche, wenn ich mich mal wieder nicht einwählen konnte. Heutzutage hat fast jedes Kind in Deutschland bereits im Grundschulalter Erfahrungen mit einem Tablet oder Smartphone gemacht, und es ist Standard geworden, dass das Internet schnell genug ist, um halbwegs problemlos zu surfen oder online zu kommunizieren (auch wenn da noch Luft nach oben ist[7]). Dennoch: Das Internet und vor allem die sozialen Medien sind für viele nach wie vor ein schier undurchdringlicher Irrgarten mit vielen hohen, düsteren Hecken, dichtem Dickicht und vielen wundersamen Pflanzen, die sie noch nie gesehen haben und nicht wissen, ob diese unbedenklich für sie sind oder doch eher schädlich. Nichtsdestotrotz erliegen wir vielfach unserer Neugier: Wir verbringen hierzulande hochgerechnet durchschnittlich 24 Jahre, 8 Monate und 14 Tage im Netz.[8]

Man könnte ja meinen, dass wir im Gegenzug weniger fernsehen. Doch laut Statistik ist dem nicht so, jedoch greifen wir vermehrt auf digitales Fernsehen und Streaming-Angebote zurück, weil wir dort bestimmen können, was wir uns wann auf welchem Gerät ansehen. Laut einer aktuellen Studie nutzt jeder zweite Bundesbürger mindestens einmal pro Monat ein Streaming-Abo, bei den unter 30-Jährigen sind es über 80 Prozent.[9]

So sind wir nicht an den Termin um Punkt 20:15 Uhr vor dem Fernseher im Wohnzimmer gebunden, sondern können überall und jederzeit das sehen, wonach uns gerade der Sinn steht. Und das tun wir auch: 220 Minuten pro Tag lassen wir uns durchschnittlich entertainen (Stand: 2020).[10] Unsere Augen kleben aber nicht nur an der Glotze, sondern auch an den Displays unserer mobilen Geräte: Entertainment, Informationen, Nachrichten. Für alles gibt es Benachrichtigungen, kleine Pop-ups, die uns auf Trab halten und unseren Dopaminspiegel ansteigen lassen, nur einen Klick von der nächsten Nachricht, vom nächsten Video, von der nächsten Ablenkung entfernt, und immer mit dabei, egal ob wir auf dem Sofa, im Auto, in der Bahn oder im Flugzeug sitzen.

Die sozialen Medien haben zweifellos auch unser Kommunikationsverhalten verändert. Wir wundern uns schon fast darüber, wenn jemand anruft oder eine SMS schreibt, statt einfach eine Voice-Message zu schicken, die man nun zum Glück in doppelter Geschwindigkeit abhören kann – denn man bekommt ja nicht nur eine Sprachnachricht am Tag. Wenn jemand auf Instagram 24 Stunden lang keine Story postet, machen wir uns schon Sorgen, und wenn das befreundete Paar sein Profilbild nicht spätestens am zweiten Tag des Sommerurlaubs in ein neues ändert, kriselt es wohl bei den Turteltäubchen – so vermuten wir zumindest.

Dass wir von diesen allzeit bereiten Medien mittlerweile zu einem gewissen Grad abhängig sind, wissen wir bestimmt nicht erst seit der Netflix-Doku *Das Dilemma mit den sozialen Medien* von 2020. Manche sind sich des Ausmaßes vermutlich aber nicht so bewusst wie andere. Nichtsdestotrotz müssen wir alle darauf achten, dass wir die Möglichkeiten für uns nutzen und nicht von den Möglichkeiten benutzt werden. **Soziale Netzwerke und Online-Kommunikation sind eine Waffe mit eigener Intention, die positive und negative Ergebnisse bringen kann, je nachdem von wem sie wofür gebraucht wird.**

> **SOZIALE NETZWERKE UND ONLINE-KOMMUNIKATION SIND EINE WAFFE MIT EIGENER INTENTION, DIE POSITIVE UND NEGATIVE ERGEBNISSE BRINGEN KANN, JE NACHDEM VON WEM SIE WOFÜR GEBRAUCHT WIRD**

Als Konsumenten nutzen wir soziale Medien dazu, um mit der Familie, mit Freunden oder Kollegen in Verbindung zu bleiben und sogar mit völlig Fremden in Kontakt zu treten. Über Social-Media-Plattformen können sogar langjährige (virtuelle) Freundschaften entstehen. Wir suchen Anschluss bei Menschen, die so ticken wie wir, denn das gibt uns ein Gefühl der Zugehörigkeit und ihr Feedback dient uns als Bestätigung. Für so manchen ist es womöglich auch ein bisschen

Realitätsflucht, wenn sie die wirkliche Welt gegen den digitalen Kosmos eintauschen. Als Creator wollen wir uns sicherlich bis zu einem gewissen Grad selbst darstellen – natürlich erscheinen wir am liebsten im besten Licht, sodass wir Anerkennung und Lob für unsere Postings ernten. Über unsere mit der Welt geteilten Inhalte möchten wir uns einen guten Ruf aufbauen und vielleicht eines schönen Tages sogar als Experte auf einem Gebiet gelten. Wir suchen als Konsumenten online nach Hilfe oder Inspiration, nach Tipps und Tricks, nach Anleitungen und Leitfäden und vielem mehr. Als Creator geben wir anderen Menschen Hilfestellung, indem wir von unseren persönlichen Erfahrungen berichten und sie daran teilhaben lassen oder indem wir Content produzieren, der einen Mehrwert für irgendwen auf dieser Welt hat, egal ob Entertainment, Information oder Bildungsinhalte.

Personal Branding auf dem Vormarsch

Meiner Meinung nach ist Personal Branding auf Social Media heutzutage ein Must-have. *SELFMADE BRANDING* ist daher auf den systematischen Aufbau einer Personenmarke ausgelegt, obwohl viele der beschriebenen Beispiele Unternehmensmarken sind. Dafür habe ich meine Gründe. Alle erfolgreichen Brands und deren erschaffener Kosmos sind eine Inspiration für jeden Creator, gerade wenn wir beginnen, unsere eigene Personen- oder Unternehmensmarke aufzubauen, aber auch wenn wir uns schon einige Zeit in den sozialen Medien tummeln. Denn Branding ist ein kontinuierlicher Prozess und der Markenaufbau mit viel Einsatz und Herzblut verbunden. Am Werdegang bekannter Brands und ihrer stetigen Weiterentwicklung können wir uns ein Beispiel nehmen und uns von ihren Methoden und Vorgehensweisen etwas abschauen.

Personal Branding wird auch als »Selbstvermarktung« oder »Marke Ich« bezeichnet und wurde 1997 erstmalig von dem US-amerikanischen Unternehmensberater und Management-Coach Thomas J. Peters verwendet, der den Begriff aber nicht weiter definierte.[11] Erst der Autor Dan Schawbel erläuterte, dass es dabei nicht darum ginge, die eigene Persönlichkeit so zu verändern, dass sie die Erwartungen anderer erfüllt, sondern eigene Stärken in den Vordergrund zu stellen und diese der Öffentlichkeit anzubieten.[12] Ich sehe das genauso, denn als Personal Brand hast du heutzutage über die sozialen Medien die Chance, der ganzen Welt zu offenbaren, wer und wie du bist. Doch du brauchst für die Markenbildung und Markenbindung auch die andere Seite, wie Amazon-Gründer Jeff Bezos es schon mal auf den Punkt gebracht hat: »Deine Marke ist das, was die Leute über dich sagen, wenn du nicht im Raum bist.«[13] Das bedeutet: Du musst dich zwar immer wieder aktiv ins Gespräch bringen und den Leuten ins Gedächtnis rufen – das machst du über deinen Content und die Interaktion mit deinen Fans, Followern und Abonnenten –, aber du kannst nur bis zu einem gewissen Grad beeinflussen, was tatsächlich über dich gesagt wird. Nur die beste Grundlage dafür schaffen, dass das, was die meisten Leute sagen, etwas Positives ist.

Vieles, was in puncto Markenaufbau für Unternehmen gilt, gilt fast genauso für Personenmarken. Aber es gibt einige Besonderheiten und auch Vorteile. Vieles, was für die klassischen Medien, das klassische Marketing und den klassischen Verkauf gilt, gilt auch für den Auftritt auf Social Media, doch hier sehe ich ebenfalls gewisse Eigenheiten und Vorzüge, welche die sozialen Medien mit sich bringen. Personal Branding bietet vor allem mehr Möglichkeiten aufgrund der individuellen Persönlichkeit – das schaffen leblose Objekte einfach nicht. **Die Spielregeln in puncto Branding und Markenaufbau haben sich also nicht grundlegend verändert, aber durchaus erweitert.**

Bei einer Corporate Brand legt man den Fokus auf das Kreieren einer Identität für das Unternehmen: Ein Markenname wird etabliert, der meist unabhängig von einer bestimmten Person funktioniert. Man identifiziert mögliche Zielgruppen und Traumkunden, gestaltet das Angebot sprachlich und inhaltlich so, dass es dazu passt und sich möglichst viele Interessenten angesprochen fühlen. Stetige Innovation ist möglich und erwünscht, jedoch sollte die Weiterentwicklung in einer gesunden Geschwindigkeit passieren, um treue Kunden nicht abzuschrecken (der Mensch ist schließlich ein Gewohnheitstier). Die Kommunikation mit Interessenten und Kunden läuft in der Regel über offizielle Accounts und Websites, jedoch meist als Monolog: Es gibt allgemeine Informationen, Ankündigungen und reine Werbung. Einige Corporate Brands nutzen Social Media – aber ein wirklicher Austausch entsteht meiner Erfahrung nach nur, wenn die Marke ein Gesicht hat.

Der große Vorteil einer Corporate Brand ist der recht simpel mögliche Exit, also der Verkauf der Marke und/oder des Unternehmens. Der Verkauf einer Personenmarke ist – wenn überhaupt – nur in kleinen Teilen möglich, da die Person das Fundament ist und daher kaum austauschbar.

Bei einer Personenmarke oder Personal Brand liegt der Fokus – wie der Name schon sagt – auf einer bestimmten Person. Sie ist das Unternehmen und die Marke zugleich. Ihre individuellen Werte, Interessen und Expertise sind ausschlaggebend dafür, ob die Personenmarke letztlich erfolgreich wird oder nicht. Die Menschen müssen sich mit dieser speziellen Person identifizieren können, um ihr zu folgen, und ihr vertrauen, um später auch etwas bei ihr oder von ihr zu kaufen. Die Zielgruppe wird zwar zum Teil zielgerichtet anvisiert, ergibt sich aber in gewisser Weise bereits durch die persönliche Einstellung, den individuellen Charakter und andere Merkmale der Person. Personal Brands bauen daher wesentlich auf der persönlichen Geschichte und dem Werdegang auf. Eine Historie und eine Entwicklung über die Zeit gibt es natürlich auch bei vielen Corporate Brands, vor allem jenen mit langjähriger Tradition, doch in vielen Fällen fehlt eben ein klarer Absender, wodurch sie weniger Impact haben.

Das »Angebot« kann sich bei einer Personenmarke leichter verändern und ausweiten, weil in der Regel die Entwicklung sichtbarer dokumentiert wird und die Interessenten und Kunden in diesen Veränderungsprozess integriert werden können. Hier kommen logischerweise die sozialen Medien ins Spiel, die den direkten Austausch auf Augenhöhe wesentlich erleichtern. Doch dazu gleich mehr.

Beide Formen des Brandings haben eine Daseinsberechtigung und erfüllen ihren Zweck, je nachdem was man anstrebt, welche Möglichkeiten man hat und in welcher Ausgangslage man sich befindet. Wir dürfen nicht vergessen, dass viele große Corporate Brands seit Jahrzehnten bestehen und daher gar nicht die Möglichkeit hatten, eine Personenmarke aufzubauen. Es ist daher nicht verwunderlich, dass viele Global Player reine Unternehmensmarken sind, einfach weil sie schon so lange existieren und ihre Relevanz und ihren Marktwert bereits aufgebaut haben. In meinen Augen wird der Aufbau von Personenmarken oder zumindest die Bestrebung, einem Unternehmen ein Gesicht zu geben (siehe Kapitel 3), in Zukunft die bessere Wahl sein. Dafür sprechen unter anderem die folgenden Aspekte.

Verändertes Kommunikationsverhalten und Dialog

Wir kommunizieren heutzutage zu einem großen Teil über die sozialen Netzwerke, und in der digitalen Welt steht nun mal der Mensch im Vordergrund, weil er den Dialog ermöglicht. Schon allein aus diesem Grund haben Personenmarken hier einen riesigen Vorteil, da sie eine viel größere Identifikation ermöglichen und durch Bilder und Videos direkt mit ihren Followern in Kontakt treten können. Die Möglichkeiten, Content zu erstellen und Impressionen zu streuen, sind vielfältig und schier grenzenlos, und es kann im Anschluss ein reger Austausch darüber entstehen, der authentisch und transparent ist. Nicht verwunderlich also, dass wir auf Instagram & Co. so gerne anderen Menschen folgen und dass diese vor allem Aufmerksamkeit für besonders emotionale Momente bekommen und für ihre Offenheit gefeiert werden:

- Eine Influencerin, die sich ungeschminkt zeigt mit den Worten: »Ja, auch ich habe unreine Haut, wenn ich keine Schminke und keine Filter benutze.«
- Ein Internetstar, der in einem LIVE-Video in Tränen ausbricht, weil seine Freundin sich gerade von ihm getrennt hat.
- Junge Influencer, die auf TikTok von den täglichen Problemen mit Eltern, Klassenkameraden und ersten Liebschaften berichten.
- Und es gibt immer mehr Influencer, die mit ihrer Community ehrlich über körperliche und psychische Erkrankungen sprechen oder sich für Gleichberechtigung, Body Positivity und viele andere gesellschaftlich relevante Themen einsetzen.

Bei den erfolgreichen Personenmarken sind solche Momente aber nur ein Teil ihres täglichen Tagebuchs, der sie noch authentischer wirken lässt.

Gerade die kleinen Macken, die Dinge, die uns unangenehm sind, die wir gerne verheimlichen oder kaschieren, machen uns einzigartig und sorgen dafür, dass wir uns von anderen unterscheiden. Die gute Nachricht ist: Niemand ist perfekt und niemand liest, hört oder sieht gerne die Geschichte einer Person, bei der immer alles glatt läuft, die keine Verluste oder Niederlagen zu verbuchen hatte und die einfach alles spielend erreicht, was auch immer sie sich vornimmt. Solche Glückskinder gibt es vielleicht im Märchen, wenn überhaupt. Wir identifizieren uns lieber mit Menschen, deren Leben eine Berg- und Talfahrt ist wie unser eigenes. Wir sind gerne bei den Höhen und Tiefen dabei, das macht die gemeinsame Reise doch so spannend und schweißt uns virtuell zusammen: Wir fiebern als Fans, Follower und Abonnenten mit, drücken die Daumen, trauern um das geliebte, überraschend verstorbene Haustier, freuen uns über den neuen Job, geben Tipps für den Umzug oder eine geplante Reise, feiern Erfolge und so weiter.

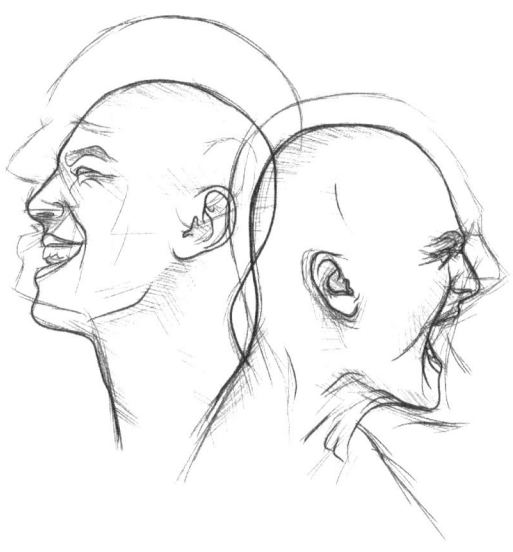

Wir lieben es einfach mitzuverfolgen und in gewissem Sinne mitzuerleben, wenn anderen Menschen Dinge passieren, die uns auch passiert sind oder bald passieren werden. Das schafft eine engere Beziehung und ein Gefühl von Gemeinschaft: Postet eine Influencerin, dass sie von ihrem Freund betrogen wurde, und uns ist das auch passiert, fühlen wir uns zu dieser Person hingezogen, da wir das gleiche Schicksal teilen und es gleichzeitig unsere Meinung über Männer bestätigt. Schubladendenken in gewissem Sinne. In der Psychologie nennt man das Confirmation-Bias; wenn wir eine bestimmte Meinung zu etwas etabliert haben, etwa durch Erfahrungswerte oder prägende Momente, suchen wir gezielt nach weiterer Bestätigung dafür.[14] Oftmals führt das auch zu selektiver Wahrnehmung, wir entdecken also an vielen Stellen Menschen und Situationen, bei denen sich das Szenario wiederholt, sodass wir Bestätigung finden.[15]

Wir haben dank sozialer Medien heutzutage die Möglichkeit, nicht nur Voyeur zu sein, sondern in den Dialog zu treten, über Dinge zu reden, zu diskutieren, uns gegenseitig aufzumuntern und zu unterstützen. Nicht selten kommt es zu parasozialer Interaktion, wenn wir mit einem Influencer so häufig interagieren – passiv, aber auch aktiv –, dass wir irgendwie das Gefühl haben, schon seit Jahren mit dieser Person eng befreundet zu sein, obwohl wir uns noch nie im wahren Leben von Angesicht zu Angesicht begegnet sind.[16]

Authentizität und Ehrlichkeit

Die Zeiten von gecasteten Models, die für alle möglichen Formate und Kampagnen vieler Firmen werben, sind gezählt. Zu stark sind die Personenmarken, die auf den sozialen Medien ihre Entwicklung dokumentieren und dadurch nahbarer und glaubhafter sind: Jemand, der seit einigen Jahren aktiv Fitnesstraining betreibt, sich gesund ernährt und regelmäßig ins Training geht, fängt an, genau dies auf Social-Media-Plattformen zu teilen. Die Algorithmen der Kanäle bewerten den Content, spielen diesen entsprechend an die potenzielle Zielgruppe aus und der Creator erreicht erste Interessenten. Aus Interessenten werden allmählich Fans, Follower und Abonnenten. Sie verfolgen den Fortschritt mit, lauschen den Erklärungen und lassen sich vielleicht sogar inspirieren, die eine oder andere Übung zu machen, ein Workout pro Woche in ihren Tagesablauf zu integrieren oder einen Power-Shake zu probieren. Über Kommentare, FAQs und DMs treten Creator und Followerschaft in Kontakt und können sich austauschen oder offene Fragen klären. Schnell fühlt man sich verbunden, weil man für etwas steht und sich mit dem gemeinsamen übergeordneten Ziel – Wunschgewicht, Wunschkörper oder insgesamt gesünderer Lebensstil – identifizieren kann.

Während der Körper des Creators immer definierter und seine Lebensweise immer gesünder wird, entsteht eine Community von Menschen, die über einen längeren Zeitraum von dem kostenlosen Content und Mehrwert profitieren: Ihre Körper werden ebenfalls muskulöser, sie nehmen vielleicht ein paar Kilos ab und erreichen – dank der Unterstützung dieser Person – ihre Ziele. Wenn die Personal Brand nach einer gewissen Zeit anfängt, für Eiweißpulver, Nahrungsergänzungsmittel, Kochbücher oder vielleicht sogar einen eigenen Fitnesskurs zu werben, fällt die Conversion viel höher aus als bei einem eingekauften Fitness-Model, das auf der Unternehmens-Website posiert und Produkte in die Kamera hält.

Einer Unternehmensmarke auf den sozialen Medien zu folgen ist hingegen weit weniger interessant, da man hier meist rein informativen oder gar manipulativen Werbe-Content bekommt wie Produktneuerscheinungen, Rabattaktionen oder Werbevideos. Der Mehrwert und die Möglichkeit des Dialogs fehlen in der Regel. Selbst wenn die Unternehmen Mitarbeiter abstellen, um über die Social-Media-Accounts der Corporate Brand Fragen zu beantworten – was erfahrungsgemäß aber eher selten passiert –, läuft das eher anonym ab. Es gibt hier kein vertrautes Gesicht, keine engere Beziehung und ein darauf aufbauendes Vertrauensverhältnis. Das haben mittlerweile so einige Corporate Brands erkannt und setzen deshalb auf (Micro-)Influencer-Marketing (mehr dazu in Kapitel 3).

Wir sind alle Individuen, kein Mensch ist wie der andere. Das spiegelt sich auch beim Aufbau einer Personenmarke wider: Es gibt keinen Blueprint, den man einfach kopieren kann, weil jede Personal Brand eine eigene DNA hat und daher bestimmte Schritte für sich passend umsetzen muss. Jeder hat seinen Duktus, den er mit einfließen lässt, seine persönliche Note – und das ist enorm wichtig und in meinen Augen ein enormer Vorteil. Das macht das Gesamtkunstwerk erst so richtig wertvoll, weil man den Künstler daran wiedererkennen kann. **Je näher die Identität der Personenmarke deiner eigenen kommt, desto erfolgreicher wird sie sein, da sie als authentisch, glaubwürdig und vertrauenswürdig wahrgenommen wird.**

> **JE NÄHER DIE IDENTITÄT DER PERSONENMARKE DEINER EIGENEN KOMMT, DESTO ERFOLGREICHER WIRD SIE SEIN, DA SIE ALS AUTHENTISCH, GLAUBWÜRDIG UND VERTRAUENSWÜRDIG WAHRGENOMMEN WIRD**

Personal Branding in den sozialen Medien bedeutet, dass alles – ich wiederhole: alles! – was du bisher gemacht hast, machst und machen wirst, auf dein Markenkonto einzahlt. Deine Worte, deine Handlungen, dein Content und deine Kooperationen sollten daher zu deiner Identität und Persönlichkeit passen. Damit stärkst du unter dem Strich deine Personenmarke. Deswegen ist es wichtig, dass du nicht versuchst etwas zu erschaffen, das (noch) nicht da ist, oder Geschichten kreierst, die höchstwahrscheinlich nie Realität werden, nur weil du denkst, dass sie bei deinen Fans, Followern und Abonnenten gut ankommen könnten. Ehrlichkeit – dir selbst und den anderen gegenüber – und Authentizität sind wichtige Grundvoraussetzungen für ein erfolgreiches Personal Branding.

Anpassungsfähigkeit und Flexibilität

In unserer schnelllebigen Zeit verändert und entwickelt sich nicht nur unsere Technologie stetig, sondern auch unsere Meinungen und Sichtweisen sind wandelbarer als früher. Als ich Kind und bei Oma und Opa zum Mittagessen war, gab es keine Diskussionen über vegetarische oder gar vegane Ernährung, ob die Eier bio waren und ein Ökosiegel hatten. Es gab Fischstäbchen, Kartoffeln und Spiegelei. Wie immer.

Wo die Zutaten herkamen? Vom Discounter, weil es dort günstig war. Heute müssen Produkthersteller und Supermärkte Siegel aufweisen, Biomärkte, aber auch die Discounter über aktuelle Ernährungsbewegungen sowie Fitness- und Food-Trends Bescheid wissen, um deren Befürworter – um nicht zu sagen: Anhänger – für sich zu gewinnen. Restaurants werden schief angesehen oder schlecht bewertet, wenn sie keine vegane Kost anbieten. Sogar wenn es sich dabei um ein traditionelles Steakhouse handelt.

Der stetige Wandel, den viele als stressig empfinden, weil man ungerne Veränderungen in seinem Leben vornimmt, ist gleichzeitig aber eine riesige Chance: Trends erkennen und diese für sich nutzen. Personenmarken genießen hier einen Vorteil gegenüber Corporate Brands, denn sie können über ihre Entwicklung reden, gleichzeitig Reichweite aufbauen und ihrer Followerschaft nachvollziehbar erklären, wieso sie sich mit einem bestimmten Thema beschäftigen – oder eben nicht mehr. Bei Anklang entsteht möglicherweise ein neuer Produktzweig, eine zusätzliche Dienstleistung und vielleicht fällt sogar ein altes Produkt dafür aus dem Sortiment, weil man sich gemeinsam weiterentwickelt hat.

Personal Brands können auf Social Media Umfragen starten, welche Produkte oder Produktvarianten die Leute am liebsten kaufen und warum oder welche neuen Variationen oder Erweiterungen sie sich wünschen würden. Daraufhin können die Produkte oder das gesamte Sortiment angepasst, erweitert oder verkleinert werden und die Zielgruppe zieht mit, weil es ja zum Teil ihre Entscheidung war. Sie kauft dann auch das neu entwickelte Produkt, weil es ihr Wunsch war, dass es hergestellt wird. Diesen Mitmach-Charakter bieten die sozialen Medien in vielerlei Hinsicht: Man kann dort über so ziemlich alles abstimmen lassen und Meinungen direkt an der Quelle abholen. Man braucht kein Meinungsforschungsinstitut, das Daten dazu liefert.

Anpassungsfähigkeit und Flexibilität ermöglichen Personenmarken demnach eine schnellere Erweiterung und Veränderung der eigenen Marke, die sich leichter dem Zeitgeist anpassen kann. Dabei kann die Personal Brand ihre Community miteinbeziehen und den schnellen und einfachen Informationsaustausch zu ihren Gunsten nutzen.

Extrem niedrige Einstiegshürde

Die niedrige Einstiegshürde ist für mich persönlich eines der stärksten Argumente für den Aufbau einer Personenmarke: Mit den binnen Sekunden erstellten Social-Media-Accounts und einem Konzept, das sich an den neun Elementen für den Aufbau einer Personal Brand orientiert (siehe Kapitel 4), kann jeder die ersten Schritte machen, ohne Unsummen an Geld ausgeben zu müssen. Hat man in einem Gebiet eine Expertise oder ist dabei, diese aufzubauen, kann die eigene Reise sofort ausgeweitet werden zu einer, die auch gleich die Marke mit aufbaut. Man benötigt keine bezahlte Werbung, keine Werbeagentur, die kostspielige Videos dreht, die dann an die anvisierte Zielgruppe ausgespielt werden, sondern hat die Möglichkeit, viel stärker als eine Corporate Brand auf die organische Reichweite (siehe Kapitel 3) zurückzugreifen und diese durch das Erschaffen von Content mit Mehrwert stetig zu erweitern. So kann jeder zu einer Marke werden, wenn er konstant daran arbeitet, Fleiß und Energie investiert.

Auch die Zukunftsprognosen sehen rosig aus: Es entstehen immer wieder neue Social-Media-Kanäle, die das Geschäft beleben, die Technik schreitet ebenfalls weiter voran und mithilfe der neuesten Smartphones und deren eingebauten Kameras und Mikrofone ist jeder Creator nur eine Aufnahme von einem Upload entfernt. Es gibt zudem zahlreiche simple, auch für Laien verständliche Baukastensysteme für Websites und Onlineshops, Anleitungen sind kostenlos in Blogs und Videos zu finden, sodass jeder von zu Hause aus rein theoretisch noch heute auf Social Media aktiv werden kann.

Aber es ist für viele trotz der niedrigen Einstiegshürden gar nicht so easy, sich zu trauen, rauszugehen und einfach mal was zu posten. Das kann ich aus persönlicher Erfahrung bestätigen. Die Hemmschwelle kann zu Beginn hoch sein, aber ich kann nur sagen: Es lohnt sich, über den eigenen Schatten zu springen! **Ein Twitter-Post oder eine Instagram Story gelangt schneller an Menschen, die es wirklich interessiert, als die Veröffentlichung einer Pressemitteilung auf einer Firmen-Website.**

Time-out!
Ein heilsames Social-Media- und Dopamin-Detoxing

Social Media kann süchtig machen. Deshalb finde ich es wichtig, in diesem Bereich Aufklärungsarbeit zu leisten und versuche selbst aufmerksam zu bleiben, was mein eigenes Nutzungsverhalten angeht, weil ich weiß, wie die Algorithmen und Plattformen funktionieren und dass wir uns in ein wahres Dopaminbad begeben, wenn wir soziale Medien nutzen, aufgrund unserer Erwartungshaltung – wenn wir etwas posten, erwarten wir ein Like oder Kommentare, wenn wir TikTok öffnen, erwarten wir Videos, die uns zum Lachen bringen, bei dem Sound für eine Pop-up-Benachrichtigung erwarten wir, dass irgendwo möglicherweise gerade etwas Interessantes passiert. In diesen Fällen wird dieses Hormon vermehrt ausgeschüttet, und das extrem schnell getaktet im Vergleich zum wahren Leben.[17]

Ein einfacher Indikator für eine überbordende Mediennutzung ist die simple Frage: Wie oft greifst du pro Tag zum Smartphone, um Social Media oder das E-Mail-Postfach zu checken, »nur mal kurz« etwas zu googlen, ein Spiel zu daddeln et cetera? Mach mal eine Strichliste. Oder schalte die Funktion »Bildschirmzeit« an deinem Mobile Device ein – da bekommst du direkt eine Statistik geliefert, wie viel Zeit du vor dem Display verbringst.

Am besten legst du feste Zeiträume fest, in denen du aktiv Social-Media-Apps nutzt, idealerweise gekoppelt mit einem bestimmten, vorher festgelegten Zweck, zum Beispiel 15 Minuten Nachrichten beantworten, 10 Minuten Impressionen sammeln über die »Entdecken«-Seite, 30 Minuten Recherche, mit welchen Themen sich die Global Player in deinem Bereich gerade beschäftigen. Diese Kanäle sind schließlich deine Werkzeuge, um Ziele in der realen Welt zu erreichen. Setz sie also sinnvoll für dich ein.

Klar, ein bisschen Spaß und Entspannung kann immer sein, und ich bin bestimmt der Letzte, der dir das madig machen oder gar verbieten will. Aber ich empfehle grundsätzlich jedem – egal ob er Social Media privat oder geschäftlich nutzt –, in bestimmten Abständen Detox-Phasen einzurichten, in denen man das Smartphone weglegt und alle Benachrichtigungen deaktiviert.

Im Alltag habe ich zum Beispiel eine feste Morgen- und Abendroutine etabliert: Eine Stunde nach dem Aufstehen und eine Stunde, bevor ich ins Bett gehe, nutze ich keine sozialen Medien, kein Smartphone, kein Tablet, keinen Laptop. Auch meine E-Mails checke ich nur zwei Mal pro Tag, das reicht locker aus, selbst im Business, und für Social-Media-Aktivitäten habe ich ebenfalls feste Zeitfenster. Um bei der Arbeit nicht unnötig abgelenkt zu werden, teile ich mir Arbeitsphasen in 90-Minuten-Blöcke auf und währenddessen ist das Handy im Flugmodus.

Wie du es für dich löst, bleibt dir überlassen. Ich finde die Kombination aus bewusstem Medienkonsum, reflektiertem Nutzungsverhalten und festen Zeiten für alle Aktivitäten – offline wie online – einfach unschlagbar gut.

2.
IM IRRGARTEN NAMENS SOCIAL MEDIA

Instagram, YouTube und Facebook kennt vermutlich so ziemlich jeder – zumindest dem Namen nach. Doch dann bekommt man eines Tages über WhatsApp ein TikTok-Video weitergeleitet, in dem jemand aus dem Freundeskreis merkwürdig zu Justin Biebers »Yummy« tanzt, und man weiß nicht, ob man lachen oder weinen soll. Auf jeden Fall sorgt es für Verwirrung. Andere verschieben ihre Session im Fitnessstudio, weil sie auf Clubhouse[18] einem Talk lauschen wollen – und als Unwissender fragt man sich, ob das wohl ein Club ist, in dem House-Musik läuft, und seit wann die eigentlich wieder geöffnet haben in Zeiten der Pandemie.* Und wer nicht weiß, was der Böhmermann wieder mal Obszönes getwittert hat, versteht die hitzigen Diskussionen in den Internetportalen nicht, denen er folgt. Wobei er gar nicht ganz genau weiß, ob er jemals aktiv auf den Abonnieren-Button dieses Kanals (und so einiger anderer) gedrückt hat. Wahrscheinlich mal aus Interesse. Oder vielleicht aus Versehen.

Fakt ist: Wer gar keine Social-Media-Apps auf dem Smartphone hat oder nicht halbwegs regelmäßig nutzt, findet im Großteil des gesellschaftlichen Raums nicht mehr statt und kann im wahrsten Sinne des Wortes nicht mehr mitreden. Im Privaten mag das zu verschmerzen sein, doch für Unternehmen – egal ob Konzerne oder Einzelkämpfer – werden Social-Media-Plattformen immer wichtiger. Sie müssen lernen, sich dort zurechtzufinden und diese neuen Fundgruben und Schätze sinnvoll für sich, ihr Marketing und ihr Branding zu nutzen. Schauen wir uns daher mal die größten sozialen Netzwerke an und verschaffen uns etwas mehr Durchblick im virtuellen Social-Media-Irrgarten.

---

* Um die Verwirrung gleich auszuräumen: Clubhouse ist eine recht neue Social-Media-App, es gibt sie erst seit 2020. Im Grunde ist es eine Audio-Diskussions-Plattform. Vgl. https://www.joinclubhouse.com.

Die großen Vier

Einige Plattformen haben sich über die Zeit behauptet und ein regelrechtes Monopol aufgebaut, weshalb es gerade für neue Social-Media-Apps schwierig ist, die Dominanz dieser Global Player zu brechen. Tatsächlich ist dies in den letzten Jahren nur dem Videoportal TikTok gelungen, hinter dem der Entwickler ByteDance steckt und das vor allem für lustige, kurze (Musik-)Videos bekannt ist. Die neue Plattform erlebte 2020 einen regelrechten Hype und war die am meisten heruntergeladene App des Jahres.[19] Da jeden Moment neue Apps sprießen und andere urplötzlich aussterben können, weil sie an Relevanz verlieren oder schlichtweg gesperrt werden (Stichwort: TikTok und Trump*), fokussiere ich mich an dieser Stelle auf die Basisinformationen, damit das Buch nicht schon kurz nach dem Erscheinungstermin veraltet ist.**

Facebook – das Urgestein

Mit einem guten Abstand auf dem ersten Platz landet die Plattform Facebook, die 2004 online ging und von Mark Zuckerberg gegründet wurde. Laut Internet Trends zählt sie mit einem Börsenwert von 495 Milliarden US-Dollar zu den wertvollsten Internetunternehmen der Welt (Stand: Juni 2019).[20] In den letzten Jahren hat Facebook etwas an Relevanz verloren, vor allem dank Instagram. Aber zum Glück – zumindest für Zuckerberg & Co. – bleibt alles in

---

* Mit Ex-US-Präsident Trump und Social Media verbindet man ja eher dessen allseits bekannte Twitter-Eskapaden, doch der damalige POTUS versuchte auch, die chinesische Videoplattform TikTok in den Vereinigten Staaten zu verbieten (vgl. https://www.zdf.de/nachrichten/politik/trump-tiktok-usa-100.html). Allerdings ohne Erfolg.

** Reminder: Wenn du up to date bleiben willst, scanne den QR-Code im Schlusskapitel ein und melde dich bei uns an!

der »Familie«, denn zwischenzeitlich hat Facebook die Plattform ja aufgekauft.

Der ursprüngliche Gedanke von Facebook war, dass man sich hier mit der Familie und mit Freunden vernetzen und so in Kontakt bleiben konnte, auch über größere Distanzen hinweg. Es war zu Beginn ein digitales Jahrbuch, in dem sich Menschen mit ihrem Bild, ihren Hobbys und Interessen verewigen konnten.[*] Bis heute ist dieser Grundgedanke noch im Algorithmus verankert, weshalb man hier immer noch die Möglichkeit hat, eine rein chronologische Anordnung der Postings zu wählen.

Da es das älteste soziale Netzwerk ist und man sehr selten jemanden trifft, der nicht irgendwann mal einen Account dort eröffnet hat, lässt sich keine klare Nutzergruppe definieren. Tendenziell sind es aber weniger die aktiven jungen Menschen, da diese den Sprung auf andere Social-Media-Plattformen gewagt haben, sondern eher die Generation Ü30[**], die hier anzutreffen ist.

Private User nutzen Facebook nach wie vor zum ursprünglichen Zweck, sie teilen Fotos und Videos mit ihren Freunden und bleiben über Ländergrenzen hinweg miteinander in Kontakt. Businesskunden nutzen die Plattform hingegen seit Langem, um dort personalisierte Werbeanzeigen zu schalten, eine Facebook-Fanseite als Visitenkarte für ihr Unternehmen einzurichten, auf der sie Öffnungszeiten, Angebote und Produkte präsentieren oder auf Veranstaltungen und besondere Events hinweisen. Mit einem Klick können Besucher dieser Facebook-Seite zu einem »Fan« werden (das Pendant zu »Abonnenten« auf YouTube und »Followern« auf Instagram). Unternehmen oder Einzelpersonen, die Werbung auf Facebook schalten möchten, sollten sich zumindest eine Visitenkarte mit allen wesentlichen Informationen auf der Plattform aufbauen und pflegen. Niemand kauft aufgrund einer Werbeanzeige

---

[*] In Amerika ist das *facebook* das Jahrbuch der Schüler beziehungsweise Studenten eines Jahrgangs.
[**] Ja, auch ich fühle mich gerade alt, während ich das so schreibe …

ein Produkt, wenn die dazugehörige Facebook-Fanseite nicht einmal ein Profilbild und Basisinformationen zu bieten hat.

Auf Facebook dominieren, was den Content angeht, längere Blog-Artikel mit einzelnen Bildern und kurze, etwa dreiminütige Videos im 1:1-Format. Es ist nach wie vor die Plattform, auf der am meisten Beiträge geteilt werden, weil das dort zu den nativen Features gehört. Besonders Memes sind hier sehr beliebt: Die süßen Katzenvideos von Oma Erna, die dann irgendwann auch auf WhatsApp landen und an alle in der Familie geschickt werden, haben oft ihren Ursprung auf Facebook. Oder denk mal an Grumpy Cat oder Annoying Orange – ebenfalls Klassiker unter den Internet-Memes, die dir vermutlich begegnet sind, wenn du dich im Internet und in den sozialen Netzwerken tummelst.

Facebook ist zudem die einzige Plattform, auf der Gruppen immer noch sehr gut funktionieren. Über die Suchfunktion finden sich für jedes erdenkliche Thema Menschen, die hier virtuell zusammenkommen und ihre Erfahrungen teilen. Es können beliebig viele Gruppen erstellt werden und man hat die Möglichkeit, eine Gruppe öffentlich oder privat einzurichten. Innerhalb dieses Bereichs lassen sich dann auch Live-Videos veranstalten. Coaches und Berater nutzen Gruppen beispielsweise, um Interessenten und potenziellen neuen Klienten einen abgeschotteten Bereich zu bieten. Dort können sie Content posten, den nur diese ausgewählten Personen zu sehen kriegen. Sogar ein Passwortschutz für den Zugang ist möglich.

Facebook ist für dich besonders geeignet, wenn ...

- Du Coach oder Berater bist und in einer eigenen Gruppe exklusiven Content posten willst, um darüber dein Produkt oder deine Dienstleistung zu promoten und auch zu verkaufen.
- Du bezahlte Werbeanzeigen schalten möchtest, damit dein Profil gepflegt aussieht und du eine höhere Conversion erzielst.

- Du offline Seminare und Events veranstaltest.
- Du Produkte oder Dienstleistungen über einen Online-Shop auf Facebook verkaufen willst, der eine Direktanbindung an Instagram hat, sodass deine Artikel auch dort auftauchen.
- Du einen physischen Laden oder ein Office mit Öffnungszeiten hast und diese kommunizieren willst.
- Du einen zusätzlichen SEO-optimierten Link für YouTube haben möchtest, weil die Facebook-Seite deines Unternehmens automatisch als relevant eingestuft wird. (Auf typische Kombinationen von Plattformen komme ich noch genauer zu sprechen.)
- Du deinen Content von anderen Plattformen recyceln möchtest (zum Beispiel Instagram), um den Account auf Facebook nebenher mit aufzubauen, falls zukünftige Features moderner sind und es wieder lukrativer wird, hier Reichweite zu haben.
- Du total auf Memes stehst und deine Familie und Freunde damit ärgern oder zum Lachen bringen möchtest, indem du sie an alle weiterleitest.

Instagram – der ultimative Allrounder

Wenn wir über Instagram reden, sprechen wir derzeit wohl über das relevanteste Medium der Onlinewelt. Facebook kaufte das Unternehmen 2012 für eine Milliarde US-Dollar ein und 2021 waren bereits 71 Prozent der Unternehmen weltweit hier vertreten.[21] In Deutschland verwenden 82 Prozent der 20- bis 29-jährigen Internetnutzer die App.[22] Es ist der optimale Allrounder, denn Creator finden hier viele Features, die es extrem lukrativ machen, ihre Reichweite auf diesem Kanal fortlaufend auszubauen. Instagram ist also die beliebteste Plattform der Influencer – und damit auch der Unternehmen, die Influencer-Marketing betreiben wollen: Durch die hohe Bindung zwischen Creator und Follower ist hier die höchste Conversion zu erwarten. Besonders Instagram Stories bieten sich perfekt an, um Produkte vorzustellen, die direkt verlinkt werden können.

Doch warum ist Instagram allseits so beliebt? Weil sie alles vereint, was eine gute Social-Media-App ausmacht: Man kann Bilder und Videos erstellen und diese mit hauseigenen Filtern versehen, unter »Entdecken« zeigen die Algorithmen userspezifischen Content an und die Nachrichtenfunktion ist die simpelste von allen Plattformen, weshalb sie oft und gerne genutzt wird.

Ursprünglich war Instagram eine reine Bilder-App, als sie 2010 auf den Markt kam. Die Gründer Kevin Systrom und Mike Krieger hatten bemerkt, dass das Versenden von Fotos an Freunde zu lange dauerte und einfach überall zu kompliziert war. Man konnte zudem nur schwer auf mehreren Plattformen gleichzeitig seine Schnappschüsse teilen. Daher entwickelten sie diese neue Plattform, auf der die Nutzer Bilder posten können und alle ihre Freunde diese sehen können. Der Name Instagram sagt genau das aus: Die Wortschöpfung aus den englischen Begriffen *instant* (»sofort«) und *telegram* (»Telegramm«) stehen für die Möglichkeit, sofort Bilder in die Welt hinauszusenden.

Dass man Bilder mit einem Klick mittels verschiedener Filter direkt bearbeiten konnte, war neu für viele, die dies sonst beim Fotografen oder Grafiker machen ließen. Über den kleinen Papierflieger unter den Beiträgen konnte jeder, der ein Foto interessant fand, dieses weiterschicken – und manchmal setzte das eine Kettenreaktion in Gang, sodass das Bild plötzlich von Hunderten oder sogar Zigtausenden Menschen gesehen wurde. Zuletzt passiert bei dem Instagram-Ei Eugene, dessen Bild 2019 gepostet wurde und innerhalb von zehn Tagen unfassbare 18,4 Millionen Likes erhielt und damit den Weltrekord an Likes von Kylie Jenner schlug.[23] Okay, es ging auch wirklich darum, den Rekord zu knacken, aber schon krass, dass das selbst mit einem simplen Foto von einem Hühnerei funktioniert hat.

Ab 2020 entwickelte sich Instagram immer mehr zu einer Videoplattform, da das Unternehmen festgestellt hatte, dass mit kurzen Videos (30 bis 60 Sekunden) die Verweildauer der Nutzer weiter erhöht werden konnte, weshalb die sogenannten Reels als neues Feature herauskamen: kurze Videos, die man direkt in der Instagram-App aufnehmen, bearbeiten und hochladen kann. Die Folge war eine Flut kleiner Tutorials, emotionaler Mood-Clips, Erklärvideos und vielem mehr und erreichte über die »Entdecken«-Seite teilweise Millionen von Usern. Das erklärt, wie es Personenmarken gelungen ist, mit solchen Kurzvideos ruckzuck zu weltweiten Influencern zu werden.

Die Algorithmen von Instagram spielen dabei jedoch eine wesentliche Rolle, denn gerade wenn man seine ersten Videos erstellt, gibt es von der Plattform einen kleinen Push der Reichweite – logischerweise damit die Motivation des Creators steigt, noch mehr Content zu produzieren. Selbst Adam Mosseri, Head of Instagram, sagte in seinem wöchentlichen Vlog, Creator sollten sich zu 60 Prozent auf Video-Content fokussieren und zu 40 Prozent auf Bilder.[24]

Ein besonders beliebtes Feature auf Instagram ist, wie schon angedeutet, die Nachrichtenfunktion. Mit einem Klick kann man jemandem eine Text-, Video- oder Sprachnachricht schicken und so neue Menschen kennenlernen, Produkte und Dienstleistungen anbieten[*] oder sich einfach unterhalten. Der Chatverlauf kann von beiden Parteien gelöscht werden und wird nicht selten im Dating-Bereich verwendet, weshalb Instagram von so einigen als »Tinder 2.0« betitelt wird, worüber sich vor allem Nutzerinnen beschweren, weil ihre geposteten Bilder, mit denen sie sich eine Marke aufbauen wollen, oftmals sehr oberflächlich interpretiert werden und nicht selten plumpe Dating-Anfragen hervorrufen.

Instagram ist für dich besonders geeignet, wenn ...

- du mithilfe von Bildern und Videos Reichweite auf- und ausbauen möchtest.
- du dir das Ziel gesetzt hast, mehr Relevanz in der Online-Welt zu bekommen. Das funktioniert übrigens über die Kombination von Instagram und YouTube am allerbesten.
- dein Geschäftsmodell bezahlte Produktplatzierungen anderer Unternehmen beinhaltet.
- du deine eigenen Produkte und Dienstleistungen über Fotos und Videos vorstellen willst.
- du ein Video-Tagebuch in Form von Instagram Stories ins Leben rufen willst und Menschen in deinen Alltag mitnehmen möchtest.
- du neue Menschen kennenlernen willst und dich via Chat mit ihnen austauschen willst.
- du dein Unternehmen vorstellen willst, um neue Interessenten, Kunden oder Mitarbeiter zu gewinnen.

---

[*] Wenn du das machen willst, hol dir am besten vorher das Okay, indem du deine Follower bittest, dir eine DM zu schicken, wenn sie daran Interesse haben.

- du eine Plattform suchst, von der aus du alle anderen Social-Media-Kanäle cross-promoten kannst, etwa über die Swipe-up-Funktion.
- du eine Personenmarke aufbauen möchtest. Dafür ist Instagram einfach ideal und am relevantesten. Ich kenne keinen erfolgreichen Influencer, der keinen Account hätte.
- du mir dort folgen möchtest, weil du das Buch bisher schon interessant fandest (*@torbenplatzer*).

YouTube – das 24/7-Kino

Das Online-Videoportal wurde 2005 gegründet und ist bereits seit 2006 eine Tochtergesellschaft von Google. Es wird von 77 Prozent der Deutschen zumindest ab und an genutzt, von vielen sogar täglich; die durchschnittliche Verweildauer beträgt hierzulande rund 12 Minuten pro Tag.[25] Neben Instagram besitzt YouTube die höchste Relevanz in der Social-Media-Landschaft.

Die Top-50-Videos der »YouTube Trends« zeigen, worüber die weltweite Online-Community gerade spricht. Auf der Plattform gibt es kaum Content-Einschränkungen, es ist alles dabei, von aktuellen Nachrichten und Todesmeldungen über verrückte Selbstexperimente à la Jenke, der 2020 sein Gesicht durch Schönheitsoperationen um 20 Jahre verjüngen ließ und das Ganze filmte, Produkttests und -vorstellungen wie die jährliche Apple Keynote bis hin zu TV-Entertainment, etwa von Joko und Klaas, wobei das Material als Zusammenschnitt aus Highlights hochgeladen wurde.

Die erfolgreichsten deutschen Influencer haben überwiegend ihren Ursprung auf dieser Plattform, einfach weil sie lange vor Instagram verfügbar war. Nicht selten haben die YouTube-Stars von heute ihre ersten Videos im Kinderzimmer gedreht, und so einige von ihnen sind nun, rund 15 Jahre später, mit eigenen

Kamerateams und mit Content in TV-Qualität immer noch aktiv. Wie beispielsweise Julien Bam, der mittlerweile eine eigene Netflix-Serie »Life's a glitch«[26] bekommen hat, oder Jonas Ems, dessen eigenes Format »Krass Klassenfahrt« 2021 in die deutschen Kinos kam[27].

Der ursprüngliche Slogan »Broadcast yourself« verrät exakt, worum es hier im Kern geht: Eine Person kann sich einen eigenen privaten, fernsehähnlichen Kanal aufbauen, Video-Content produzieren und veröffentlichen. Ähnlich wie im linearen TV-Programm wird zwischendurch Werbung eingeblendet, wobei sich YouTube die Einnahmen mit dem Creator teilt. Die Werbeblöcke können sogar vom Creator selbst strategisch gesetzt werden, sodass der ideale Cliffhanger entsteht.

YouTube hat allerdings eine vergleichsweise hohe Einstiegshürde, da die Messlatte hinsichtlich der Qualitätsanforderungen mittlerweile extrem ist. Denn die Zeiten, in denen man mit einem alten Mobiltelefon und dem eingebauten Mikrofon ein mehr oder weniger wackelfreies Video in mangelhafter Auflösung aufgenommen und hochgeladen hat, sind vorbei. Die Zuschauer erwarten mittlerweile einen gewissen Standard und klicken nicht so schnell auf den Abonnieren-Button wie bei Instagram auf »Folgen«. Denn dafür benötigt man einen Google- beziehungsweise YouTube-Account. Für das reine Konsumieren braucht man ihn hingegen nicht, ebenso wenig, wenn man selbst nichts aktiv hochlädt oder nicht mit anderen interagieren möchte. Es braucht also schon eine gute Portion Überredungskunst, um den Zuschauer zu dieser Extra-Aktion zu motivieren.

Der Creator muss sich aber auch gegenüber der Plattform und deren Algorithmen beweisen. Einige Stunden des Contents müssen von den Nutzern geschaut worden sein, bevor YouTube ihm anbietet, ins Partnerprogramm zu kommen, wodurch er Werbeeinnahmen erzielen kann. Auch Kanal-Mitgliedschaften für Premium-Videos werden erst dann ermöglicht, wodurch Abonnenten exklusive Inhalte beim Creator gegen Entgelt freischalten können.[28] Dieses Feature wird bisher jedoch eher selten genutzt, da man nur mit öffentlichen Videos Reichweite generieren kann. Das ist für die Creator offenbar attraktiver und unter dem Strich lukrativer als die geringen Einnahmen, die durch den exklusiven Content möglich wären.

Einen eigenen YouTube-Kanal zu starten ist das größte Projekt, das man als Creator angehen kann. Man benötigt einiges an Equipment, mindestens eine gute Kamera, ein Mikrofon, ein Stativ und Beleuchtung. Außerdem sollte man sich mit Schnitt- und Bildbearbeitungsprogrammen auskennen, um die Filme zu cutten, zu bearbeiten und Vorschaubilder zu erstellen. YouTube hilft hierbei beispielsweise mit einer Auswahl an frei verfügbaren Musikstücken und ein interner Videoeditor ermöglicht zumindest einen groben Schnitt oder rudimentäres Ausbessern. Es empfiehlt sich aber, professionelle Software am PC oder Laptop am Start zu haben.

Die Mühe wird aber belohnt durch etwas, das kaum eine andere Plattform bietet: eine dauerhafte Ausspielung des eigenen Contents. Während bei Instagram nur gefühlt 48 Stunden mit Bildern und Videos interagiert wird, bevor die neuesten Beiträge diese verdrängen, ist YouTube neben Google die zweitgrößte Suchmaschine der Welt. Hier lassen sich auch Videos finden, die viel älteren Datums sind. Menschen suchen ständig nach Videos und das eigene Material kann Tage, Monate oder sogar Jahre nach dem Release problemlos gefunden und angesehen werden. Man spricht von Evergreen Videos, wenn die Filme Themen abdecken, die dauerhaft relevant sind. Das können beispielsweise Tutorials oder Anleitungen sein, die auf YouTube »How Tos« und »Do it yourselfs« (kurz DIY) genannt werden, aber auch Experimente, Comedy-Einlagen und vieles mehr. Im Grunde genommen jeder Content, der kein Ablaufdatum hat.

Was den Austausch zwischen Creator und Abonnenten angeht: Auf YouTube gibt es keine Möglichkeit, direkte Nachrichten zu schreiben, sondern nur Kommentare, sofern die Funktion freigeschaltet ist, weshalb oftmals Instagram als Kontaktmöglichkeit genutzt wird – eine direkte Cross-Promotion, um die YouTube-Abonnenten zu Instagram-Followern zu machen.

YouTube ist für dich besonders geeignet, wenn ...

- du bereit bist, selbst vor die Kamera zu treten und auch längere Videos zu drehen.
- du Rhetorikfähigkeiten, eine gute Mimik und Gestik mitbringst und diese Talente für dich nutzen willst.
- du mehrere Stunden pro Woche aufbringen kannst, um Videos zu skripten, zu drehen und zu bearbeiten.
- du dir bewusst bist, dass es eine Weile dauert, bis dein Kanal anläuft.
- du deine Personenmarke visuell komplett ausspielen möchtest, indem du ein Regisseur wirst, der Filme produziert.
- du YouTube-Videos als Investment siehst, das sich erst nach ein bis zwei Jahren auszahlt, dann aber für die Ewigkeit gemacht ist.
- du allgemein Interesse an Videografie hast und deine YouTube-Videos nutzen möchtest, um diese Leidenschaft auszuleben.
- du deine persönliche Reise für dich in Videos festhalten möchtest und kein Problem damit hast, das auch mit der Welt zu teilen (nennt sich auch Document the journey, dazu später noch mehr).
- du dich selbst gerne in Aktion vor der Kamera siehst.

TikTok – die neue Spezies

TikTok war die erste Online-Plattform, auf der selbst gedrehte Kurzvideos, meist mit Musik unterlegt, hochgeladen werden konnten.

Darin wird oft getanzt oder synchron mitgesungen. Ursprünglich hieß die App Musical.ly, wurde im November 2017 an ByteDance verkauft und es kam zur Namensänderung.[29] 698 Millionen Nutzer waren 2021 weltweit auf TikTok angemeldet, es wurden mehr als 15 Millionen Downloads der App über den Google Play Store und über 13 Millionen über den Apple App Store verzeichnet.[30]

TikTok wird nachgesagt, dass sich von der Plattform vor allem junge Menschen angezogen fühlen und hier aktiv sind, da man als Erwachsener schon eine gute Portion Selbstironie benötigt, um bei den teils doch recht albernen Videoformaten und Challenges mitzumachen. Wenn man sich aber die Entwicklung etwas genauer ansieht, hat das Unternehmen Ende 2020 auf die aktuelle Situation in der Pandemie reagiert und den Hashtag #edutok eingeführt, durch den auch seriöse Bildungsinhalte gepusht wurden.[31] Es ist demnach auch bei diesem Global Player keine definitive Nutzergruppe mehr auszumachen.

Was TikTok so besonders macht, ist die hohe organische Reichweite, die die Plattform zu bieten hat: Nicht selten können selbst Videos von blutigen Anfängern in den ersten Stunden Hunderte, manchmal sogar Tausende von Views generieren. Das ist bei Facebook, Instagram und YouTube schier undenkbar, wenn man mit seinem Content nicht mit einer gewissen Relevanz einsteigt.

TikTok belohnt neue Creator und spielt diese aus, weshalb sich die Plattform optimal anbietet, um Reichweite aufzubauen und die Follower dann auf die anderen Social-Media-Kanäle zu holen: Während andere Kanäle die aufgebaute Relevanz stark berücksichtigen und neue Accounts sich erst beweisen müssen, nach und nach mehr Reichweite und Ausspielung bekommen, lockt TikTok mit dem Konzept, direkt am Anfang die ersten Videos vielen Menschen zu zeigen, um die Motivation des Creators zu erhöhen. Gleichzeitig bekommen die Algorithmen so eine größere Datenmenge an Feedback, also ob der Content gerne gesehen wird und viele Menschen interagieren – oder eben nicht. Ein eigener Creator-Fonds seitens

TikTok wurde eingeführt, um die Views direkt monetarisieren zu können, auf den man ab einer Followerschaft von 10.000 zugreifen kann.[32]

Auf TikTok kann man keine Bilder hochladen – mal abgesehen vom eigenen Profilbild. Erlaubt sind lediglich Kurzvideos, die man entweder direkt in der App mit Musik aufnehmen oder als Datei hochladen kann. Der Beschreibungstext ist ebenfalls kurz zu halten. Die App ist relativ simpel aufgebaut: Es gibt eine »Für dich«-Seite, auf der – ähnlich wie bei der »Entdecken«-Seite auf Instagram – Videovorschläge kommen, und eine »Folgst du«- Seite, auf der man die Clips der abonnierten Kanäle sieht. Direktnachrichten sind nicht möglich, außer man ist mit der Person befreundet. Eine Cross-Promotion Richtung Instagram bietet sich demnach auch hier an, wenn man mit anderen in Kontakt treten möchte.

TikTok ist ein brandneues Phänomen, das sowohl von den Unternehmen als auch von Influencer-Agenturen erst noch richtig eingeordnet werden muss. Viele greifen bislang lieber auf altbewährte Social-Media-Kanäle wie Instagram oder YouTube zurück, wenn es um Produktplatzierungen oder -vorstellungen geht. Doch besonders moderne und experimentierfreudige Firmen haben schon die eine oder andere Werbung auf TikTok ausprobiert, beispielsweise der BMW-Konzern. Bereits 2019 wurde dessen Kampagne auf der Plattform gestartet, in der mit jungen Influencern um das Bewusstsein der Gen Z gekämpft wurde.[33] Schlau gemacht, denn man sollte nicht außer Acht lassen, welchen Einfluss junge Menschen auf das Kaufverhalten ihrer Eltern haben.

TikTok ist für dich besonders geeignet, wenn …

- du die höchste organische Reichweite aller Social-Media-Plattformen für dich nutzen möchtest.
- du bereit bist, kurze, für deine Zielgruppe relevante Videoclips zu drehen, und dafür eine ordentliche Portion Selbstironie mitbringst.

- du auf einfache Art und Weise und in kürzester Zeit mit deinem Smartphone Clips erstellen und bearbeiten möchtest.
- du die Plattform als Experiment siehst, um dich auszuprobieren und vielleicht auch Content testen willst, den du nicht auf Instagram hochladen willst, zum Beispiel weil deine Dance-Moves noch verbesserungsfähig sind und im Reel dauerhaft konserviert werden würden. Mag den einen oder anderen abschrecken.
- du deinen Content von Instagram Reels hier recyceln möchtest.
- du es wegstecken kannst, ab und an auch blöde oder gar gehässige Kommentare unter deinen Videos vorzufinden.
- du stark genug bist, um den Sog der »Für dich«-Seite zu überwinden, auf der man locker einige Stunden am Tag verplempern kann.

Das sind derzeit die »großen Vier« unter den Social-Media-Plattformen. Alle haben ihre Vorzüge und gewisse einzigartige Features, weshalb sie einen so hohen Stellenwert in der Social-Media-Landschaft genießen, und es ist davon auszugehen, dass sich daran in naher Zukunft nichts ändern wird. Doch daneben gibt es noch weitere Kanäle, die einen speziellen Nutzen haben und gegebenenfalls eine sinnvolle Ergänzung beim Aufbau einer Personal Brand darstellen können.[*]

---

[*] Bevor jetzt gleich ein paar Leute schreien: »Hey, aber es gibt doch auch noch Snapchat, Clubhouse, Twitch ...! Was ist damit?« Mir ist natürlich bewusst, dass es mehr Online-Kanäle gibt, die für unterschiedlichste Zwecke genutzt werden, aber für Personal Branding sind eben nur einige ausgewählte wirklich interessant und hilfreich.

Ergänzende Kanäle

Pinterest – die Pinnwand

Pinterest verzeichnet rund 454 Millionen monatliche Nutzer. Das 2010 gegründete Unternehmen beschreibt sein Produkt als »Maschine für visuelle Entdeckungen« und es ist tatsächlich am ehesten als Mix aus Social-Media-Kanal und Suchmaschine zu beschreiben[34]: eine virtuelle Pinnwand, die vor allem der Inspiration dient. Genutzt wird die Plattform für Koch- und Backrezepte, Fitnessanleitungen, Vorschläge für Inneneinrichtung, Tattoovorlagen und vieles mehr. Oftmals leiten Pinterest-Bilder auf einen weiterführenden Blog weiter.

Dieser Kanal ist für alle geeignet, die gerne Bilderserien erstellen als Ergänzung zu den anderen Plattformen, wo man diese dann wiederfindet. Pinterest ist simpel gehalten und viele Nutzer finden die Bilder über die Google-Suche, da die Seite in der Regel in der Ergebnisliste als relevant eingestuft wird und dadurch weit oben erscheint.

Twitter – die Buschtrommel

Im März 2006 kam eine Plattform auf den globalen Markt, die insbesondere in den letzten Jahren immer wieder für Schlagzeilen sorgte: Twitter, ein Mikroblogging-Dienstleister, der für die Verbreitung von telegrammartigen Kurznachrichten in Echtzeit genutzt wird. Diese Tweets dürfen nur aus maximal 280 Zeichen bestehen und können mit Fotos und Videos angereichert werden. Primär geht es um das kleine Statement, das man in die Welt hinauszwitschert wie eine persönliche Pressemitteilung im Kurzformat.

Genutzt wird Twitter gerne in den USA – Prominente und Politiker veranstalten dort immer wieder mal einen Tweet-Schlagabtausch. Als Nutzer kann man Tweets mit einem Klick auf das Herzchen nach oben voten, es funktioniert ähnlich wie ein »Like« bei Instagram oder Facebook. Die eigene Stimme sorgt also für die Relevanz des Beitrags und man erhöht damit auch direkt dessen Reichweite. In Deutschland haben vor allem Online-Shops einen Twitter-Account, nämlich 54,3 Prozent, Privatpersonen eher weniger. Unter den 14- bis 29-Jährigen sind gerade einmal 8 Prozent bei dem Dienst angemeldet.[35] Trotzdem hat er auch hierzulande eine gewisse Relevanz: Blitzschnell verbreiten sich Nachrichten – allerdings sind es nicht immer glaubhafte und seriöse (Stichwort: Fake News), weshalb unter anderem Ex-US-Präsident Donald Trump seit Januar 2021 dauerhaft auf Twitter gesperrt wurde.[36] Zu nahezu jedem aktuellen Thema gibt es aber auf der Plattform rege Diskussionen und vor allem in der Politik und in der Start-up-Szene gilt Twitter als relevantes Medium.

Einen Twitter-Account zu haben, um den Markt zu beobachten, kann auch für Personal Brands sinnvoll sein. Ein gelegentliches Statement kostet wenig Zeit und kann direkt über das Handy abgegeben werden. Allerdings fehlt hier ein bisschen die persönliche Note, denn man lernt selten die Person hinter den Tweets kennen, sondern zelebriert vor allem harte und hoffentlich wahre Aussagen. Und in puncto Reichweitenaufbau und -ausbau gibt es definitiv bessere Alternativen.

Xing und LinkedIn – die Business-Adressen

Es empfiehlt sich für alle, die unternehmerisch tätig werden wollen, ein Profil auf den Business-Plattformen Xing und LinkedIn zu führen. In diesen Unternehmernetzwerken à la Facebook können sich sowohl Personen als auch Firmen präsentieren und haben die Möglichkeit, sich untereinander auszutauschen. Besonders LinkedIn wird von vielen auch als »Facebook 2.0« betitelt, weil es einen sehr ähnlichen Aufbau hat: ein Profil, eine Pinnwand, auf der man Beiträge erstellen und mit Bildern und Videos versehen kann, sowie eine Nachrichtenbox, in die alle Direktnachrichten kommen.

Die Sprache ist hier förmlicher als bei den anderen sozialen Medien und es geht primär um informativen Content, Nachrichten und fachspezifische Artikel, die geteilt, diskutiert und kommentiert werden können. Firmen gehen über diese beiden Plattformen auch gerne auf Mitarbeitersuche, denn die Profile sind so aufgebaut, dass man eine Vita integrieren kann: Schulbildung, Ausbildung und akademische Abschlüsse, bisherige Arbeitgeber und eigene Unternehmen et cetera. Es besteht sogar die Möglichkeit, Stellenausschreibungen zu machen oder sich selbst als »suchend« einzutragen.

Doch auch für einen freischaffenden Creator kann es sinnvoll sein, hier ein sauber geführtes Profil zu pflegen, das als erweiterte digitale Visitenkarte dient. Denn viele Agenturen und Firmen nutzen diese Netzwerke als Möglichkeit zur Kontaktaufnahme, worüber in der Folge Kooperationen und Placements vergeben werden.

Der alles berechnende Kern der Social-Media-Plattformen

Eins haben alle Social-Media-Plattformen gemeinsam: Sie alle basieren auf Algorithmen. Ja, du hast richtig gelesen: Plural. Es ist also nicht *ein* Algorithmus, nicht einmal einer pro Plattform, sondern jeder Social-Media-Kanal hat *mehrere* maßgeschneiderte, die sich noch dazu verändern können. Wie genau sie funktionieren – egal ob bei Instagram, Facebook oder YouTube – weiß vermutlich nur eine Handvoll Menschen. Einige Indikatoren, nach denen die Algorithmen Content aussuchen, also als relevant bewerten und ausspielen, sind offensichtlich, andere sind komplett unbekannt, wieder andere werden erst nach einiger Zeit neu eingeführt.

Bis 2016 wurden beispielsweise auf Instagram alle Beiträge in chronologischer Reihenfolge angezeigt. Die Abonnenten konnten sich einfach einloggen und sehen, was an diesem Tag nacheinander hochgeladen worden war. Doch es wurde schnell zu viel Content und die Plattformbetreiber merkten, dass viele User mit Leuten vernetzt waren, für die sie kaum noch Interesse hatten. Deren Beiträge waren so uninteressant, dass viele Nutzer direkt die App wieder schlossen, weil in den ersten Sekunden nach dem Log-in kein positives Nutzererlebnis kreiert wurde. Also bauten die Betreiber eine Instanz ein, die automatisch entscheiden sollte, was für den jeweiligen User gerade am relevantesten wäre. Diese legte ab sofort die Reihenfolge fest und schmiss einigen Content sogar komplett raus. Algorithmen wurden sozusagen zu den Türstehern der bunten Social-Media-Welt – und das nicht nur bei Instagram.

Bei der Einstufung der Relevanz eines neuen Postings zählt für die Algorithmen der Social-Media-Plattformen nicht nur, ob ein Creator gerade Bilder und Videos oder Texte postet, die möglichst vielen gefallen und demzufolge immer mehr Menschen angezeigt werden, weil diese sie potenziell auch mögen könnten. Relevant ist ebenso, aus welchem Land und aus welcher Stadt gepostet wird, der Zeitpunkt des Postings, welche und wie viele andere Menschen sich gerade ebenfalls mit dem Thema beschäftigen und Content dazu produzieren, ob der Inhalt familientauglich ist oder tendenziell nur einer bestimmten Altersgruppe oder auch Einkommensstufe zugänglich gemacht werden sollte, welche Farben zu sehen sind, in welcher Qualität es erscheint (und hier sei angemerkt, dass hohe Qualität nicht immer besser sein muss!), wie relevant eine Person gerade in der Presse ist, ob sie viele Google-Einträge hat, gerade in einer Beziehung mit einer anderen Person des öffentlichen Lebens ist und vieles mehr. Ich könnte diese Liste ewig fortsetzen, doch das würde uns am Ende nicht schlauer machen. Erschwerend kommt nämlich hinzu, dass die Algorithmen eine Eigendynamik haben, sie lernen stetig dazu und verändern sich, und das sogar ohne weiteres Zutun von Programmierern. Sie entwickeln sich selbstständig weiter, sie sind eine Form von künstlicher Intelligenz. Demzufolge kann niemand eine komplette Auflistung der Parameter erstellen, sodass irgendwer den »perfekten« Content maßschneidern könnte. Was wir als Creator aber tun können: logische Schlüsse ziehen und mit unseren Erfahrungswerten kombinieren, um die Algorithmen im besten Sinne für uns zu nutzen.

Einer der größten Irrtümer ist die Überzeugung, dass man die Algorithmen als Creator irgendwie austricksen kann, denn diese arbeiten tatsächlich nicht für sie, sondern für den Konsumenten: Die Social-Media-Kanäle sind kostenlos für die User, beim Herunterladen der Apps schließen sie kein kostenpflichtiges Abo ab, sie können endlos viele Accounts erstellen und Dateien hochladen. Bei den Betreibern hingegen fallen einige Kosten an, Serverkapazitäten müssen erweitert und gewartet werden, es werden immer mehr Mitarbeiter gebraucht et cetera. Beim Facebook-Konzern waren 2020 insgesamt rund 58.600 Menschen angestellt, 2001 sind es gerade einmal 1218 Mitarbeiter gewesen.[37] Der Google-Konzern meldete 2020, dass bei YouTube pro Minute 400 Stunden Videomaterial hochgeladen wurden, wobei teilweise durch Mitarbeiter überprüft werden muss, ob es massentauglich ist oder nur eingeschränkt verfügbar sein wird.[38]

Aber wenn die Nutzung kostenlos ist – wie amortisieren sich dann die Kosten der Betreiber? Klare Sache: Die Monetarisierung findet über Werbung statt, welche die User angezeigt bekommen, sowie über die Daten, die jeder dort von sich preisgibt und die wiederum anderweitig genutzt werden, und hier sprechen wir über Summen in Milliardenhöhe. 2020 hat YouTube beispielsweise rund 19,8 Milliarden US-Dollar Werbeumsatz erzielt, Tendenz steigend.[39] Die Betreiber der Plattformen wollen die User am liebsten dauerhaft an sich binden. Kein Wunder, dass das erklärte Ziel der Algorithmen lautet: **Möglichst viele Menschen sollen regelmäßig möglichst viel Zeit auf den Internetplattformen oder in den Apps verbringen, damit möglichst viel Werbung – am besten personalisierte – ausgespielt werden kann.**

> **MÖGLICHST VIELE MENSCHEN SOLLEN REGELMÄSSIG MÖGLICHST VIEL ZEIT AUF DEN INTERNETPLATTFORMEN ODER IN DEN APPS VERBRINGEN, DAMIT MÖGLICHST VIEL WERBUNG – AM BESTEN PERSONALISIERTE – AUSGESPIELT WERDEN KANN**

Nur ganz kurz ...

Jeder kennt es wohl aus eigener Erfahrung: Wir greifen in einer kleinen Pause zum Smartphone und wollen einfach nur kurz mal schauen, was es so Neues gibt – und ehe wir uns versehen, sind fünf Minuten wieder mal zu einer halben Stunde oder sogar mehr mutiert. Wie konnte das bloß wieder passieren? Ganz einfach: Ausgeklügelte Algorithmen sorgen dafür, dass wir im Idealfall genau das sehen, was unsere Aufmerksamkeit erregt, was wir spannend finden und was uns möglichst lange in seinen Bann zu ziehen vermag.

Der Algorithmus ist wie ein persönlicher Chefkoch, der ganz genau weiß, worauf wir gerade Appetit haben, und der uns dazu bringt, über den Hunger hinaus zu essen, weil das Dessert uns eben so anlacht. Das eine geht schon noch ... Aber wir sollen uns auch nicht zu sehr vollstopfen, damit wir keine Magenschmerzen bekommen und bald wieder am Social-Media-Buffet Platz nehmen, weil es ach so verführerisch duftet. Alle paar Minuten wird personalisierte Werbung eingestreut, etwa über ein Produkt, von dem wir neulich erst gesprochen haben, oder das von unserem Lieblings-Influencer mehrfach beworben wurde. Jedenfalls etwas, wonach wir uns potenziell sehnen. Im besten Fall klicken und kaufen wir – und schauen dann noch ein bisschen weiter.

Das klingt eigentlich gar nicht so übel und doch bringt dieses Szenario auch bedenkliche Folgen mit sich, wie die Netflix-Doku *Das soziale Dilemma* zeigt:[*] Unter anderem vernachlässigen wir reale Kontakte, weil wir online viel bequemer mit mehreren Menschen gleichzeitig interagieren können. Wir haben eine immer geringere Aufmerksamkeitsspanne, da die vielen Pop-ups und Benachrichtigungen für ständigen Dopaminausstoß sorgen, den wir durch reale Aktivitäten immer weniger bekommen, da das Internet und die sozialen Medien aufregende Momente und Nachrichten am Fließband produzieren. Und dieses Buffet ist rund um die Uhr geöffnet und voll bestückt!

---

[*] Falls du den Film noch nicht kennst: Ich kann ihn nur empfehlen, für einen kritischen Blick auf die Macht der sozialen Medien und als Anregung zur Reflexion über das eigene Mediennutzungsverhalten.

Die Spielregeln der Social-Media-Plattformen

Bei aller Geheimniskrämerei rund um die Algorithmen ist eins klar: Wir müssen ihre Spielregeln – so weit es geht – kennen und akzeptieren. Widerstand ist ohnehin zwecklos. Nur wenn wir uns den Gesetzmäßigkeiten der jeweiligen Social-Media-Plattform beugen, werden wir eine gewisse Reichweite und Relevanz aufbauen können, von der wir dann langfristig profitieren. Doch das ist leichter gesagt als getan.

Spätestens jetzt kommt Personal Branding ins Spiel, denn sich nur auf Social Media zu tummeln reicht nicht aus, um langfristig ein relevanter Player zu werden, sondern man wird für immer Konsument bleiben: In jeder freien Minute durch die Newsfeeds scrollen, jedes Pop-up sofort anklicken und nachsehen, welche Nachricht, welches Bild oder Video sich diesmal dahinter verbirgt, und pausenlos dem Leben anderer Menschen folgen führt langfristig dazu, dass es im eigenen Leben nicht weitergeht. Wir müssen vom Zuschauer zum Spieler werden, von der Tribüne runter und uns das Trikot überwerfen und mitkicken. Am besten ein buntes Trikot, sodass wir auffallen und uns möglichst viele Leute sehen, besser gesagt: die richtigen Leute, die dann auch so ein buntes Trikot von uns haben möchten. Aber dazu mehr in Kapitel 4. Es geht vereinfacht gesagt darum, Content zu erstellen, der die Aufmerksamkeit unserer Zielgruppen erregt und möglichst oft und möglichst lange angesehen wird. Nur dann können wir die sozialen Netzwerke richtig einsetzen, um über deren Kanäle mit maßgeschneidertem Content neue Menschen kennenzulernen, Interessenten für unser Unternehmen, unsere Brand, unsere Produkte oder unsere Dienstleistungen zu begeistern, neue Mitarbeiter und Kunden anzuziehen.

Wer als Einzelperson auf Social Media durchstartet, kann irgendwann auf dieser Grundlage und der erlangten Reichweite auch ein eigenes Unternehmen gründen. Vorgemacht haben das in den letzten Jahren im deutschsprachigen Raum einige Influencer, beispielsweise Bianca »Bibi« Claßen, die seit 2012 BibisBeautyPalace, einen der größten deutschen YouTube-Kanäle, betreibt und erfolgreich ihre eigene Marke, Bilou, etablieren konnte. Dahinter verbergen sich – passend für ihre zig Millionen Abonnenten – Produkte aus den Bereichen Beauty und Wellness. Davor hatte sie einige Jahre lang genau zu diesen Themen Videos gedreht und gepostet. Nach dem Start der Beauty-Serie 2015 konnte sie einen Jahresumsatz von 1,3 Millionen Euro einfahren, 2016 waren es bereits satte 12,6 Millionen.[40]

Ein weiteres Erfolgsbeispiel ist Pamela Reif, ihres Zeichens Fitness-Influencerin seit 2013.[41] Ihre Workouts für zu Hause kennt wahrscheinlich jede zweite Frau in Deutschland und hat das Ganze auch schon mal ausprobiert. Im Januar 2021 brachte sie ihre Food-Marke namens Naturally Pam heraus: Bio-Zutaten, nachhaltige Verpackung, keine Geschmacksverstärker oder künstliche Aromen. Sogar auf Zucker wird hier komplett verzichtet. Ihre Produkte verkörpern genau das, was die Influencerin auf Social Media predigt – was ihre Community offenbar mit Vertrauen belohnt. Die Folge: online direkt am ersten Tag komplett ausverkauft.[42]

Solche Erfolgsstorys sind keineswegs Zufall, sondern das Resultat eines ausgeklügelten Marketings und einem strukturierten Markenaufbau, die über einige Jahre liefen und sich perfekt an die neuen Kommunikationsmöglichkeiten von Social Media anpassten. Ich habe mich in den letzten Jahren intensiv mit Social Media Branding auseinandergesetzt und für mich haben sich sechs Aspekte herauskristallisiert, auf die Algorithmen aller Social-Media-Kanäle achten, wenn es um die Ausspielung von Content geht.

Interesse

Aufgrund der Vielzahl an Bildern und Videos, die auf die diversen Plattformen hochgeladen werden, sollte der Content auf den ersten Blick beziehungsweise bei einem Video in den ersten drei Sekunden die Aufmerksamkeit der Zuschauer erregen. Eine weitere Möglichkeit ist eine Überschrift, die zum Anklicken einlädt, ähnlich wie die großen Headlines der Zeitungen und Zeitschriften es vormachen. Übertreibt man hier, spricht man von Click Bait, was nicht gern gesehen ist: Die Überschrift suggeriert mehr, als der Inhalt erfüllen kann. Besser ist es, den Kernaspekt des Contents herauszuarbeiten. **Je interessanter dein Content wirkt, desto wahrscheinlicher ist die Ausspielung.**

Dabei ist neben dem Inhalt für die Algorithmen auch der Absender wichtig, also wer das Ganze kreiert. Hat der Creator schon eine gewisse Relevanz in den sozialen Medien oder handelt es sich um einen Promi oder eine Person des öffentlichen Lebens, ist das natürlich ein Vorteil, weil der Content einer bekannten Person stärker gewichtet wird. Zudem wird dieser über die Suche nach der Person leichter gefunden.

Als Creator musst du dich demnach selbstkritisch fragen, wer dein Thema, deinen Content interessant finden könnte, also wie groß deine potenzielle Zielgruppe ist, und welche Wahrnehmung oder welchen Status du dir bisher erarbeiten konntest. Ein Comedy-Video mit plakativen Witzen eines bereits etablierten Comedians hat beispielsweise eine viel größere Reichweite als ein Video über mögliche Steuerersparnisse in einer GmbH, das sich ausschließlich an die Geschäftsführer richtet und von einem Steuerberater stammt, der sich ganz neu auf den sozialen Medien eingeklinkt hat. Ein deutschsprachiges Video hat in der Regel eine geringere Reichweite als ein englischsprachiges. Nachvollziehbar, oder? Ebenso verständlich ist, dass vor diesem Hintergrund Vergleiche von Abonnenten-, Follower- und Aufrufzahlen nur innerhalb derselben Nische und Sprache möglich sind – wenn überhaupt.

Überleg dir, wie du dich von den anderen absetzen kannst, ob du eine Innovation im Feld entwickeln kannst und lass dich dabei ruhig von Zuschauerfragen und Themenvorschlägen leiten. Der Dialog mit deinen Fans, Followern und Abonnenten erzeugt immer Relevanz, da du Content maßschneiderst, der bereits Zustimmung genießt.

Beziehung

Alle Algorithmen bewerten vor der Ausspielung die Beziehung zwischen Creator und Konsument. Die Spielregel ist simpel: **Je enger die Verbindung, desto wahrscheinlicher ist die Ausspielung.** Wenn beispielsweise beide sich privat kennen oder sogar schon zusammen Content erstellt haben, ist die Wahrscheinlichkeit, beim jeweils anderen ganz oben in der Liste angezeigt zu werden, viel höher, als wenn sich die beiden noch nie begegnet sind. Jegliche Interaktion der Fans, Follower und Abonnenten zahlt auf das »Beziehungskonto« ein: Wenn jemand die Benachrichtigungen für einen neuen Post aktiviert, immer ein »Gefällt mir« verteilt, kommentiert und private Nachrichten sendet und womöglich sogar eine Antwort vom Creator erhält, ist dies ein Indiz für eine mehr oder weniger enge Beziehung zwischen diesen beiden Parteien.

Dieser Aspekt ist vor allem beim Aufbau einer Community extrem wichtig. Viele Creator machen den Fehler, einen reinen Monolog zu führen, anstatt in den Dialog zu treten und Kommentare oder Fragen der Follower, Fans und Abonnenten zu beantworten. Manche schalten die Kommentarfunktion auch komplett ab, weil sie befürchten, dass die Meldungen völlig fremder Leute ihnen unter dem Strich gar nichts bringen und das im Worst Case nur Ärger macht. Ganz ehrlich: So ein Verhalten kommt in der Social-Media-Welt nicht gut an, weil einfach eine Kommunikationsmöglichkeit absichtlich beschnitten wird. Außerdem bewerten die Algorithmen auch nach Interaktionen und wer diese unterbindet, schießt sich selbst ins Aus.

Ich kann dir nur raten: Unterschätze niemals die Power der Leser, Zuschauer und Zuhörer, die immer wiederkommen und sich alles von dir durchlesen, ansehen oder anhören, teilen und kommentieren. Das ist dein engster Kern und er kann deine Reichweite enorm erhöhen. Deine ersten Follower und Abonnenten sind unbezahlbar – denk immer daran! Lass dich nicht von den Tausenden oder gar Millionen Fans der anderen Player auf Social Media blenden. Solche Vergleiche sind sinnlos. Entscheidend sind die Leute, die dir gerne folgen, die deinen Content, deine Produkte, deine Dienstleistungen mögen und hoffentlich über die Zeit noch mehr schätzen und lieben lernen. Sie sind deine wichtigsten Botschafter und werden zu Multiplikatoren, wenn ihnen dein Content gefällt und sie ihn teilen, und sorgen so für Wachstum. Nutze die Anfangsphase daher unbedingt für den Beziehungsaufbau, denn so ein intensiver und enger Austausch wird irgendwann nicht mehr möglich sein. Genieße den Prozess, lass es langsam angehen. Fragt man große Influencer auf den sozialen Medien, so wünschen sich einige sogar genau diese Anfangszeit zurück. Ein weiterer Vorteil: Eine feste Bindung verzeiht auch mal einen nachlässigen oder nicht so gelungenen Post, da du in deiner Community einen Vertrauensvorschuss genießt.

Aktualität

Was für Nachrichtensender der Kern ihres Angebots ist, ist logischerweise auch für Social Media und deren Algorithmen ein wichtiger Aspekt: **Je aktueller ein Thema ist, desto wahrscheinlicher ist die Ausspielung.** Kein Wunder also, dass viele Corporate Brands bestimmte Weihnachts-, Silvester- oder Sommer-Aktionen machen, um die derzeitige Stimmung auf die eigenen Produkte zu beziehen, wie etwa: »Es wird das heißeste Wochenende des Jahres! Deshalb geben wir auf unsere Erfrischungsgetränke 20 Prozent Rabatt für alle Pool- und Grillpartys«.

Die Wahrscheinlichkeit, dass sich viele Menschen für ein Thema interessieren, steigt, wenn die Gesellschaft aktuell darüber diskutiert. Creator können versuchen, ihr Thema mit aktuellen Geschehnissen zu verknüpfen und bestimmte News als Aufhänger zu nutzen. Auf diese Weise können selbst Themen, die tendenziell eine geringere Reichweite aufweisen, durch die Schnittmenge mit dem aktuellen Geschehen zu viralen Hits werden: Im Zuge der Corona-Pandemie konnte man beispielsweise beobachten, dass viele wissenschaftliche Institute und Rechtsberater plötzlich Hunderttausende von Klicks und Views generierten und damit sogar in die aktuellen Top-50-Trends der Videos auf YouTube kamen, die zuvor noch kaum ein Mensch auf dem Schirm hatte.

Es lohnt sich also, über den eigenen Tellerrand hinauszublicken und sich zu informieren, worüber in den sozialen Medien gerade gesprochen wird oder welche Schlagzeilen derzeit die Runde machen. Deckt sich der aktuelle Zeitgeist mit dem eigenen Expertenstatus, kann der Creator eine Reaktion oder eine Stellungnahme abgeben, um darüber auch auf sich selbst aufmerksam zu machen. Schnittmengen finden bedeutet, den eigenen thematischen Fokus beizubehalten und gleichzeitig das Themenspektrum zu erweitern, um neue Follower und Abonnenten zu gewinnen.

Frequenz

Die Algorithmen der Social-Media-Plattformen suchen rund um die Uhr nach Content, den sie den Personen ausspielen können, die sich gerade dafür interessieren und online sind. Daher ist ein frequentierter Upload bei gleichbleibender oder steigender Qualität von Vorteil, um hier in die nähere Auswahl zu kommen. Es ist wie in einer guten Geschäftsbeziehung, jeder ist für seinen Part zuständig: Der Creator erstellt den Content, die Plattformen und die davor geschalteten Algorithmen spielen diesen aus.

Je regelmäßiger und verlässlicher du postest, desto wahrscheinlicher ist die Ausspielung. Am besten entwickelst du einen gut durchdachten Plan, wie oft welcher Content wo hochgeladen werden soll. Gut durchdacht deshalb, weil du davon nicht mehr abweichen solltest, denn sowohl deine Community als auch die Algorithmen der Plattform stellen sich auf diese Frequenz ein und verlassen sich darauf. Ein Creator, der beispielsweise jeden Sonntag um 18 Uhr mehrere Monate hintereinander jeweils ein Video hochlädt, ist aus Sicht des Algorithmus eine bessere Wahl als jemand, der nach drei Wochen Auszeit mal wieder Content releast. Warum? Würde ein unberechenbarer Creator Reichweite erhalten, würde er zwar unter Umständen aufgrund seines Contents neue Abonnenten gewinnen, aber dann womöglich wieder für unbestimmte Zeit in der Versenkung verschwinden, woraus ein negatives Nutzererlebnis für die Abonnenten resultieren würde, da es keinen neuen Content gäbe. Demzufolge könnte auch keine Werbung ausgespielt werden. Ein zuverlässiger Creator hingegen sorgt für Nachschub und erhöht stetig die Zuschauerbindung, was sich auch positiv auf die Werbeeinnahmen auswirkt.

Tatsächlich dauert es eine ganze Weile, bis man als Creator überhaupt von den Algorithmen erfasst wird. Alle Daten, die man von sich und seinem Content preisgibt, sorgen dafür, dass das eigene Profil immer besser verstanden wird. Doch erst wenn genügend Daten gesammelt wurden, kann der Content an die richtige Zielgruppe ausgespielt werden. Wichtig ist demnach, von vornherein die eigenen perfektionistischen Ansprüche abzulegen und stattdessen dafür zu sorgen, dass du schnell und regelmäßig Content kreierst und hochlädst. Darüber hinaus ist die Verfolgung einer Entwicklung für die Abonnenten, Fans und Follower ein zusätzlicher Pluspunkt für die Authentizität des Creators: Dein erstes Bild, deine erste Story, dein erstes Video konkurriert mit nichts und niemandem – außer deiner Prokrastination und deinem Perfektionismus.

Zielgruppenrelevanz

Für die Algorithmen ist außerdem entscheidend, welchen Stellenwert ein Creator in seiner Nische belegt und wie er von seiner Zielgruppe gesehen wird. Online- sowie Offline-Erfolge, prägende Geschichten, mediale Auftritte und Berichte, Kooperationen mit anderen aus dem Feld und das Standing in der Gesellschaft können dafür sorgen, dass eine Person schon zu Beginn auf den sozialen Medien mit einem gewissen Vorsprung in puncto Relevanz durchstartet. **Je höher die gesellschaftliche Relevanz, desto wahrscheinlicher ist die Ausspielung.** Vorgemacht hat das 2019 die aus der US-Sitcom *Friends* bekannte und auch darüber hinaus erfolgreiche Schauspielerin Jennifer Aniston, die laut Guiness World Records bei ihrem Instagram-Debüt gerade einmal 5 Stunden und 16 Minuten brauchte, bis sie eine Million Abonnenten zu verzeichnen hatte. Sie verbannte damit Prinz Harry und seine Frau, Herzogin Meghan, auf Platz 2, denn sie waren 29 Minuten langsamer gewesen als der Hollywood-Star.[43]

Aber keine Sorge, Relevanz lässt sich auch ohne Promi-Bonus organisch aufbauen, etwa durch konstanten hochqualitativen Content, der für die Zielgruppe einen Mehrwert darstellt. Es gilt für Creator darüber hinaus, sich gegenüber den Mitspielern im Feld zu behaupten, sodass sich Interessenten mehr für ihre Postings und Videos interessieren als für die der Konkurrenz. Eine hohe Zuschauerbindung und eine öffentliche positive Bewertung der Zuschauer und Abonnenten durch Likes und Kommentare sind für die Algorithmen zudem ein starker Indikator, dass ein Creator eine positive Entwicklung zu verzeichnen hat.

Mehrwert

Der Begriff »Mehrwert« wird oft nur im Kontext von informativem Content gesehen und verwendet, ist aber meiner Meinung nach viel allgemeiner zu verstehen: Ein Comedian, der jemanden mit seinem Video zum Lachen bringt, kann für diesen Menschen ein großer Mehrwert sein, weil er genau das – nämlich ein bisschen Ablenkung und gute Laune – gerade an diesem Tag dringend gebraucht hat und gerne wiederkommt oder sogar den Kanal abonniert, weil er sich gut unterhalten fühlte. Es geht also nicht zwingend darum, möglichst viel Wissen in Content zu verpacken, sondern die Person, die ihn sieht, wirklich zu erreichen: Der Content muss im Leben des Zuschauers einen gewissen Wert haben. Etwa weil er ein Problem löst, mit dem sich derjenige schon lange herumgeärgert hat, oder weil er eine alternative Herangehensweise aufzeigt, die derjenige mal ausprobieren könnte. Es kann aber eben auch Unterhaltung an einem tristen Abend sein, die einen herzhaften Lacher auslöst. **Je größer der Mehrwert, desto wahrscheinlicher ist die Ausspielung.**

Wichtig ist also das Verständnis des Creators, was seine Zielgruppe gerade braucht; er versucht, Wünsche und Probleme herauszukitzeln, die Lücke in der Konversation der Gesellschaft zu schließen. Unter dem Strich muss die Zeit, die es kostet, den Content zu konsumieren, ein »Preis« sein, den der Zuschauer oder Zuhörer gerne zahlt, weil er für sich einen größeren Wert oder Nutzen darin sieht. Daraus resultiert ein positives Nutzererlebnis, wodurch im Idealfall aus Interessenten neue Fans, Follower und Abonnenten werden. Der Algorithmus wertet dies – nach welchem System auch immer – aus und stuft die Relevanz des Creators nach oben.

Die bunte Content-Palette

Als Creator steht dir auf jeder Social-Media-Plattform eine Fülle von Features und Tools zur Verfügung, um Content zu kreieren und kinderleicht zu posten. Ein paar Klassiker möchte ich dir im Folgenden vorstellen, der Einfachheit halber alphabetisch sortiert.

Blog

Ein Blog oder auch Weblog – der Begriff ist verschmolzen aus »World Wide Web« und »Logbuch« – ist ein öffentliches Tagebuch oder auch Journal auf einer Internetseite. Die Creator werden als Blogger bezeichnet. In den meisten Fällen sind Blogs in englischer Sprache verfasst, sodass sie ein internationales Publikum ansprechen. Von den Anbietern dahinter hast du sicherlich schon mal gehört, WordPress und Tumblr zählen zu den größten. In Deutschland werden Blogs tatsächlich oft von jungen Nutzern verwendet: 25 Prozent der 14- bis 19-jährigen Befragten einer Umfrage gaben an, einen eigenen Blog zu schreiben und auch nach Inspiration bei anderen zu suchen.[44]

Prinzipiell kann ein Blog bei der Markenbildung ein gutes SEO-Werkzeug sein, denn man kann über Keywords Leute auf den Blog und die verlinkte Website holen, auf der man dann auch sich selbst und die eigenen Produkte oder Dienstleistungen vorstellt (mehr dazu in Kapitel 4). Er bietet sich vor allem für Content an, der konserviert und langfristig über die Suchfunktion gefunden werden soll. Allerdings empfehlen wir bei TPA Media ihn unseren Kunden nur, wenn sie Zeit und Lust haben, ihn selbst zu führen oder im Unternehmen ein guter Texter extra dafür eingestellt wird.

Ein Blog besitzt keine organische Reichweite, sondern wird über Suchmaschinen gelistet und gefunden. Die Bindung zwischen

Creator und Konsument ist eher schwach, da Letzterer oft nur nach einer Problemlösung oder Inspiration sucht und dem Verfasser des Blogs wenig Aufmerksamkeit schenkt.

Instagram Story

Die Instagram Story – kurz Insta Story, IG Story oder auf der Plattform selbst einfach nur Story genannt – ist vergleichbar mit einem virtuellen Video-Tagebuch: 15-sekündige Hochkant-Videos, in denen man seinen Followern zeigt, was man gerade so macht, welche Events man besucht oder auch einfach nur in die Kamera spricht und seine Erlebnisse mit der Community teilt. Erfolgreiche Influencer bespielen diesen Kanal täglich mit teilweise bis zu 100 Stories (das derzeitige Limit) und sorgen so für eine extreme Bindung ihrer Fans. Abonnenten können eine Benachrichtigung aktivieren, wenn eine neue Story gepostet wurde, und bekommen so eine Momentaufnahme von der Person, der sie online folgen. Auf diese kann man antworten oder mit einem Smiley reagieren, oder man verabredet sich im realen Leben, sofern man gerade am gleichen Ort ist und vieles mehr.

Wer Follower für sich gewonnen hat, kann diese extrem schnell in seinen Bann ziehen: Instagram Stories haben sowohl für den Creator als auch für die Follower hohes Suchtpotenzial, weil sie einen hohen Authentizitätsfaktor aufweisen. Zwar legt man mit nur einem Wisch einen Filter darüber und schon verschwinden Augenringe und Co., aber die Videos entstehen oftmals aus dem Moment heraus und sie sind darüber hinaus nur für 24 Stunden verfügbar. Das senkt aufseiten des Creators die Hemmschwelle, bestimmte Inhalte zu teilen, die sie sonst womöglich nicht in einem Video oder auf Bildern verewigt hätten. Aufseiten der Abonnenten erklärt es, warum es sich für sie lohnt, die Benachrichtigungen zu aktivieren – sie verpassen ja sonst unter Umständen etwas. Instagram Stories sind also eigentlich nicht für die Ewigkeit gemacht, doch der Creator kann besonders beliebte Stories als Highlight in sein Profil integrieren, sodass sie erst einmal konserviert sind.

Kurzvideo

Kurzvideos gibt es mittlerweile auf den drei relevantesten Social-Media-Plattformen: Instagram, YouTube und TikTok. Sie sind zwischen 5 Sekunden und 3 Minuten lang und derzeit das beste Tool, um organische Reichweite aufzubauen. Warum? Ganz einfach: Sie sind kurz – und damit kurzweilig – und werden deswegen von den Fans, Followern und Abonnenten gerne geschaut. Was den Einsatz noch zusätzlich vereinfacht: Die Videos lassen sich direkt in der jeweiligen App aufnehmen, bearbeiten und hochladen.

LIVE-Stream

LIVE-Streaming-Angebote gibt es immer mehr, denn sie ermöglichen eine neue Stufe des Nutzererlebnisses: Bei den Echtzeitübertragungen auf den sozialen Plattformen steht die Interaktion an erster Stelle. So können die Zuschauer direkten Einfluss auf das Programm nehmen und sogar Teil davon werden. Die Plattform Twitch, die 2011 gegründet wurde, ist hierfür die beste Anlaufstelle, denn dort tummeln sich die erfolgreichsten Streamer die Welt, die täglich in den Rubriken »Gaming« oder »Live Chatting« an ein riesiges Publikum streamen – teilweise sind es Zehntausende Zuschauer. Von deren Spenden sowie durch Werbeeinnahmen konnte so mancher dort schon ein kleines Vermögen verdienen. Durch die dauerhafte Interaktion wird die Bindung zwischen Konsument und Streamer noch enger. Deswegen sind LIVE-Streams eine sehr gute Möglichkeit, eine starke und loyale Community aufzubauen. Doch auch auf anderen Plattformen wie Facebook, Instagram oder

YouTube gibt es LIVE-Streaming-Angebote, die vor allem für Fragerunden genutzt werden.

Podcast

Der erste Podcast kam bereits im Jahr 2000 auf den Markt und gewann seit der Erfindung des Smartphones merklich an Bedeutung, weil man die Folgen überall und jederzeit anhören konnte. Die einzelnen Folgen sind meist 45 bis 60 Minuten lang und erscheinen ein bis zweimal pro Woche. So viel Zeit verbringen manche Menschen nicht einmal mit ihren besten Freunden!

Heute hört jeder dritte Bundesbürger solche Audiodateien, die teilweise nicht nur aufgezeichnet, sondern mitgefilmt werden und dann verknüpft auf YouTube hochgeladen werden.[45] Podcasts sind aus der Online-Welt nicht mehr wegzudenken, und spätestens seit Joe Rogan 2020 die Exklusivrechte seines Podcasts »The Joe Rogan Experience« für satte 100 Millionen US-Dollar an Spotify verkauft hat, ist jedem klar, dass hier eine Menge Geld drinsteckt.[46] Die eingespielte Werbung hören im Fall der erfolgreichsten Podcaster Millionen von Menschen und dementsprechend lukrativ sehen die Werbeverträge dieser Influencer aus.

Die Zuhörer können den Podcast auf verschiedenen Plattformen – iTunes, Spotify, Deezer und wie sie alle heißen – bewerten und eine Rezension schreiben. Eine Kontaktaufnahme ist nur indirekt, etwa über Instagram, möglich. Wieder mal eine gute Gelegenheit für Cross-Promotion!

Podcasts haben eine geringe Einstiegshürde, weil man nur ein gutes Mikrofon benötigt und sich nicht unbedingt vor eine Kamera stellen muss. Man könnte also rein theoretisch gemütlich im Pyjama die wöchentlichen Folgen aufnehmen und kreiert die passende Atmosphäre durch die eigene Stimme und Geräusche oder eine andere musikalische Untermalung. Thematisch gibt es im Grunde keine Grenzen. Vielleicht liegt es an der fehlenden visuellen Komponente, dass viele Podcaster freizügig von wilden Erotikabenteuern und anderen brisanten Ereignissen aus ihrer Jugend erzählen und sogar sehr persönliche Fragen ihrer Abonnenten beantworten. Es sieht schließlich keiner, wenn sie dabei vielleicht mal rot werden. Ebenfalls beliebt sind Kriminalgeschichten und Fantasy-Erzählungen, also eine moderne Form des Hörspiels jenseits von Kassette und CD-Spieler, sowie Interview-Formate.

Beim Markenaufbau unserer Kunden setzen wir bei TPA Media oft auf einen begleitenden Podcast, da der Aufwand vergleichsweise gering ist und man langfristig eine sehr starke Community aufbauen kann.

Vlog

Mittlerweile hat der Video-Blog oder kurz Vlog seinem schriftlichen Vorfahren, dem Blog, den Rang abgelaufen. Visuelle und auditive Eindrücke sind in der heutigen Zeit einfach stärker, da sie schneller Aufmerksamkeit erregen und auch schneller zu konsumieren sind als ellenlange Text. Sie werden auf der eigenen Website veröffentlicht, aber auch auf YouTube oder bei Instagram hochgeladen.

In Kontakt treten und bleiben

Social Media ist ja im Grunde nichts anderes als eine moderne, innovative Kommunikationsmöglichkeit: Wir teilen Informationen, Erfahrungen und unsere Meinungen in Form von Content, tauschen uns mit bekannten und völlig fremden Menschen aus und führen Diskussionen über alles Mögliche. Genauso wie im realen Leben können wir uns den Ort aussuchen, wo diese Kommunikation stattfindet, und wir haben auch die Möglichkeit, mit jemandem nicht in den Dialog zu treten, wenn wir kein Interesse an einem Gespräch haben. Dies ist online sogar noch einfacher als in einer Bar, wenn man einfach so von der Seite angesprochen wird.

Als Creator wollen wir keinen dauerhaften Monolog halten. Wir posten unseren Content, um unsere Fans, Abonnenten und Follower zu begeistern, damit sie unsere Inhalte teilen, mit uns oder untereinander ins Gespräch kommen und so ein Dialog oder sogar eine Diskussion entstehen kann. Die Plattformen halten verschiedene Formen der Kontaktaufnahme bereit:

- **Kommentar:** Egal ob Blogartikel, Foto oder Video – auf den meisten Plattformen können die User deinen Content kommentieren und liken.
- **Direct Messaging:** Deine Fans, Follower und Abonnenten können dir private Direktnachrichten schicken. Das ist eine der nicht öffentlichen Möglichkeiten, in Kontakt zu treten.
- **Chat:** Wenn du LIVE gehst, etwa auf Instagram, können deine Fans in Echtzeit Fragen über den Chat stellen und du kannst direkt darauf antworten. Das ist wohl die direkteste Art des Austauschs.

Die Qual der Wahl

Wahrscheinlich rattert es bei dir schon ordentlich im Kopf und du überlegst fieberhaft, welche Social-Media-Plattformen und welche Art von Content für dich am sinnvollsten für den Markenaufbau sein könnten – und womöglich hast du beim Lesen hier und da zustimmend genickt beziehungsweise energisch den Kopf geschüttelt. Kann ich gut nachvollziehen, denn auch ich habe in der Vergangenheit schon einige Male Social-Media-Kanäle oder bestimmten Content für meinen Markenaufbau als komplett untauglich abgestempelt, doch wenige Monate danach war ich Feuer und Flamme für die neue Herausforderung und bin total darin aufgegangen. Ein Paradebeispiel ist das TikTok-Phänomen: Wie so viele andere schmunzelte ich anfangs über die Plattform und deren Content, doch ein paar Wochen später tanzte ich dann doch ganz schüchtern mal zu Jason Derulos »Savage Love«.[*] Mittlerweile nutze ich TikTok, um mit kurzen Videos die längeren Inhalte auf den anderen Plattformen anzuteasern. Und bei TPA Media empfehlen wir den Kanal auch schon einigen unserer Kunden, um besonders zum Start des Markenaufbaus schnell organische Reichweite zu generieren und Feedback zum eigenen Content einzuholen.

Daher lautet mein Ratschlag à la James Bond: Sag niemals nie! Du solltest alles zumindest einmal in Ruhe testen, statt voreilige Schlüsse zu ziehen. Es sagt ja keiner, dass du alles direkt posten musst, wenn dir das Ergebnis nicht gefällt. Und mal ehrlich: Vor der strategischen Überlegung kommt doch immer der Spaß an der Sache und die Freude am Ausprobieren und Experimentieren. Besonders bei Neuerscheinungen ist es sinnvoll, die Pionierstunden mitzunehmen und sich selbst ein Bild davon zu machen – ganz ohne Erwartungshaltung und vor allem ohne Druck.

Nur nichts überstürzen

Von heute auf morgen auf allen Social-Media-Kanälen Vollgas zu geben ist mit einem Vollzeitjob vergleichbar und wird schnell zu einer Belastung statt zu einer sinnvollen Ergänzung deines Marketings. Social-Media-Branding ist kein Sprint, sondern ein Marathon, der über viele Monate läuft – und das Vorhaben ist niemals komplett abgeschlossen. Markenaufbau ist ein Entwicklungsprozess

---

[*] Allerdings ohne eingeschaltete Kamera! Ich teile ja echt viel mit meiner Community, aber längst nicht alles in meinem Leben.

und jeder Social-Media-Kanal ein weiteres Werkzeug in deinem Kommunikationskoffer, den du so einsetzen kannst, dass er dir am meisten Nutzen bringt und sich in deine Markenstrategie und Positionierung nahtlos einfügt beziehungsweise deine Relevanz und Reichweite verstärkt.

Meine Empfehlung: Starte mit maximal zwei Social-Media-Plattformen und häng dich dabei richtig rein. Bei Bedarf und wenn es deine Zeit zulässt, kannst du später noch eine weitere dazunehmen. Keine Sorge, du bist nicht für immer und ewig auf diese beiden Kanäle festgelegt. Nichts ist in Stein gemeißelt, denn es werden sich immer wieder Dinge verändern, Kanäle stumpfen ab oder werden wiederbelebt und auch du wirst dich weiterentwickeln, sodass andere Plattformen für deine Zwecke an Wichtigkeit gewinnen und andere weniger interessant werden.

Typische Social-Media-Kombinationen

Einige beliebte und sinnvolle Social-Media-Kombinationen, die sich über die Jahre etabliert haben, möchte ich dir im Folgenden kurz vorstellen, aber natürlich sind auch andere Konstellationen möglich.

Die ästhetische Schiene: Instagram + Pinterest

Für Leute, die sich vor allem auf die Fotografie konzentrieren möchten, ist diese Kombination sinnvoll. Denn hier dreht sich alles um Ästhetik, schöne Bilder und Atmosphäre. Der Creator kann in diesem Fall entweder als Model sichtbar sein oder als Fotograf im Hintergrund agieren, hat jedoch wenig Möglichkeiten, informativen Content einzubauen, da der Fokus der Follower auf den Bildern liegt. Das Gute ist: Die Fotos können für beide Plattformen gleichermaßen verwendet werden. Gut zu wissen ist auch: Während der

Creator bei Instagram sein Profil organisch und nach Plan aufbauen kann, wird sein Content bei Pinterest passiv über die Suchfunktion gefunden. Nichtsdestotrotz ist es ratsam, jeweils auch exklusive Inhalte für beide Plattformen zu shooten, damit ein Follow auf beiden Kanälen für die Fans auf Dauer Sinn ergibt.

Für die Kontaktaufnahme bietet sich LinkedIn als Visitenkarte an oder alternativ eine eigene Website. Facebook ist nicht gut geeignet, das ist doch zu privat und über Fanseiten erwartet kaum jemand eine Antwort. Der Vorteil: So können zum Beispiel Fotos erneut gepostet und zusätzlich mit Texten versehen werden, die Hintergrundinformationen zum Shooting enthalten, wie den Anlass, das Model, die Location et cetera. Über diesen Kanal lassen sich dann auch Buchungen als Fotograf beziehungsweise Model realisieren.

Die Influencer-Connection: Instagram + TikTok

Das ist eine der beliebtesten Kombinationen, da Instagram die Plattform schlechthin für Influencer-Marketing ist (siehe Kapitel 3) und TikTok die höchste organische Reichweite aufweist. Hier ist exklusiver Content gefragt, da es das klar anvisierte Ziel ist, die TikTok-Follower auf Instagram zu transferieren.

Derzeit sind auf TikTok vor allem Kurzvideos (30 bis 60 Sekunden) beliebt, auf Instagram kann man ergänzend Bilder aus dem Leben einstreuen und vor allem den Creator-Alltag in Instagram Stories im Tagebuchformat zeigen, also gewissermaßen ein Mini-Vlog. Dieses Vorgehen erhöht die Bindung zur Community und ermöglicht auch smarte Cross-Promotion auf TikTok, indem man beispielsweise auf der einen Plattform eine Frage stellt und diese dann auf dem anderen Kanal beantwortet.

Auch bei dieser Kombination kann LinkedIn eine sinnvolle Ergänzung sein, allerdings sollte man den Content von Instagram und TikTok hier nicht erneut posten, denn durch den Business-Touch des Netzwerks sind dort Tanz- oder Comedy-Videos irgendwie fehl am Platz. Es reicht, dort lediglich eine ordentliche Visitenkarte für die Kontaktaufnahme bereitzustellen.

Ein Podcast könnte das dritte Medium sein, das zu einem späteren Zeitpunkt hinzugefügt wird. Der Grund ist simpel: Der Zeitaufwand bei Instagram und TikTok ist schon recht hoch. Im Gegensatz dazu bedeutet ein Podcast einen vergleichsweise geringen Aufwand, vor allem wenn er lediglich als Ergänzung oder zur Vertiefung von Fragen aus der Community dient.

Die Content-Connection: YouTube + Instagram

Dies ist eindeutig die aufwändigste Kombination, da man gutes Equipment und viel Zeit braucht, um qualitativ hochwertige Videos zu skripten und zu schneiden, während man gleichzeitig den Instagram-Account am Laufen hält.

Diese Kombination zielt darauf ab, die maximale Relevanz in einer Nische zu belegen. YouTube ist dabei die primäre Plattform, auf der man mindestens ein Video pro Woche posten sollte, das die eigene Expertise darstellt und das Highlight des Contents ist. Wichtig ist dafür zu sorgen, dass über die Zeit immer mehr hochqualitative Videos dazukommen und über die Suchfunktion gefunden werden können. Instagram dient als Videotagebuch, das in der Zwischenzeit darauf hinarbeitet, möglichst viele Follower schon heiß auf das neue YouTube-Video zu machen: kleine Teaser zum geplanten Vorhaben oder Event, etwas in Aussicht stellen, das womöglich auch nicht klappen könnte, eine Heldenreise, die ihren Höhepunkt dann im Video findet, et cetera.

Über diesen Kanal kann der Creator zudem seine Community nach Videoideen fragen und diese umsetzen, den Dialog so verstärken, der bei YouTube in der Kommentarfunktion oftmals untergeht. Kurzvideos (Reels) sorgen bei Instagram dafür, dass der Zuschauer zusätzliche Informationen erhält und daher dem Creator gerne auf beiden Kanälen folgt.

Optional kann LinkedIn auch hier als Visitenkarte dienen und ein Podcast zu einem späteren Zeitpunkt die Community erweitern und den Social-Media-Auftritt verstärken.

Das visuelle Doppel: YouTube + Podcast

Podcasts können reine Audio-Inhalte sein, doch man kann sie auch als Video aufzeichnen und ausspielen, um so beide Social-Media-Kanäle zeitgleich aufzubauen. Tatsächlich gibt es viele User, die Podcasts nicht nebenher konsumieren, sondern vor allem bei informativen Themen fokussiert am Schreibtisch sitzen. Mithilfe der visuellen Komponente bekommt das Publikum ein Gesicht zu der Stimme, und aus regelmäßigen Zuhörern werden regelmäßige Zuschauer. Sie sind näher dran am Creator, der nun im wahrsten Sinne des Wortes für sie sichtbarer ist – und das erhöht die Wahrscheinlichkeit einer parasozialen Interaktion über die Zeit.

Es ist nicht weiter verwunderlich, wenn sich die Followerschaft spaltet. Dem Creator auf beiden Kanälen zu folgen ergibt ja kaum Sinn, weil der Content nun mal identisch ist. Das kann problematisch sein, muss es aber nicht. Wenn du eine Plattform aufbauen willst, sollte dort nativer Content kommen. Wenn du sie nur nebenher abgreifen willst, ist Content-Recycling durchaus eine Option.

Eine große Herausforderung besteht darin, den YouTube-Kanal für andere Videos als den Podcast zu verwenden, da in dem Fall der rote Faden schnell verloren gehen kann und die Abonnenten unter Umständen verwirrt sind. Die Algorithmen sind es bestimmt. Wenn das Thema des Kanals »visueller Podcast« lautet, kategorisiert der Algorithmus diesen auch als solchen mit entsprechenden Keywords, und wenn dann zum Beispiel plötzlich kurze DIYs gepostet werden, wird dieser Content schlechter ausgespielt, da er vom gewohnten Schema abweicht.

Auch bei dieser Kombination ist ein LinkedIn-Profil als Ergänzung empfehlenswert, um auf neue Folgen hinzuweisen und eine Kontaktaufnahme zu ermöglichen.

Die doppelte Dröhnung: Podcast + Instagram

Wenn jemand auf Social Media aktiv werden will, sich aber nicht selbst vor die Kamera wagt (soll ja vorkommen), ist dies eine Kombination, die wir auch unseren Kunden bei TPA Media oft vorschlagen. Besonders bei einer angenehmen Stimme und einem spannenden Thema funktioniert das erfahrungsgemäß sehr gut.

Und so geht's: Man baut primär einen Podcast auf, der allerdings mindestens zwei Folgen pro Woche releasen sollte, und schneidet daraus kleine Snippets, die auf Instagram gepostet werden. Hier könnte beispielsweise das Podcast-Logo, das jeweilige Thema sowie eine sich bewegende Audiospur der visuelle Hintergrund sein. Die Snippets werden immer im Hinblick auf die neueste Folge gepostet, bei einer längeren kann man auch zwei oder sogar drei vorweg hochladen. Für Hörspiel-Podcasts können auch interessante Instagram Stories kreiert werden, welche die Umgebung und das Geschehen zeigen, kommentiert von der Stimme des Sprechers und gegebenenfalls mit Geräuschen oder Musik untermalt, die eine spannungsgeladene Atmosphäre erzeugen.

Beim Markenaufbau spielt man mit dem mysteriösen Aspekt, dass niemand weiß, wie das Gesicht zur Stimme aussieht, und erzeugt dadurch ein gesteigertes Interesse am Creator.

Vielleicht ist eine der Standardkombinationen für dich zu Beginn passend, aber wie schon gesagt: Deiner Fantasie sind keine Grenzen gesetzt. Wenn deiner Meinung nach eine andere Kombination besser für dich oder dein Business ist – nur zu!

Time-out!
Ein routinemäßiges Zoom-out

Eine regelmäßige Auszeit zum Nachdenken solltest du dir grundsätzlich zur Gewohnheit machen. Beim Durchdenken wird aus Informationen und Erfahrungen reflektiertes Wissen, das du für dich und deine Personal Brand maßgeschneidert einsetzen und daraus letztlich deine persönliche Social-Media-Strategie kreieren kannst. Denn: Nur umgesetztes Wissen bringt realen Fortschritt, alles andere sind unerfüllte Tagträume oder gar utopische Luftschlösser. Nichts gegen das Motto »Dream big«, aber ganz ohne Action wird keiner deiner Träume Realität werden.

Entferne dich dafür am besten von deinem Arbeitsplatz oder vom Homeoffice, geh raus in die Natur, mach einen Spaziergang oder verbinde dein Zoom-out mit einem Kurztrip – ans Meer, in die Berge, in den Wald, auf eine einsame Insel. Wo auch immer du dich wohlfühlst und in Ruhe gelassen wirst. Jeder Tapetenwechsel ist hilfreich. Und das Ganze natürlich im Idealfall ohne Smartphone, um jegliche Ablenkung zu vermeiden.

Es ist meiner Erfahrung nach enorm wichtig, ab und zu Abstand zu gewinnen von der vertrauten Umgebung, von den Menschen, die immer um dich herum sind, und vor allem von den Problemen und Hindernissen, die dich derzeit beschäftigen oder aufhalten. Räumliche Distanz führt zu mehr Klarheit. Dinge, die man immer direkt vor Augen hat, erscheinen verschwommen, wir müssen daher eine Routine des Zoom-out etablieren, um Emotionen loszulassen und neue Lösungsansätze zu finden.

- Versuch die Perspektive zu wechseln und deinen bisherigen Social-Media-Auftritt und dein geplantes Branding von außen zu betrachten und zu bewerten. Deine Marke und deren Ausbau werden immer im Fokus deiner Über-

legungen stehen, doch es gilt auch immer wieder, sich selbst kritisch zu hinterfragen.
- Löse dich weitgehend von deinen Emotionen und reflektiere möglichst rational, was in letzter Zeit gut gelaufen ist, was nicht so gut gelaufen ist und welches Feedback du erhalten hast – positiv wie negativ.
- Nimm ein spezifisches Problem oder eine bestimmte Fragestellung in den Blick und finde konkrete Lösungsansätze. Überleg dir, welcher Schritt der nächste sein könnte und wie du ihn am besten umsetzen kannst. Leite am besten direkt nach dem Brainstorming den ersten Schritt ein, das heißt, du kommst von der Reflexion direkt in die Aktion.
- Überlege dir mindestens ein Ziel für die kommende Woche, das du mit deiner Personenmarke erreichen willst, und brich es in Handlungsschritte herunter, die du in den nächsten Tagen angehen kannst. Am leichtesten geht das mit fixen Terminen und Deadlines, denn eine solche Konkretisierung erhöht die Wahrscheinlichkeit, dass du dein gestecktes Ziel erreichst.

3.

DIE POWER VON BRANDING

Lustlos ziehe ich meinen Koffer hinter mir her Richtung Ausgang. Ich bin gerade mit dem letzten Zug spätabends in einer mir völlig fremden Stadt angekommen nach einem extrem anstrengenden Tag. Mein Handyakku ist nur noch auf 5 Prozent, weil ich blöderweise mein Ladekabel vergessen habe. Glorreiche Einzelleistung ... Mist, dabei müsste ich dringend meine E-Mails checken und wollte direkt noch ein paar Sachen posten! Ich bin stinksauer auf mich selbst und irgendwie auf die ganze Welt.

Der Bahnhof ist nur spärlich beleuchtet, meine Laune ebenfalls auf Sparflamme, aber mein Kohldampf riesig. Zumal die Bahn wieder mal endlos Verspätung hatte. Ich fühle mich völlig ausgehungert, bin gestresst und todmüde. Um die Uhrzeit hat das Hotelrestaurant mit Sicherheit schon geschlossen, aber ich habe definitiv keinen Bock mehr, auf gut Glück irgendeine Bar anzusteuern, um noch etwas halbwegs Essbares zu finden – und zwar mehr als ein paar uralte Erdnüsse oder latschige Chips. Und ich hoffe inständig, dass mein Akku noch so lange durchhält, bis ich die Adresse des Hotels nachgeschaut habe, die ich natürlich nicht im Kopf habe..

Frustriert trete ich nach draußen, schaue mich nach dem nächsten Taxistand um, das Smartphone schon in der Hand, um die Adresse zu checken. Na toll, jetzt fängt es auch noch an zu regnen! War ja klar ... Es wird heute definitiv nicht mehr besser.

Doch als ich um die nächste Ecke biege, werde ich unverhofft in grünes Licht getaucht. Nach der schummerigen Straßenbeleuchtung bisher ist das wie ein Leuchtfeuer. Mein Gehirn reagiert blitzschnell auf das Logo, das über dem noch geöffneten Laden prangt, und belohnt mich mit einem Schub Dopamin: ein Starbucks! Das hebt meine Laune direkt um einen halben Meter an und ich steuere ohne weitere Umwege darauf zu.

Obwohl ich rational betrachtet genau weiß, dass der Kaffee dort gegen jeden Siebträger und jedes kleine Café in Qualität, Geschmack und Preis verliert, will ich jetzt *unbedingt* einen trinken, eben weil ich genau weiß, wie er schmeckt. Immer. Die Emotionen und die Macht der Gewohnheit siegen.

Ich muss hier kein Risiko eingehen, ich bekomme das, was ich schon vielfach getrunken habe, egal ob ich Lust auf einen einfachen Americano oder einen Double Chocolate Mocha habe. Und vielleicht hat dort sogar noch einer der späten Besucher ein Ladekabel für mich! Doch selbst wenn nicht, kann ich mir hier wenigstens eine kurze Auszeit und einen kleinen Snack gönnen, bevor ich zum Hotel weitertingle. Ich bin schon jetzt wieder ein bisschen mit der Welt versöhnt.

Eine Bindung durch die Liebe zur Marke

Unter Branding versteht man das Etablieren einer Marke durch gezielte Werbung – offline wie online: Bestimmte Botschaften, Zeichen und Werte werden mit einem Produkt, einer Dienstleistung, einem Unternehmen oder eben einer bestimmten Person verknüpft. Beim Zuschauer, Interessenten oder Kunden entsteht dadurch ein emotionaler, möglichst positiver Bezug zur Marke, der über längere Zeit verstärkt, ausgebaut und gefestigt wird. Wiederkehrende Elemente, Rituale und etablierte Gewohnheiten sorgen für immer mehr Identifikation mit der Marke, wodurch eine Vertrauensbasis entsteht. Das sorgt aufseiten der Personenmarken im Idealfall für eine engere, vertrauensvollere Verbindung aufgrund der Identifikation mit den Kernaussagen und Werten der Brand und zu einer langfristigen Markenbindung – und damit letzten Endes für eine Umsatzsteigerung durch vermehrte Verkäufe. Branding bietet auf der anderen Seite dem Interessenten und potenziellen Kunden die Chance, eine Geschichte zu erzählen, in der er selbst gerne eine

Rolle spielen würde und nun die Möglichkeit dazu bekommt – durch den Kauf von Produkten oder durch das Teilen von Content.

    Branding ist also nichts, was einfach so passiert und zufällig geschieht, sondern es ist in der Regel alles sorgsam durchdacht und geplant. Dafür werden bei Corporate Brands jährlich zig Milliarden ausgegeben: Amazon steckte 2020 etwa 22 Milliarden US-Dollar ins Marketing[47] und auch Netflix verlässt sich nicht allein auf sein Streaming-Programm und selbst produzierte Serien, um sein Publikum dauerhaft zu binden, sondern investierte 2020 mehr als 2,2 Milliarden US-Dollar in Kampagnen für eine Steigerung der Markenbekanntheit[48].

Gut durchdacht – das Markenerlebnis

Vorhersagbarkeit – zum Beispiel »Es schmeckt immer gleich« – ist eines der Alleinstellungsmerkmale vieler Franchise-Betriebe und wir lieben das Gefühl, uns darauf jederzeit verlassen zu können. Keine großen Veränderungen, bitte, wir sind schließlich Gewohnheitstiere. Doch es ist nicht nur das immergleiche Heißgetränk, das uns beispielsweise bei Starbucks lockt. Wir schätzen auch die Atmosphäre, die dieser Ort versprüht. Steckdosen für Smartphone, Tablet oder Laptop, die unaufdringliche Lounge-Musik, der Duft von frisch gebrühten Getränken. Wir setzen uns und holen unser Mobile Device raus: Es fühlt sich innovativ an, was wir hier machen. Es scheint ganz natürlich, dass wir hier unsere E-Mails beantworten, To-do-Listen vervollständigen und Ähnliches. Starbucks ist ein angenehmer Workplace, an dem sich selbst Kleinigkeiten wie Instagram-Nachrichten oder ein Check-in im Hotel wichtig anfühlen.

    Das alles ist kein Zufall: Das komplette Markenkonzept fokussiert das Store-Design. Die Inneneinrichtung, die kleinen runden Tische, die zum Hinsetzen einladen, die Beleuchtung und auch die Theke sind so konzipiert, dass ein Gefühl von Produktivität und Effektivität entsteht, aber man gleichzeitig auch neue Menschen kennenlernen kann, die einen ähnlichen Spirit haben. Hier sind wir unter Gleichgesinnten. Dass die Marke ihre Kunden förmlich in den Bann ziehen will, wird übrigens sogar im hauseigenen Logo kommuniziert, das aber kaum jemand bewusst wahrnimmt: Die Meerjungfrau mit den zwei Flossen entstammt der griechischen Mythologie. Dort lockte die Sirene die Matrosen an, auf eine Insel namens »Starbuck« zu kommen.[49] Die Sirene im Logo soll also Kaffeeliebhaber dazu verführen, diesen in ihrem Store zu trinken. Und wir folgen dieser Verführung fröhlich: Neben McDonald's ist Starbucks die größte Fastfood-Kette der Welt und verzeichnete im Jahr 2020 rund 23,5 Milliarden US-Dollar Umsatz.[50]

Clever gemacht – der Starbucks-Becher-Clou

Ein weiterer Geniestreich des Kaffeehauses in Sachen Marketing: Der stets freundliche Barista an der Theke fragt bei der Bestellung nach unserem Vornamen, weil er ihn für die richtige Zuordnung auf den Becher schreiben möchte, damit auch ja nichts durcheinanderkommt – selbst wenn wir die Einzigen im Laden sind –, und er hat auch nichts gegen einen kurzen Smalltalk, wenn es die Zeit zulässt. Automatisch wandert unser Blick auf die Beschriftung, nachdem wir unseren Becher bekommen haben, in der Regel mit einer bestimmten Erwartungshaltung, sofern wir nicht zum ersten Mal hier sind. Und siehe da, sie wird – wieder mal – bestätigt: ein Schreibfehler! Statt Torben steht dort »Turben«, aus Nina wurde »Nena« und Desiree bekommt, aus welchem Grund auch immer, ihren Becher mit der Aufschrift »Diesirene«. Manchmal finden wir es einfach nur komisch und lachen uns schlapp, manchmal rollen wir verzweifelt mit den Augen oder schütteln verständnislos den Kopf, und wenn wir schlechte Laune haben, vermiest uns so ein Erlebnis komplett den Tag. In der heutigen Zeit ist in jedem Fall die Wahrscheinlichkeit groß, dass wir direkt unser Smartphone zücken, den Fauxpas in unserer Instagram Story posten oder das Foto unseren Freunden oder der Familie schicken. Wir machen uns gemeinsam mit unserer Community – egal ob öffentlich der privat – darüber lustig oder ärgern uns kollektiv.

Warum passiert diese Namensverunstaltung nur so oft, selbst bei wirklich simplen Vornamen? Ein miserables Gehör ist ja wohl kaum ein Einstellungskriterium bei dem Kaffeehaus. Tatsächlich sind die oft witzigen Neuschöpfungen kein Zufall, sondern pure Absicht, zumindest in vielen Fällen.[51] Denn das bringt dem Unternehmen – dank Social Media – jede Menge kostenlose Werbung: Viele Starbucks-Gänger machen Schnappschüsse oder Selfies mit dem Kaffeebecher. Entweder als Ausdruck des eigenen Lifestyles, den dieser Kaffee suggeriert, oder aufgrund der garantierten Lacher oder anderer Reaktionen auf dem eigenen Social-Media-Profil aufgrund des Schreibfehlers – oder beides. So oder so, die Bilder werden geteilt und Reichweite generiert.[*]

Restlos überzeugt – begeisterte Produkt-Fans

Max braucht einen neuen Laptop, weil sein altes Gerät kaputt gegangen ist. Er spielt schon länger mit dem Gedanken, zu einem MacBook zu wechseln, da viele seiner Bekannten eins besitzen und nur Gutes darüber berichten: keine Blue Screens mehr, schnelles Hochfahren, intuitiver Aufbau, nach wenigen Minuten funktionsbereit ohne langwieriges Installieren. Schon kurz nach dem Kauf ist Max restlos begeistert von seinem neuen Produkt, weil alles genau so easy funktioniert, wie er es sich vorgestellt hat. Als es dann nach ein paar Monaten um die Anschaffung eines Smartphones geht,

---

[*] Wenn du mir nicht glaubst, weil es dir noch nie passiert ist, schau mal unter dem Hashtag #starbucksfail oder #starbucks auf Instagram nach.

fällt die Wahl ohne langes Überlegen auf das iPhone, da die Synchronisation beider Geräte kinderleicht ist.

Schon ist etwas in Max' Kopf passiert, er hat die neue Marke mittlerweile selbst kennen und schätzen gelernt. Er hat das Gefühl, beide Male die richtige Entscheidung getroffen zu haben und dadurch weitere Vorteile zu genießen: Er gehört nun – so suggeriert es zumindest die Werbung rund um die Brand – zur Gruppe der Fortschrittlichen, Modernen, Produktiven und Kreativen.

Max beschäftigt sich weiter mit Apples Produktpalette. Er liebt es, dass alles von der Marke stimmt, synchron und kompatibel ist. Er erinnert sich an den Horror fehlender Treiber für Geräte, an inkompatible Devices von unterschiedlichen Herstellern, an unerklärliche Störungen und Anrufe bei Technik-Hotlines, bei denen man endlos in der Warteschleife hing und das quälende Gedudel ertragen musste, nur um dann keine adäquate Lösung zu erhalten, aber eine satte Telefonrechnung. Na, herzlichen Glückwunsch! Wie oft hatten ihm Meldungen wie »Gerät kann nicht gefunden werden« den romantischen Sonntagabend vermiest, als er mit seiner Liebsten einen Film sehen wollte, aber die externe Festplatte nicht mountete.

Heute ruft er direkt nach dem Aufstehen nach Siri, denn Apples Sprachassistentin regelt so ziemlich alles für ihn: Beleuchtung im Wohnzimmer und Apple TV an, erst mal die Nachrichten ansehen. Auf dem Weg zur Arbeit muss er nicht mal mehr sein iPhone zücken, auf dem der morgendliche Podcast läuft, den er über die AirPods hört – er kann seine WhatsApp-Benachrichtigungen auch direkt auf der Apple Watch am Handgelenk ablesen. Die mit dem schwarzen Silikonband, ganz klassisch. Er fährt derzeit noch einen Benziner, den er jedoch bei nächster Gelegenheit durch einen Tesla ersetzen wird – E-Autos liegen ja voll im Trend. Er folgt Elon Musk schon auf sämtlichen Social-Media-Kanälen, um up to date zu bleiben, und sein Heimatort Delmenhorst fühlt sich dann für ihn an wie das Silicon Valley.

Der spannendste Tag des Jahres? Für ihn eindeutig die Apple Keynote im September, wenn die Entwickler die neuen Modelle der

Produktreihen vorstellen. Max kennt mittlerweile ihre Namen, weiß genau, wer in der Firma für welche Abteilung zuständig ist, wer für die Idee und wer für die Ausführung verantwortlich ist. Die Keynote ist für ihn keine Informations- oder Werbeveranstaltung, sie ist ein Event. Jedes Jahr berichtet er seinen Freunden und seiner Online-Community begeistert von den Neuerungen, etwa dass der Akku des iPhones problemlos einen ganzen Tag halten wird oder die verbesserte Kamera des nächsten Modells nicht mehr im Schatten irgendeiner Digitalkamera stehen wird. Max ist Apple-Fan durch und durch.

Auch wenn die Story etwas überspitzt geschrieben ist, du warst kurz in dem Film, oder? Womöglich kennst du sogar jemanden, der das auch in etwa so lebt. Oder du kannst diese Erfahrungen auf andere Marken übertragen, die deinen Alltag oder den deiner Freunde und Familienmitglieder mitgestalten. Das ist gar kein Wunder! **Je mehr wir in den Kosmos einer Marke eindringen, je stärker uns deren Geschichte und Entwicklung catch, desto eher werden wir zu einem Anhänger der Markenmission und damit zum Teil der Markengeschichte.** Genau das ist das Ziel einer funktionierenden Brand.

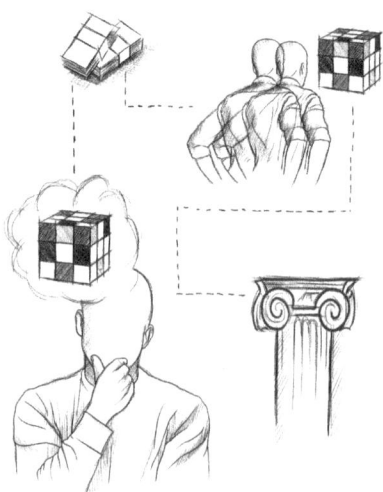

Markenverbundenheit als Gewohnheit

Stell dir vor, du ziehst in deine erste eigene Wohnung (oder erinnere dich an damals zurück). Du brauchst jetzt allerlei Verbrauchsartikel, über die du dir im All-inclusive-Hotel Mama noch nie Gedanken machen musstest: Handseife, Spüli, Waschpulver, Toilettenpapier, Zahnpasta, Grundnahrungsmittel und vieles mehr. Nun stehst du vor dem Supermarktregal und wirst von einer überbordenden Produktauswahl schier überwältigt. Um sicherzustellen, dass du das beste Produkt für deine persönlichen Bedürfnisse auswählst, müsstest du eigentlich je ein Produkt jedes Herstellers kaufen und für dich testen. Bei der Fülle an Angeboten ist dieser Ansatz aber ziemlich realitätsfern. Wer macht das schon im wahren Leben, wenn er nicht gerade Produkttester ist?

Also, was nun? Greifst du einfach nur wahllos auf gut Glück ins Regal oder nimmst du das Altbekannte und/oder Altbewährte, das du dort entdeckst? In den meisten Fällen wirst du ein Markenprodukt finden, mit dem du bereits positive Erfahrungen assoziierst. Oder schon deine Oma hat es benutzt und darauf geschworen. Oder du hast plötzlich einen Werbeslogan im Ohr, den du noch aus der Kindheit kennst. Oder ein von dir geschätzter Influencer hat auf Social Media darüber berichtet. Also, das Bekannte und Vertraute landet im Einkaufswagen. Bei Produkten, die wir bereits genutzt und für gut befunden haben, wissen wir genau, was wir bekommen, und entscheiden uns dafür. In der Fachsprache nennt sich diese Denkstrategie Heuristik: mit begrenztem Wissen und unter Zeitdruck dennoch zu wahrscheinlichen Aussagen und praktikablen Lösungen kommen. Ein Wechsel zu einem anderen Hersteller? Eher unwahrscheinlich. Gerade bei einer starken Markenbindung muss schon einiges passieren, damit wir uns davon abwenden. Wir müssen diese Entscheidungen auch oftmals so treffen, weil unser Gehirn so viel verarbeiten muss, dass Energie und Ressourcen besser bei wichtigen Entscheidungen aufgehoben sind als bei so banalen. Wenn wir aber zu viele Optionen haben, kommt es zum Auswahlparadox, was dazu führt, dass wir am Ende gar nichts wählen, also nicht kaufen, weil diese Entscheidung uns gerade total überfordert.[52]

In den Köpfen der Menschen

Zahlreiche Unternehmen haben es mithilfe von smarten Werbekampagnen, interessanten Charakteren als Gesicht ihrer Marke und Zielgruppen-Targeting geschafft, ihre Marke unverwechselbar, in gewissem Sinne einzigartig und damit wiedererkennbar zu machen. Nehmen wir mal als Beispiel McDonald's. Der Fastfood-Riese verbuchte allein 2019 einen Umsatz von rund 21 Milliarden US-Dollar weltweit[53], und wenn jemand »Ronald McDonald« erwähnt, haben vermutlich die meisten Menschen rund um den Globus den gut gelaunten Clown direkt vor ihrem geistigen Auge. Was das Unternehmen in seiner Markenkommunikation geschafft hat, finde ich erstaunlich: Nachweislich ungesundes Fastfood so in der Wahrnehmung zu drehen, dass wir gerne dorthin gehen und das Essen sogar genießen. Über 2,5 Millionen Deutsche haben im Jahr 2020 mindestens einmal pro Woche bei der Kette gegessen.[54]

Viele Menschen verbinden ganz selbstverständlich längere Autoreisen mit einem Zwischenstopp bei dem großen gelben M, das für sie der Inbegriff einer kleinen Pause mit einem leckeren Snack ist. Denn eins ist klar: Hier bekommt man etwas, das man kennt und das einem schmeckt – weil es eben immer und überall gleich schmeckt. Für viele ein klarer Vorteil gegenüber dem öden »Tankstellenfraß« an den übrigen Raststätten an der Autobahn, der immer für eine negative Überraschung gut ist. Für so manche Erwachsene ist der McDonald's-Besuch zudem eine positive Erinnerung an

Happy Meals aus Kindertagen, was in puncto Markenbindung lange nachwirken kann und für das Unternehmen Gold wert ist. So funktioniert smartes Marketing in Verbindung mit einem Branding, das enorme Reichweite generieren konnte und schon vorab für eine positive Erwartungshaltung und Grundstimmung sorgt.

Die zehn wichtigsten Aspekte der Markenbindung

Unzählige Unternehmen und Marken buhlen um die Aufmerksamkeit der Interessenten und potenziellen Kunden. Daher ist es umso wichtiger, als Brand aus der Masse herauszustechen und positiv konnotiert im Kopf der Leute abgespeichert zu werden. Doch was führt eigentlich dazu, dass sich eine Marke in unserem Gehirn festsetzt? Das wurde natürlich bereits in verschiedenen Umfragen beziehungsweise Studien untersucht.

- **Authentizität:** 90 Prozent der Befragten nannten ein authentisches Auftreten, also dass vor allem das Unternehmen, das Produkt und die Message stimmig sind, als ausschlaggebendes Argument, wieso sie zu Markenprodukten greifen und diese auch langfristig nutzen.[55]
- **Corporate Identity (CI):** 80 Prozent der Kunden gaben an, dass sie bestimmte Farben mit Unternehmen verbinden und es hilfreich finden, direkt zu wissen, um welche Marke es sich handelt. Festgelegte Farbcodes, die sich über den kompletten Auftritt und die Kampagnen erstrecken, verankern sich im Kopf.
- **Erster Eindruck:** Im Schnitt entscheiden wir uns innerhalb der ersten 0,05 Sekunden, ob wir etwas spannend oder interessant finden. Starke Marken arbeiten daher gerne mit Eye-

catchern, die unsere Aufmerksamkeit binden, und geben dann erst weiterführende Informationen über ihr Produkt oder ihre Dienstleistung preis.[56]
- **Konstante Präsenz:** Immerhin 33 Prozent der Kunden gaben an, dass sie sich für eine Marke entscheiden, wenn diese konstant kommuniziert und auf verschiedenen Plattformen wiederkehrend auftaucht.[57] Gerade für neue Brands, die sich etablieren wollen, ist es demnach wichtig, im Gespräch zu sein und aktiv auf aktuelle Konversationen der Gesellschaft zu reagieren. In der Regel benötigt man mehrere Impressionen, also mehrfachen Kontakt mit einer Brand auf verschiedenen Kanälen, damit ein Kaufimpuls so stark ist, dass man ihm nachgibt.
- **Kundenservice:** 73 Prozent der Befragten gaben an, dass ein gut aufgestellter Kundenservice und die Sicherheit, auf diesen zurückgreifen zu können, ausschlaggebend seien, um bei einer Marke Kunde zu werden. Es geht hier neben der Kompetenz und Freundlichkeit auch um die Erreichbarkeit und Einfachheit des Service.[58]
- **Sichtbare und unerschütterliche Werte:** Gerade in unserem schnelllebigen Zeitalter legen 77 Prozent der Konsumenten Wert darauf, dass eine Marke für etwas steht und Werte vertritt, mit denen man sich identifizieren kann. Diese sollten jedoch nicht nur auf dem Papier oder im Netz kommuniziert, sondern vor allem gelebt werden.[59]
- **Social-Media-Content:** 79 Prozent der Befragten gaben an, dass sie User-Generated Content extrem wertschätzen und Kaufentscheidungen dadurch positiv beeinflusst werden. Neben einem Mehrwert, der zur Marke passt, wurden auch Informationen, Ankündigungen und vor allem der Dialog sehr geschätzt.[60]
- **Soziales Engagement:** Seit soziale und politische Missstände vermehrt thematisiert werden, fordern auch immer mehr

Konsumenten soziales Engagement von Unternehmen und Marken. Besonders die Generation Z achtet extrem darauf, wie sich eine Marke positioniert und prangert auf den sozialen Medien auch des Öfteren Fehlverhalten an (Stichwort: Shitstorm). Insgesamt gaben 64 Prozent der Befragten an, dass sie eine Brand unterstützen, diese aber auch boykottieren würden, wenn sie in ihren Augen die falsche Haltung einnehmen würde.[61]

- **Transparenz:** 66 Prozent der Kunden gaben an, dass sie es wichtig finden, dass eine Marke oder ein Unternehmen transparent ist. Dabei geht es unter anderem um Herstellungsländer, Arbeitsbedingungen und Nachhaltigkeit. Investieren die Unternehmen hier, statt Einsparungen zu machen, erhöht sich die Wahrscheinlichkeit, dass ein Produkt gekauft wird.[62]
- **Vertrauensverhältnis:** 81 Prozent der Befragten gaben an, dass sie der Marke vertrauen müssten, um sie zu kaufen.[63] Dabei geht es vor allem um Versprechen, die im Marketing gemacht werden: Hält das Produkt wirklich, was die Slogans vollmundig versprechen? Negative Berichterstattung oder Erfahrungsberichte von unzufriedenen Kunden können diese Vertrauensbasis untergraben, weshalb dann auch Alternativen ausprobiert werden.

Diese Erkenntnisse sind für uns beim Personal Branding auf Social Media hilfreiche Anhaltspunkte.

Der Impact von Influencer-Marketing

Wir leben in einer sehr transparenten Zeit. Viele Daten über uns, unser Kaufverhalten, unsere Vorlieben et cetera wurden durch klassische Marktforschung über Jahrzehnte gesammelt und können heute als Datenbasis oder Vergleich dienen. Und dass wir alle tagtäglich digitale Fußabdrücke hinterlassen, wissen wir nicht erst seit den Datenschutzskandalen der jüngsten Vergangenheit. Die Marketingindustrie lebt mittlerweile von Big Data, denn sie konstruiert Kampagnen, Schlagwörter und Slogans genau so, dass sie den Zahn der Zeit und bei der Zielgruppe im Idealfall voll ins Schwarze treffen. Besonders bei bezahlter Werbung kann eine Conversion bis auf die letzte Nachkommastelle berechnet werden. Die Online-Marketer wissen ganz genau, wie viel Geld sie einsetzen müssen, um einen bestimmten Umsatz zu erzielen, und wie die anvisierte Zielgruppe aussieht oder sich zusammensetzt.

Die jungen Generationen wachsen ganz selbstverständlich mit digitalen Medien auf und nutzen sie spielerisch und intuitiv. Es sind ihre Kanäle für Information, Kommunikation und Entertainment. Kein Wunder, dass besonders auf Plattformen wie TikTok, die erst in den letzten Jahren einen Riesenaufwind genossen hat, schon 18-Jährige Millionen von Followern um sich scharen und ruckzuck zu Influencern werden. Das ist ein klares Signal für jeden, der sich selbst oder sein Unternehmen über Social Media bekannt machen will: **Wer jetzt nicht mitzieht und die Kommunikationskanäle in den sozialen Netzwerken für den Markenaufbau und das Branding nutzt, wird in den nächsten Jahren zunehmend an Relevanz am Markt verlieren und mit der Zeit verblassen, womöglich sogar bis zur Unkenntlichkeit.**

Schnell war die Idee des Influencer-Marketings geboren: Menschen, die eine gewisse Reichweite, Relevanz und das Vertrauen einer

Zielgruppe genießen, werden dafür bezahlt, dass sie Produkte namhafter Hersteller in den sozialen Medien anpreisen. 2018 investierten 59 Prozent aller befragten Unternehmen einer Studie in Influencer[64] – und das lohnt sich nachweislich. Denn eine 2019 durchgeführte Umfrage ergab, dass Unternehmen über Kampagnen mit Influencern auf 1 US-Dollar ganze 5,20 US-Dollar erwirtschafteten und 63 Prozent der Vermarkter beabsichtigten, in Zukunft ihre Marketingbudgets zu erhöhen.[65] Und 2020 betrug das Marktvolumen beim Influencer-Marketing in der DACH-Region rund 990 Millionen Euro.[66]

Üppige Budgets gibt es im Marketing schon seit Jahren, auch vor dem Social-Media-Hype. George Clooney war beispielsweise bereits 2006 das Gesicht der beliebten Nespresso-Kapseln, der in den TV-Spots nach dem genüsslichen Schlürfen des flüssigen Goldes ein charmantes »What else?« in die Kamera sprach und dabei verschmitzt lächelte. Über 40 Millionen US-Dollar hat er dafür bekommen – und einen Teil seiner Wahrnehmung dafür verkauft, weil ihn viele seither mit dem Produkt assoziieren.[67] Natürlich können sich nur die Giganten derartige Weltstars überhaupt als Markenbotschafter leisten. Die gute Nachricht ist, dass mittlerweile vermehrt auf Micro-Influencer gesetzt wird, also aufstrebende Creator, die 5000 bis 10.000 Follower haben. **Du musst nicht zu den Größten auf der Plattform zählen, um Geld mit deinem Social-Media-Auftritt zu verdienen!**

DU MUSST NICHT ZU DEN GRÖSSTEN AUF DER PLATTFORM ZÄHLEN, UM GELD MIT DEINEM SOCIAL-MEDIA-AUFTRITT ZU VERDIENEN!

Micro-Influencer sind zum einen viel günstiger und zum anderen profitieren sie zweifellos von dem engen Vertrauensverhältnis zu ihrer Followerschaft. Hinzu kommt, dass vielen Kampagnen der großen Stars die Authentizität zunehmend abgesprochen wird. Es ist einfach unglaubwürdig, reine Werbung eben.

Die Wirkung von Influencer-Marketing ist ziemlich leicht messbar und damit beispielsweise auch die Höhe der Provisionsvergütung, etwa indem man individuelle Landingpages, Websites oder Links generiert, worüber sich die Verkäufe exakt nachverfolgen lassen. So können die Corporate Brands leicht errechnen, ob sich eine Kampagne mit einem Influencer gelohnt hat oder nicht und wie hoch die Conversion mit der jeweiligen Zielgruppe der Personenmarke war.

Der Kauf bei guten Freunden

Stell dir vor, du willst mit Pfeil und Bogen schießen. Wenn du deinen Pfeil anlegst und direkt abfeuerst, wird er vermutlich nicht weit fliegen und schon gar nicht das Ziel treffen. Dehnst du die Sehne des Bogens hingegen ausreichend und hast die ideale Spannung erreicht, fliegt dein Pfeil weit – im besten Fall direkt ins Bull's Eye. Volltreffer! So ist es auch im Verkaufsprozess in Verbindung mit Marketing und Branding auf Social Media: Sorgst du im Vorfeld für genügend Content, der echten Mehrwert bietet, der den Menschen hilft und Lösungen für ihre Probleme bereitstellt, baust du eine Bindung und eine Vertrauensbasis auf. Hast du mit einer größeren Gruppe ein gemeinsames Ziel und habt ihr womöglich sogar zusammen die Produkte entwickelt, hast du deine Community in den kompletten Prozess miteinbezogen, können die meisten es kaum erwarten, sie dir abzukaufen, weil sie ja schon begeistert Ja geschrien haben, bevor es die Produkte oder Dienstleistungen überhaupt gab (mehr dazu in Kapitel 6).

Influencer-Marketing macht sich genau das zunutze und gewinnt Werbegesichter und Markenbotschafter, die bereits für etwas stehen und denen eine bestimmte Zielgruppe vertraut, um die Conversion zu erhöhen. Und das mit Erfolg: 21 Prozent der deutschen Nutzer ab 16 Jahren haben 2020 mindestens schon einmal ein Produkt gekauft, weil sie von einem Influencer auf YouTube davon erfahren haben, 18 Prozent hörten auf den Rat der Instagrammer, Tendenz steigend.[68] Das kann super funktionieren, für beide Seiten. Logischerweise kaufen wir lieber bei einem guten Freund, dem wir vertrauen, als bei einem unnahbaren Unternehmen, bei dem wir genau wissen, dass der Zweck der Kommunikation ausschließlich dem Verkauf eines Produkts oder einer Dienstleistung dient.[69]

Influencer-Marketing mit Tücken

Influencer, die etablierte Personenmarken sind, haben bereits ein solides Vertrauensverhältnis zu ihrer Community aufgebaut und sind auch darüber hinaus bekannt. Auf diesem Trittbrett wollen Corporate Brands verständlicherweise gerne mitfahren und so die Distanz zu ihren potenziellen Kunden überbrücken. Influencer haben – wie theoretisch alle Creator und vor allem Personal Brands in den sozialen Medien – mehr Möglichkeiten der Kommunikation und Kontaktaufnahme, weil sie den direkten Weg gehen können: Sie können mit ihren Fans, Followern und Abonnenten in den Dialog treten, offene Fragen beantworten und mögliche Zweifel beseitigen. Meistens haben die Influencer zudem eine größere Reichweite als die Unternehmen, für die sie werben, weshalb die Produkte mit nur einer einzigen Erwähnung direkt Zigtausenden potenziellen Käufern vorgestellt werden können.

Dass so mancher Influencer nicht richtig hinschaut, wenn eine lukrative Kooperation winkt, kam 2021 ans Licht. Es kam zu einem regelrechten Skandal, als Marvin Wildhage sein Video mit dem Titel

»Influencer werben für mein FAKE-PRODUKT« auf YouTube hochlud[70]: Darin ging es um ein Fake-Produkts namens Hydrohype, angeblich eine hochwertige Feuchtigkeitscreme, in Wahrheit bestand das Zeug aus Gleitgel. Marvin betrieb einen ziemlichen Aufwand, um die Influencer reinzulegen. Er erstellte eine Produkt-Website, weihte eine Influencerin in seinen Prank ein, kaufte Kommentare, befüllte einen passenden Instagram-Account mit Content und »gründete« sogar eine Marketingagentur. Über diese kontaktierte er dann verschiedene Influencer, darunter auch namhafte, ob sie für dieses Produkt Werbung machen würden. Einige der großen Influencer sagten sofort zu. Sein Enthüllungsvideo bekam innerhalb kürzester Zeit Millionen Views und zeigte, dass offenbar einige auf Social Media für Geld wirklich alles machen, ohne groß zu hinterfragen. Schade, weil das leider ein echt schlechtes Licht auf solche Kooperationen wirft.

So einigen Influencern, die nicht genug kriegen konnten, sind ihre kommerziellen Werbedeals in den letzten Jahren gehörig um die Ohren geflogen. Warum? Weil sie vor lauter Gier oder Verblendung ihre eigene Markenbotschaft vernachlässigt oder zu spät erkannt haben, dass die eine oder andere Kampagne so gar nicht auf ihre Glaubwürdigkeit einzahlt, weil sie absolut nicht zu ihrer Marke passte. **In einer Zeit, in der Authentizität und Vertrauen entscheidend sind, sollte sich jeder Creator ganz genau überlegen, welche Fremdprodukte oder Dienstleistungen er supportet, sonst kann das Ganze schnell nach hinten losgehen.** Deshalb ist es wichtig, sich mit dem Prozess des eigenen Markenaufbaus zu beschäftigen, bevor man über aktive Verkäufe für andere Brands auf den diversen Kanälen nachdenkt.

Ein paar Spielregeln für Influencer-Marketing

Aber was kann ich dir nun raten, wenn ein Unternehmen oder eine Agentur an dich herantritt, weil du für etwas bezahlte Werbung machen oder das Produkt bei dir platzieren sollst?

- Lass dir das Produkt zuschicken und teste es vorher. Entscheide dann, ob du wirklich dafür deinen Kopf hinhalten willst und ob es wirklich zu deinem Markenkern und deiner Markenidentität passt. Wenn dem nicht so ist, lass die Finger davon, auch wenn etwas Geld lockt. Auf lange Sicht schadest du mit solchen Aktionen deiner Brand mehr, als du ahnst.
- Schau dir die bisherige Kommunikation und die Reaktionen auf den Social-Media-Profilen im Vorfeld kritisch an. Ein paar Anzeichen, ob Kommentare gekauft oder echt sind, gibt es: Bei einem deutschen Profil englische Kommentare, das sollte deine Alarmglocken schrillen lassen. Gleiches gilt, wenn die »Wortmeldungen« ausschließlich aus Emojis bestehen, also Herzchen, Smilies et cetera. Zum Teil sind sie aber mittlerweile ziemlich ausgeklügelt. Da wird es zugegebenermaßen knifflig, gefakte von echten Kommentaren zu unterscheiden. Und selbst auf Likes oder Re-Posts von namhaften Marken oder Unternehmen kannst du dich leider nicht verlassen, da erfahrungsgemäß nicht sonderlich viel Recherche betrieben wird und unter Umständen gerade der aktuelle Praktikant dafür zuständig ist, die Social-Media-Plattformen zu durchforsten und alles zu liken, was nur im Entferntesten mit der Corporate Brand zu tun hat. Nicht dass ich das gutheißen würde, im Gegenteil, ich finde das erschreckend und fast schon peinlich, vor allem für große

Unternehmen, aber es ist nun mal Fakt und es passiert vermutlich jeden Tag aufs Neue.

- Bedenke bei deiner Entscheidung, dass du dich bis zu einem gewissen Grad zu einer Marionette der Corporate Brand machst, denn bei einem bezahlten Placement kannst du nicht einfach sagen, was du willst. Du bekommst in der Regel ein ausführliches Briefing und bevor deine Story gepostet wird, lassen sich die Unternehmen das Material vorab schicken. Sie wollen schließlich nicht die Katze im Sack kaufen und genau wissen, was du über ihr Produkt sagst und ob du dich an die Vorgaben gehalten hast. Erst nachdem das offiziell abgesegnet ist, darf es online gehen. Mein Ding ist das nicht.

Und was kannst du tun, wenn du für deine Unternehmensmarke Influencer suchst, die ein Placement deiner Produkte machen? Durch die Vielzahl an Influencern und besetzten Nischen können Influencer-Agenturen helfen und mittlerweile für nahezu jeden Produktzweig geeignete Personal Brands finden. Dennoch solltest du auch selbst etwas Recherche betreiben und die Markenbotschafter, die du in Betracht ziehst, genau unter die Lupe nehmen. Es ist generell ratsam, auf ehrliche und authentische Personenmarken abzuzielen, die schon bei der Auswahl von Placements Wert auf eine hohe Qualität legen und darüber hinaus ein gutes Image pflegen. Klar, diese Leute haben dementsprechend auch ihren Preis, aber sie streben oftmals langfristige Kooperationen und Partnerschaften an, was ein weiteres Kriterium ist, das für diese Personal Brand spricht. Denn wer sich für dein Produkt dauerhaft committet, ist ja vermutlich schon ein Fan deiner Marke.

Das Schreckgespenst Schleichwerbung

Wenn du dich für ein Placement interessierst oder gar als Markenbotschafter zur Verfügung stellen willst, müssen wir unbedingt über ein wichtiges rechtliches Thema reden: Der Staatsvertrag für Rundfunk und Telemedien (RStV) definiert Schleichwerbung als »die Erwähnung oder Darstellung von Waren, Dienstleistungen, Namen, Marken oder Tätigkeiten eines Herstellers von Waren oder eines Erbringers von Dienstleistungen in Sendungen, wenn sie vom Veranstalter absichtlich zu Werbezwecken vorgesehen ist und mangels Kennzeichnung die Allgemeinheit hinsichtlich des eigentlichen Zweckes dieser Erwähnung oder Darstellung irreführen kann«[71]. Als Product Placement oder Produktplatzierung gilt hingegen »jede Form der Werbung, die darin besteht, gegen Entgelt oder eine ähnliche Gegenleistung ein Produkt, eine Dienstleistung oder die entsprechende Marke einzubeziehen oder darauf Bezug zu nehmen, sodass diese innerhalb einer Sendung oder eines nutzergenerierten Videos erscheinen«.[72]

Was bedeutet das jetzt in der Praxis? Wenn eine Personenmarke von einem Unternehmen Geld oder Sachleistungen bekommt und im Gegenzug dessen Produkte in die Kamera hält, muss dies gekennzeichnet werden[73], damit den Zuschauern, also den potenziellen Käufern, direkt klar ist, dass es sich hierbei um Werbung handelt. Es liegt aber keine Schleichwerbung vor, wenn ein Unternehmen Produkte ohne finanzielle Gegenleistung einem Influencer auf Instagram oder Facebook zur Verfügung stellt und diese ausschließlich als Requisite zum Einsatz kommen (= Product Placement). Allerdings darf der Wert der unentgeltlichen Zuwendung nicht mehr als 1.000 Euro betragen.[74]

Wer Schleichwerbung macht, verstößt gegen das Wettbewerbsrecht. Das kann Abmahnungen nach sich ziehen, die denjenigen mehrere tausend Euro kosten können, oftmals muss er zudem eine Unterlassungserklärung unterschreiben. Wenn es öfter vorkommt, können sich die Aufsichtsbehörden einklinken und dann wird unter Umständen eine saftige Geldstrafe fällig. Das können bis zu 500.000 Euro sein.[75] Da hat der Spaß dann mal ein richtig fettes Loch. Also, nimm die Sache bitte ernst! Bevor du irgendwelche Kooperationen eingehst oder Produkte auf Social Media testest und bewertest, die dir von Unternehmen zugeschickt werden, weil sie dich als Botschafter für ihre Marke einsetzen wollen, überleg dir erstens gut, ob das wirklich zu deinem Kernthema und zu deiner Markenidentität passt, und frag zweitens im Zweifel einen Anwalt, damit du dabei auch wirklich alles richtig machst. Das kostet zwar ein bisschen Geld, ist aber angesichts der drohenden Sanktionen gut investiert, oder?

Organische vs. bezahlte Reichweite

Warst du schon mal in einem Running-Sushi-Restaurant? Das Förderband mit dem Essen läuft ununterbrochen, wird hinter den Kulissen neu bestückt, um die Lücken zu füllen, es kommen neue Speisen dazu und der Gast nimmt sich, worauf er Lust hat, genießt sein Essen und hält dann direkt nach dem nächsten Leckerbissen Ausschau. Das Essen ist der kreative, abwechslungsreiche Content, den Creator auf den Social-Media-Kanälen posten, die Algorithmen befüllen nach ihren eigenen Regeln das Förderband aus dem schier unendlichen Content-Pool organisch. Bezahlte Werbeblöcke unterbrechen diesen Fluss. Das bedeutet, ein Creator, der auf bezahlte Reichweite setzt, drängelt sich nach vorne, sodass sein Teller als Nächstes an der Reihe ist. Es ist also im Grunde eine Abkürzung gegen Gebühr.

Viele Creator stellen sich zum Start (oder Neustart) auf den sozialen Medien die Frage, ob es sinnvoll wäre, etwas Geld in die Hand zu nehmen und ihren Content zu bewerben, oder ob sie sich komplett auf das organische Wachstum der einzelnen Plattformen verlassen sollten. Die Antwort lautet ganz klar: Jein. Es kommt darauf an.

Bezahlte Werbung kann in bestimmten Fällen sinnvoll sein und es gibt einige Beispiele für eine erfolgreiche Umsetzung: Insbesondere bei Coaches, Trainern und Beratern gibt es eine regelrechte Flut an Werbefilmen, die regelmäßig vor YouTube-Videos ausgespielt werden, im Facebook-Feed auftauchen und sich über die Google-Werbung teilweise sogar in Dating-Apps wie Tinder schleichen und uns ihr Angebot präsentieren, während wir gerade eigentlich nach ganz anderen Dingen Ausschau halten. Oder Onlineshops, die für bestimmte Produkte Werbung machen, die wir uns schon mehrere Male angesehen, aber nicht gekauft haben, und Start-up-Produkte, die von großen Investoren auf einen gewissen Umsatz gebracht werden sollen und für die Influencer als Markenbotschafter fungieren, um eine neue Zielgruppe zu erschließen und das Produkt noch bekannter zu machen.

Ob sich bezahlte Reichweite unter dem Strich lohnt, ist in den meisten Fällen eine simple Rechenaufgabe: Wie viel Geld muss man einsetzen, damit jemand den angebotenen Content konsumiert? Wie hoch ist demnach die Wahrscheinlichkeit der Conversion? Sind die Kosten für eine erfolgreiche Werbung geringer als der Gewinn, der beim Verkauf erzielt wird, ist dieser Deal annehmbar.

Für Unternehmen und Einzelpersonen, die bereits ein Produkt oder eine Dienstleistung vorzuweisen haben, ist bezahlte Reichweite sicherlich der einfachste Weg, um Neukunden über das Internet zu generieren. Was bei dieser Vorgehensweise jedoch auf der Strecke bleibt, ist eine loyale Community, zu der man als Creator eine echte Verbindung aufbauen kann. Menschen folgen Menschen und selten Unternehmens- oder Produktseiten, da es keinen guten Grund dafür gibt: Keine emotionale Verbundenheit, keine Geschichte, mit der man sich identifizieren kann, und meist sind die bezahlten Beiträge kaum mehr als Produktvorstellungen. Es geht oft um die kurzfristige Lösung eines akuten Problems: schicke Sandalen für den Sommerurlaub, die kurz vor der Abreise noch fehlen, ein neuer Teppich für das Wohnzimmer, weil die Rotweinflecken einfach hartnäckig sind, oder ein Coach, der dem Klienten hilft, etwas Bestimmtes zu erreichen. Das klappt manchmal. Manchmal aber auch nicht.

Organische Reichweite ist hingegen komplett kostenlos zu haben, braucht aber Zeit, Geduld und viele kreative Impulse. Ein großer langfristiger Vorteil ist der Aufbau eines Markenauftritts, der bei Bedarf immer wieder etwas verkaufen kann, ohne dafür zusätzliches Geld in die Hand zu nehmen. Das Targeting ist automatisch unsere vorher ausgewählte Zielgruppe, für die wir unseren Content erstellt haben. Aber: **Social Media ist kein Verkaufsgespräch! Wenn du Social-Media-Kanäle starten möchtest, nur um diese möglichst schnell zu monetarisieren, dann lass es lieber gleich.** Denn darum geht es nicht in erster Linie.

> **SOCIAL MEDIA IST KEIN VERKAUFSGESPRÄCH! WENN DU SOCIAL-MEDIA-KANÄLE STARTEN MÖCHTEST, NUR UM DIESE MÖGLICHST SCHNELL ZU MONETARISIEREN, DANN LASS ES LIEBER GLEICH.**

Einer Marke ein Gesicht geben

Die Branding-Bestrebungen vieler Global Player sind darauf ausgelegt, dass der Ideengeber zwar zur Leitfigur der Marke wird, jedoch nur punktuell und gezielt außerhalb des Firmenkosmos kommunizieren muss. Im Idealfall schaffen es die Marken, dass der Kunde selbst am allerliebsten das Gesicht der Brand sein würde und so eine loyale Anhängerschaft entsteht.

- Jeder kennt Elon Musk, den von vielen als verrückt bezeichneten Visionär, der bereits den Markt für Elektroautos revolutioniert und auf den Kopf gestellt hat und der fieberhaft daran arbeitet, der Menschheit ein Leben auf dem Mars zu ermöglichen. In den Weltraum hat er es mit SpaceX ja schon mehrfach geschafft.
- Mindestens genauso bekannt ist Jeff Bezos, der Gründer des Online-Giganten Amazon, der gefühlt auf jeder Zitatseite auf Instagram zitiert wird.

- Steve Jobs und seine weltweit bekannten Reden auf der jährliche Apple Keynote, auf der die neuesten Produkte vorgestellt werden, sind selbst nach dessen Tod vielen ein Begriff.
- Bill Gates, dessen Story besagt, dass er den ersten Microsoft-Programmcode in seinen Zwanzigern auf Post-its geschrieben haben soll, was ihn zum Vorbild für viele junge Entrepreneure macht. Und als er reich und berühmt war und sich dennoch in einer Hot-Dog-Schlange brav anstellte, wurde das natürlich prompt fotografiert und millionenfach mit dem Text »Humbe billionaire« im Internet geteilt.

Sie alle sind Personenmarken, die einst die Idee für etwas Großes hatten, lange Zeit ihr Unternehmen repräsentierten, aktiv die Entwicklung ihrer Produktreihen und Dienstleistungen kommunizierten (oder es nach wie vor tun), und im gesellschaftlichen Geschehen immer wieder auftauchen. Besonders relevant ist ihre persönliche Mission, so sorgen sie für eine bessere Identifikation der Zielgruppe mit der Marke – wobei die Grenzen zwischen Person und Unternehmen verschwimmen – mithilfe von gutem Storytelling voller Erlebnisse und Emotionen. Dieser Grundgedanke ist tief im Markenkern verankert, egal ob Corporate oder Personal Brand.

Ein Gesicht für die Marke einkaufen

Das ist das typische Corporate Branding, das wie schon gesagt neuerdings vermehrt auf (Micro-)Influencer-Marketing setzt: Man kauft hier entweder ein Gesicht für eine langfristige Kooperation (Markenbotschafter) ein oder viele Gesichter (Micro-Influencer), die immer wieder für die Produkte und Dienstleistungen des Unternehmens gegen Bezahlung Werbung machen. Bei diesem Modell ist es wichtig, dass es innerhalb des Unternehmens einen Scout gibt, der sich die Personenmarken, mit denen wir eventuell kooperieren könnten, genau ansieht und auf Herz und Nieren prüft, oder wir übernehmen diese Tätigkeit selbst und fragen: Wer hat gerade Relevanz? Welches Standing genießt der Influencer in der Gesellschaft? Passt die Person zu uns?

Das Problem dabei ist: Wird unser Markenbotschafter oder Micro-Influencer in Skandale verwickelt, die wir nicht haben kommen sehen, kann das auch negativ auf unsere Marke und unser Image abfärben. Dann müssen wir schnellstens Schadensbegrenzung betreiben, indem wir fix eine Stellungnahme dazu veröffentlichen. Zudem ist unklar, wie sich die Kooperation auf Dauer entwickelt und ob das ausgewählte Gesicht für unsere Brand langfristig wirklich passt. Ein weiterer Unsicherheitsfaktor (für beide Seiten): Niemand kann im Voraus sagen, wie die Community des Influencers reagiert, wenn dieser nun unsere Produkte vorstellt. Es handelt sich dabei ja um eine bezahlte Partnerschaft, keine authentische Empfehlung durch die Personenmarke.

Es empfiehlt sich, dem Influencer die fraglichen Produkte schon im Voraus zukommen zu lassen, sodass er diese wirklich testet, bevor er auf seinen Social-Media-Kanälen darüber spricht. Wichtig ist auch, die vom Influencer zur Verfügung gestellten Daten und Zahlen genau zu analysieren. Gerade auf Instagram wird gerne ein bisschen gemogelt und die Statistiken mit Photoshop oder anderen Bildbearbeitungsprogrammen »aufgepeppt«, um sich einen Deal zu sichern.

Am besten ist es, wenn man zunächst als Follower zu dem gewünschten Influencer Kontakt aufnimmt, um die Reaktion auf ein anderes Placement zu testen, Fragen zu stellen und so ein Gefühl für die Kommunikationsbereitschaft zu bekommen. Kommentare unter Postings geben Aufschluss darüber, wie eng die Community ist, ob sie in den Dialog geht oder nur Emoticons spammt, um zu unterstützen. Dies ist ein aussagekräftigerer Indikator als Abonnenten und Like-Zahlen.

Der große Vorteil dieses Modells: Über klassisches Influencer-Marketing erzielen wir die schnellsten Ergebnisse. Wir kaufen uns in ein bereits vorhandenes Vertrauensverhältnis zwischen Personenmarke und Follower ein, erzielen sogar eigene Reichweite über die Markierungen des Influencers, auf welche dessen Follower klicken, und können so sowohl unsere Verkäufe als auch unsere Markenbekanntheit steigern. Nichtsdestotrotz reden wir hier ausschließlich von bezahlter Reichweite und sollten unser Wissen über Branding nutzen, um die passenden Kooperationspartner auszusuchen.

Selbst das Gesicht der Marke werden

Die zweite Möglichkeit ist, selbst zum Gesicht und zur Leitfigur der Marke zu werden, das eigene Unternehmen aber autark laufen zu lassen. Hier baut man sich selbst als Personenmarke auf und kommuniziert aktiv eigene Wertvorstellungen, sowohl die persönliche als auch die Mission des Unternehmens, die sich möglichst ergänzen, und nimmt seine Followerschaft überwiegend im unternehmerischen Kontext, teils aber auch privat mit auf die Reise.

Es ist wahrscheinlich das beliebteste Modell für Unternehmer, die bereits das Fundament gelegt haben oder schon erste Erfolge erzielen konnten und nun gerne skalieren wollen. Es gehört aber eine gewisse Extrovertiertheit (wenn auch erlernte) dazu, vor die Kamera zu treten, und man benötigt Zeit für das Herstellen von Content und die Pflege der Kommunikationskanäle. Man dokumentiert hier seinen eigenen Werdegang und extrahiert Gelerntes, teilt Erfolge, aber spricht über Niederlagen.

Diese Konstellation erschwert den Verkauf des Unternehmens, da eine gewisse Abhängigkeit zwischen Person und Firma besteht: Viele Kunden kaufen nur aufgrund der Verbundenheit und aus der Emotion heraus, nicht nur aufgrund eines Bedarfs. Dafür existiert die Brand aber auch über die eigene Firma hinaus, was neue Einkommenswege und Sortimentsergänzungen ermöglicht. Als Person steht man im Rampenlicht, wird zitiert und zu Veranstaltungen, Podcasts und Interviews eingeladen.

Die Identifikation mit der Brand erfolgt vor allem über die Person; die Produkte und Dienstleistungen werden sozusagen nebenher beworben. Damit macht man sich unabhängig und hat auch die Möglichkeit, für die eigene Firma zu sprechen, Produkterweiterungen und Änderungen im Sortiment zu erklären und sich dem Markt schneller anzupassen. Zudem kann man gezielt erfragen, was sich die Kunden wünschen, man hat eine direktere Feedbackschleife, auf die man reagieren kann, um Verkäufe zu optimieren.

Das eigene Gesicht ist Personenmarke und Unternehmen

Die Person ist in diesem Fall das Produkt, das »verkauft« werden soll. Die Strukturen, die persönliche Geschichte und Prozesse beim Branding (siehe Kapitel 4) dienen dem langfristigen Imageaufbau. Normalerweise fallen in diese Kategorie (Micro-)Influencer, die ihre eigene Reichweite diversen Firmen anbieten (idealerweise passend zu ihrer Personal Brand und ihrem Image), Coaches und Berater, die ihre Dienstleistung anbieten, sowie Personen des öffentlichen Lebens, die Reichweite und damit eine gewisse Relevanz und Machtposition aufbauen möchten, um sich alle Türen offen zu halten.

Der Unterschied zu Modell 2 ist, dass es kein separates autarkes Unternehmen mit eigenem Namen gibt, nicht selten beginnt eine Reise aber auch als reine Personenmarke, die dann gründet und zum Gesicht des Unternehmens wird oder umgekehrt, weshalb man auch mit einem beginnen kann und sich die Möglichkeiten offen hält, zu wechseln.

Wichtig beim Start einer reinen Personenmarke ist es, dass deine Expertise im Vordergrund steht und du in deiner Nische startest. Das bedeutet, allgemeine Themen wie finanzielle Freiheit oder Fitness sind nicht gut geeignet, da es bereits Global Player in diesen Feldern gibt und du in so einem Umfeld schlechte Karten hast. Ohne vorher aufgebaute Relevanz außerhalb von Social Media hast du kaum eine Chance, bei den großen Jungs und Mädels mitzuspielen. Es empfiehlt sich daher, diese großen Themen weiter einzuschränken und beispielsweise nicht über Fitness im Allgemeinen, sondern mit effektivem Six-Pack-Training, Gewichtsreduzierung und Gewebestraffung nach der Schwangerschaft, täglichen 5-Minuten-Workouts oder Ähnlichem zu starten. Statt vollmundig von finanzieller Freiheit zu tönen, kannst du als jemand, der sich neben seinem Hauptjob selbstständig gemacht hat, Menschen auf dem zweiten oder dritten Berufsweg helfen, es auch zu tun und die Möglichkeiten des Internets und der sozialen Medien aufzeigen und erklären. Auf diese Weise etablierst du dich in einer Nische und spekulierst darauf, dass deine Zielgruppe genau danach sucht.

Doch eins muss dir klar sein: Der Aufbau einer reinen Personenmarke erfordert am meisten Aufwand und Zeit. Der große Vorteil ist, dass du erst mal ganz alleine starten kannst. Du brauchst kein Strategieteam, keine Mitarbeiter und auch nur wenig Kapital. Allerdings gehört eine gute Portion Extrovertiertheit dazu, denn du musst im Alleingang aktiv deine Social-Media-Kanäle bespielen, mit deinen Fans, Followern und Abonnenten kommunizieren und grundsätzlich bereit sein, vieles aus deinem Leben zu teilen, auch Privates. Langfristig betrachtet hast du hier aber die größtmögliche Freiheit und kannst auf das aktuelle Geschehen und Tendenzen am schnellsten reagieren. Zudem eröffnet dir dein Standing als Personal Brand die Möglichkeit, eine eigene Firma zu gründen, Produkte oder Dienstleistungen anzubieten oder andere Einkommensströme (Affiliate, Markenbotschafter) zu erschließen.

Entscheidende Schlüsselmomente

Es gibt gute Gründe, warum ich mich trotz aller Widrigkeiten und negativer Resonanz niemals von den sozialen Medien abgewendet habe und weiterhin meinen Weg gegangen bin, hin zur Personal Brand. Es gab einen besonderen Schlüsselmoment, der mich sozusagen »angefixt« hat, weil er mir gezeigt hat, dass ich mit meinen Posts wirklich etwas bewegen kann.

Auf meinem YouTube-Kanal gab es unter anderem einige Videos zu einem Start-up, das ich zusammen mit einem Kommilitonen aufbaute. Wir wollten Wasserfilter an Fitnessstudios, Physio- und Arztpraxen sowie Gesundheitszentren verkaufen. Die Aufrufe bewegten sich anfangs im Bereich von 50 bis 100 Views, was für mich damals schon unglaublich war. Ich stellte mir manchmal vor, wie viele Menschen das »in echt« wären, also wenn sie jetzt alle vor dem Studentenwohnheim stünden und mit uns diskutieren wollten. Allein der Gedanke daran war schon surreal für mich, da ich eigentlich total ungern im Mittelpunkt stand. In den sozialen Medien machte mir das aber nicht so viel aus wie im realen Leben.

Eines Abends schnitt ich noch ein Video, lud es hoch und legte mich ins Bett. Ich war mit dem Ergebnis recht zufrieden und auch ein bisschen stolz darauf, wie spontan ich es aufgenommen hatte. Den Film hatte ich am Vortag auf einem Event in Köln gedreht und noch auf der Zugfahrt nach Hause fertiggestellt. Am nächsten Morgen klingelte mein Handy-Wecker und für einen Moment dachte ich, dass ich noch träumte: Auf dem Display waren lauter Pop-ups der Kommentarsektion von YouTube. Ich scrollte nach unten, während ich aufstand, und konnte die Texte teilweise gar nicht komplett lesen, weil sie zu lang für die Vorschau waren. Ich war total aus dem Häuschen!

Den Computer hochzufahren dauerte gefühlt eine Ewigkeit und mir wurde heiß und kalt, denn teilweise waren es harsche Diskussionen über das Event und meine Meinung, die ich dazu in dem Video geteilt hatte. Mein Film hatte über Nacht sagenhafte 5.000 Views bekommen und es gab bereits über 100 Kommentare von Menschen, die sich mit mir darüber austauschen wollten. Das machte mir schon ein bisschen Angst. Das Video hatte eine so große Reichweite generiert, dass mir bereits 200 Menschen mehr folgten und anscheinend weitere Videos von mir sehen wollten. Ich verbrachte mehrere Stunden damit, jedem Einzelnen zu antworten.

Wie war es dazu gekommen? Offenbar hatte ich ein glückliches Händchen beim Timing gehabt und war einer der wenigen, die bereits ein Video zu dem aktuellen Ereignis hochgeladen hatten, weshalb so viele in der Suche mein Posting vorgeschlagen bekamen. Viele Kommentare bezogen sich aber nicht nur auf den Inhalt, sondern auch auf meine Kameraführung, die Beleuchtung, den Schnitt, meine Gestik und Mimik und vieles mehr – und natürlich waren typische Hate-Kommentare von Leuten dabei, die krampfhaft nach Fehlern suchten und auch welche fanden, sowie Menschen, die diese negativen Kommentare mit einem »Gefällt mir« markierten, sodass sie weit oben angezeigt wurden. Auch von meiner Uni gab es DMs, in denen mir Screenshots dieser Hass-Kommentare geschickt wurden. Natürlich kommentarlos.

Sichtbarkeit im Irrgarten der sozialen Medien

Wenig Views oder Abonnenten bedeuten einen engen Kreis von Followern und Fans. Die Chance, dass dein Content ihnen gefällt, ist hoch, du genießt einen Vertrauensvorschuss, selbst wenn dir mal ein Fehler unterläuft oder die Qualität etwas zu wünschen übrig lässt (was definitiv nicht zur Regel werden sollte). Doch während du deine Personal Brand auf Social Media weiter ausbaust und deine Followerschaft wächst, kann ein Ausreißer-Post positive, aber auch negative Konsequenzen haben, die du dir nicht mal im Traum vorstellen könntest.

Klar, du kannst im Vorfeld nie wissen, ob oder was viral geht. Manchmal hoffst du es vielleicht, aber in den meisten Fällen passiert es überraschend. Und wenn es dann erst mal passiert ist, hast du keinerlei Einfluss mehr darauf. Binnen weniger Stunden kann dein Posting riesige Wellen schlagen und ungeahnte Züge annehmen. Da hilft auch das hektische Löschen deines Contents nichts, da dieser vermutlich bereits mehrfach geteilt, heruntergeladen und auf diversen anderen Seiten wieder hochgeladen wurde. **Content, den du ins Internet stellst, ist für immer konserviert.** Das darfst du niemals vergessen. So sind die Spielregeln und darauf lässt man sich als Creator ein.

Wenn du als Creator von deinen Fans und Followern wahrgenommen und vor allen Dingen ernst genommen werden willst, kommt es in puncto Personal Branding über Social Media grundlegend auf zwei entscheidende Faktoren an: die Aufmerksamkeit deiner potenziellen Kunden und deren Vertrauen in dich als Person, als Marke oder als Unternehmen.

Aufmerksamkeit der potenziellen Followerschaft

Unsere Augen sind nicht mehr auf Plakatwände oder Litfaßsäulen gerichtet, weil wir ohnehin die meiste Zeit auf unser Smartphone schauen, während wir durch die Stadt gehen. Gleiches gilt für TV-Werbung, weil wir das Handy während des Fernsehens auf dem Tisch jederzeit griffbereit oder sogar noch in der Hand haben, um währenddessen weiter zu kommunizieren und die neuesten Updates nicht zu verpassen. In vielen Fällen zahlen wir ohnehin gerne für den werbefreien Genuss eine Abo-Gebühr, um uns die nervigen Unterbrechungen gefühlt im Fünf-Minuten-Takt, vorgegebene Sendezeiten und ein lineares Programm ohne Pausenknopf und Rück- oder Vorspultaste zu ersparen. Unsere Ohren hören auch immer seltener Radiowerbung, weil Streaming-Plattformen wie Deezer oder Spotify pausenlos – und gegen Gebühr ebenfalls werbefrei – genau die Songs spielen, die wir hören wollen, oder wir Podcasts hören, um etwas zu lernen oder uns anderweitig entertainen zu lassen.

Genau das machen die Influencer: Sie sind zu ihrer eigenen Sendestation geworden, die nicht einmal pro Woche für zwei Stunden etwas ausstrahlt, sondern teilweise mehrere Stunden täglich – auf verschiedenen Plattformen, versteht sich! Ein brandneues Video à 10 Minuten, 20 Instagram Stories à 15 Sekunden, Podcast-Folgen, die gut und gerne auch mal anderthalb bis zwei Stunden lang sein können, sowie LIVE-Streams rund um die Uhr, für die sich einige Fans und Follower sogar extra Urlaub nehmen, um dabei sein zu können. Viele verbringen so viel Zeit mit ihren Internetlieblingen, dass es zu parasozialer Interaktion kommt. Kein Wunder, dass die Role-Models der Gen Z heutzutage nicht mehr Hollywood-Schauspieler oder TV-Legenden sind, sondern Internetpromis, Instagram-Influencer und YouTube-Stars.

Vertrauen in Personen und Marken

Authentizität und Vertrauenswürdigkeit haben im virtuellen Raum einen hohen Stellenwert. Kaum verwunderlich im Kosmos der digitalen Kommunikation, wo jeder alles sein und darstellen kann. Es gibt schließlich Profile, auf denen sämtliche Bilder retuschiert und bearbeitet sind, wobei mithilfe von Photoshop, Faceapp und Co. Veränderungen möglich sind, die kaum ein Schönheits-Doc in die Realität umsetzen könnte. Und auch das geschriebene Wort in

Blogs und auf Websites ist nicht vergleichbar mit der Erfahrung, mit jemandem ein Gespräch von Angesicht zu Angesicht zu führen, es fehlt der Augenkontakt, es gibt keine Körpersprache, aus der wir lesen könnten, und ebenso wenig gibt es einen Ton, der uns verraten könnte, was der andere wirklich denkt oder wie das Gesagte gemeint ist. Der Interpretationsspielraum ist entsprechend groß.

Und wir sitzen als User vor unserem Rechner, Laptop, Smartphone oder Tablet und erstellen Social-Media-Accounts mit einer bestimmten Intention. Viele – wie auch ich – benutzen dabei ihren echten Namen, doch das Internet bleibt ein Ort der Anonymität, auch wenn es weniger geworden ist über die Jahre, weil immer mehr Plattformen eine Anmeldung mit Klarnamen statt mit Alias voraussetzen.

Von treuen Anhängern und Internet-Trolls

Wenn du in den sozialen Medien etwas postest, musst du mit allen möglichen Reaktionen rechnen. Diese können sich auf dem gesamten Spektrum der menschlichen Emotionen und Abgründe bewegen.

Fangen wir mit der positiven Seite an. Im Idealfall gefällt dein Content deiner anvisierten Zielgruppe. Das sind deine Befürworter, deine Fans, Follower und Abonnenten, die gerne mit dir in Kontakt kommen wollen, den Dialog suchen und die gleichen Interessen oder eine ähnliche Einstellung haben. Vermutlich würdest du dich mit diesen Menschen auch im wahren Leben gut verstehen. Deine Community steht geschlossen hinter dir und verzeiht dir den einen oder anderen Fauxpas gnädig.

Auf der anderen Seite wird es immer Leute geben, die das, was du tust, nicht mögen, nicht unterstützen, nicht verstehen, nicht lustig finden – was auch immer. Manche von ihnen beobachten dein Treiben, denken sich ihren Teil und lassen dich weitgehend in

Ruhe. Darunter können auch Leute aus deinem Bekanntenkreis fallen, die selbst keinen Content kreieren, also nur konsumieren, aber das alles »merkwürdig«, »komisch« oder »albern« finden, weil sie weder die Sprache noch das Medium verstehen und sich damit auch nicht wirklich auseinandersetzen wollen. Wenn überhaupt machen sie ihrem Unmut mal kurz Luft, aber das ist in der Regel harmlos. Doch es geht schlimmer. Genügend Leute fühlen sich dermaßen getriggert, dass sie böse bis hasserfüllte Kommentare posten. Nach wie vor profitieren sie von der weitreichenden Anonymität im Internet – falsche Namen und Fake-Accounts sind ja leider immer noch keine Seltenheit –, weswegen rechtliche Schritte meist aussichtslos sind. Ich bin mir ziemlich sicher, dass der Großteil dieser Leute nicht den Mumm hätte, dieselben Äußerungen von Angesicht zu Angesicht zu wiederholen.

Auch wenn Beleidigungen meist im Verhältnis von 1:100 stehen, bleiben genau diese fiesen Worte und gehässigen Sätze lange im Kopf hängen. Sie können verletzen und einen daran hindern, weiteren Content zu produzieren. Man überlegt, was man falsch gemacht hat und wie man das in Zukunft vermeiden kann. Deshalb ist es gut, sich einmal klarzumachen, woher dieser anonyme Hate überhaupt kommt, was die Wurzel derartiger Angriffe ist. Die Antwort ist ziemlich simpel: Meist ist es die pure Langeweile, die Menschen dazu verleitet, eine andere Person zu beleidigen oder bloßzustellen. Ein Fünkchen Hoffnung ist oft auch dabei, für einen frechen oder derben Spruch von den anderen Anerkennung und Bestätigung zu bekommen. Hallo, Geltungsbedürfnis! Und oft genug ist es der pure Neid, da sie selbst gerne auf der Seite des Creators stehen würden, es aber selbst nicht gebacken kriegen.

Anfangs, im kleinen Rahmen, hast du die Chance, eine enge Bindung zu deinen Followern aufzubauen, wodurch du die Hassrede minimieren kannst. Aber loswerden wirst du sie nie, das ist sicher. Hater gibt es immer und überall, nicht nur auf Social Media.

Time-out!
Ein souveräner Umgang mit Kritik und Hatern

Klare Sache: Wenn du dich auf Social Media als Brand positionierst und damit exponierst, machst du dich mit jedem Posting sichtbar. Das ist ja auch Sinn der Sache, um langfristig Reichweite und Relevanz aufzubauen. Klar ist aber auch: Nicht jeder findet dich oder deinen Content automatisch gut und du machst dich mit jedem Posting potenziell verwundbar. Du wirst Likes ebenso wie Dislikes bekommen. Das gehört zu den unumstößlichen Spielregeln der sozialen Medien: Wer sichtbar ist, macht sich angreifbar.

Meine ersten negativen Kommentare bekam ich schon nach kurzer Zeit, als eines meiner Videos einmal mehr Views bekam als üblicherweise und vielen neuen Menschen ausgespielt wurde. Mir war komplett schleierhaft, was »Hans Dampf47« eigentlich gegen meine Mutter hatte, die er übelst beleidigte. Sie kam doch im Video gar nicht vor! Ich entwickelte für mich recht schnell einige Maßnahmen, wie ich mit negativen Kommentaren und mit Hatern umgehe.

- **Sachlich analysieren!** Es ist wichtig – besonders mit wachsender Reichweite – immer rational und möglichst objektiv zu analysieren, ob es sich hierbei wirklich um Hate handelt oder womöglich doch um eine konstruktiv gemeinte, nur nicht gut ausgedrückte Kritik, was ja durchaus auch schmerzlich sein kann. Als Creator gewöhnt man sich irgendwie an positives Feedback und die steigende Anerkennung, die man für seinen Content erhält. Ich will nicht mit Scheuklappen durch die Weltgeschichte laufen und ich habe grundsätzlich nichts dagegen, wenn jemand einen anderen Standpunkt einnimmt oder mir seine Meinung sagt.

Es ist wichtig, weiterhin offen für Feedback zu sein, auch wenn dieses womöglich etwas unglücklich oder zu harsch formuliert wurde. Nur durch Feedback kannst du dich stetig weiterentwickeln und deinen Content verbessern.

- **Nicht provozieren lassen!** Wenn sich herausstellt, dass es sich um Hate handelt, ist es wichtig, dass du cool bleibst. Denn genau das ist es, was ein Internet-Troll beabsichtigt: dich aus der Ruhe zu bringen. Deine Antwort, Rechtfertigung oder womöglich sogar eine Beleidigung, die du zurückwirfst, gießt nur Öl ins Feuer, bestätigt ihn und motiviert ihn, munter weiterzumachen. Was ich in dem Fall mache: Zunächst ignorieren, den Kommentar einfach löschen und den User direkt blockieren. Einige Plattformen wie Instagram und Facebook bieten übrigens auch die Möglichkeit, alle neu erstellten Accounts dieser Person zu blockieren, was empfehlenswert ist. Später, wenn du irgendwann abgehärtet bist, kannst du Hate auch einfach unbeachtet stehen lassen – im Sinne deiner Reichweite und Relevanz: Denn jede Interaktion ist eine gute Interaktion für den Algorithmus und wirkt sich positiv auf deine Ausspielung aus, auch wenn der Inhalt für dich persönlich negativ ist.
- **Positiv sehen!** Ich versuche immer, das Positive darin zu sehen, wenn mich jemand blöd von der Seite anmacht. Denn jeder Erfolg lockt Neider aus ihren Verstecken. Wenn du nur positive Kommentare und Feedback erhältst, sehen deinen Content womöglich noch zu wenig Leute. Ja, besonders anfangs kann es ein regelrechter Schock sein, wenn ein Posting oder Video viral geht und auf einmal nicht nur die bekannte Community mit dir interagiert, sondern auch neue, dir völlig fremde Menschen, und natürlich werden einige dabei sein, die dich auf den ersten Blick nicht mögen, die sich an irgendetwas von dir stoßen. Aber die Ausspielung an möglichst viele Menschen erhöht langfristig deine Markenbekanntheit.

4.
DIE NEUN ELEMENTE EINER PERSONAL BRAND

Branding ist wie ein Rubic's Cube*: Es sieht alles kinderleicht und wie Zauberei aus, wenn es von Kennern oder Profis gemacht wird. Wenn man das Ganze aber selbst versucht, herrscht oftmals ein heilloses Durcheinander, nichts passt so richtig zusammen und man kann sich kaum vorstellen, dass das Gewurstel am Ende wirklich die Lösung bringen wird. Man braucht eine ganze Weile, bis man dahinterkommt, welche Möglichkeiten es gibt und wie man die Teile hin und her drehen muss, damit am Ende jede Würfelseite eine andere Farbe hat. Man knobelt seine eigene Vorgehensweise allmählich aus, aber alle halten sich dabei an dieselben Spielregeln.** Der stimmige Markenkern einer Personal Brand, der über alle neun Elemente hinweg – ich spreche, um im Bild des Zauberwürfels zu bleiben, im Weiteren von »Cubes« – wird durch dieses System gefestigt, was die Voraussetzung ist, um sich am Markt langfristig zu etablieren. Alles greift logisch ineinander und nur im Zusammenspiel funktioniert das Ganze richtig gut.

Die Cubes der Personal Brand

Das Herzstück beim Personal Branding ist die Vision, also was wir mit unserer Marke erreichen und verändern möchten, denn das sorgt für den größten positiven Impact in unserer Zielgruppe. Voraussetzung dafür ist deren Identifikation mit der Personal Brand, wobei unsere Werte eine wichtige Rolle spielen. Doch es reicht bei Weitem nicht, diese Werte bloß aufzuzählen, sondern wir müssen sie auch leben. In der Außenwahrnehmung wird dadurch eine gewisse Erlebbarkeit geschaffen, ein Markenverhalten. Unsere Fans, Follower, Abonnenten

---

* Ja, auch das ist ein Relikt aus vergangener Zeit, aber ein absolut kultiges. Schon Mitte der 1970er-Jahre von Ernö Rubik erfunden und vor allem in den 1980er-Jahren *der* Renner schlechthin. Wenn du ihn noch kennst: Willkommen im Club, du bist du alt. Wenn nicht: Frag Onkel Google oder eine andere Suchmaschine deiner Wahl, wenn du mehr darüber erfahren willst.
** Außer die Cheater, die den Würfel auseinandernehmen und die Einzelteile so ganz easy richtig zusammensetzen, aber die lassen wir jetzt mal außen vor.

und späteren Kunden können zudem – zum Beispiel via Social Media – ein Teil davon sein, mit uns interagieren und kommunizieren, und bestimmte Aspekte unserer Brand können für viele eine gemeinsame Reise darstellen. Unser Markenimage sollte einzigartig sein, damit wir im Markt eine möglichst stabile Position einnehmen können, sodass der Kunde im Grunde keine andere Wahl mehr hat, als sich für uns zu entscheiden. Dabei sind Alleinstellungsmerkmale (engl. *USP, unique selling proposition*), die Brand-Story sowie ikonische visuelle oder verbale Elemente nützlich. Unsere Relevanz spiegelt sich im Markenangebot wider: Welcher Content wird erstellt und veröffentlicht, gibt es eigene Produkte oder kann die Personenmarke die Relevanz über Community-Aktionen oder Ähnliches steigern? Langfristig steht und fällt alles mit unserer Glaubwürdigkeit und Authentizität, die in der Markenbotschaft verankert sein müssen, da wir ansonsten Gefahr laufen, zu einer Eintagsfliege im Business und im Social-Media-Irrgarten zu werden, an die sich schon morgen niemand mehr erinnert.[76]

Die neun Cubes sollen dir helfen, die Bestandteile deiner Personal Brand in deinem Sinne auszurichten. Falls du ganz frisch am Start bist und gerade mit dem Aufbau deiner Personenmarke loslegst, gehst du am besten der Reihe nach vor, um Cube für Cube deine Personal Brand zu entwickeln. Das wäre meine Empfehlung. Aber es ist auch erlaubt, wild hin und her zu springen, bestimmte Elemente separiert anzugehen, Dinge neu zu durchdenken und noch einmal zurückzugehen, oder sich die Rosinen herauszupicken, ohne den kompletten Prozess zu durchlaufen. Du weißt selbst am besten, wo du gerade stehst und was dir am ehesten weiterhilft beziehungsweise bei welchem Aspekt deines Markenaufbaus du Unterstützung brauchst. Zudem sind die Cubes nicht ganz trennscharf in dem Sinne, dass man einen komplett abschließt und zum nächsten übergeht, sondern so einiges greift ineinander. Es ist gewissermaßen ein organischer Prozess, weil es auch um persönliche Weiterentwicklung auf verschiedenen Ebenen geht.

"YOUR BRAND IS WHAT OTHER PEOPLE SAY ABOUT YOU WHEN YOU'RE NOT IN THE ROOM."
• Jeff Bezos

Cube 1: Ein Kernthema finden

Wenn wir uns in einem sozialen Netzwerk anmelden, sind wir in der Regel erstmal Konsumenten, wir schauen uns nur um. Wir scrollen durch die vorgeschlagenen Profile, sehen uns Content von verschiedenen Leuten an und nicht selten lassen wir uns in den Bann ziehen und verbringen mehr Zeit vor dem Display als ursprünglich geplant. Obwohl wir täglich vor Augen geführt bekommen, dass so ziemlich jeder Content auf den Plattformen vertreten ist, gibt es ein nicht zu unterschätzendes Hindernis, eigenen Content zu posten: uns selbst.

Der komische Typ mit der riesigen Kamera

Ich erinnere mich noch daran, als wäre es gestern gewesen, als ich zum ersten Mal in der Öffentlichkeit eine Videosequenz drehte, damals noch mit einer riesigen Digitalkamera mit großem Objektiv und einem Mikrofon, das obendrauf montiert war. Heutzutage gibt es Smartphones mit Selfie-Sticks und sogar Mini-Cams, die kaum auffallen. Vor rund zehn Jahren sah ich aus wie ein unterbezahlter Videograf für einen öffentlich-rechtlichen Fernsehsender. Ich fiel definitiv auf in der Fußgängerzone.

Ich stand mitten in der Oldenburger Innenstadt und konnte das Kameramonster fast nicht mit einer Hand halten. Jeder, der an mir vorbeilief, sah mich schräg von der Seite an – so schräg, wie ich die viel zu schwere Kamera hielt. Ich blickte mich immerzu hektisch um, um zu checken, ob gerade jemand kam oder ob ich kurz ungestört wenigstens einen Satz sprechen konnte, ohne Gefahr zu laufen, dass jemand blöd durchs Bild latschte, Grimassen zog oder womöglich sogar kommentierte. Der Worst Case wäre gewesen, während meiner Dreharbeiten einen Kommilitonen zu treffen, der mich »auf frischer Tat« hier ertappte.

Warum war ich überhaupt auf die bescheuerte Idee gekommen, dieses Monstrum von Kamera durch die Innenstadt zu wuchten? Mir schwirrten direkt mehrere Gründe durch den Kopf, wieso ich das ganze Vorhaben besser abbrechen sollte: viel zu viele Menschen unterwegs, die jederzeit durchs Bild laufen und die Aufnahme ruinieren könnten; zu starke Sonneneinstrahlung; zu heftiger Wind, sodass die Tonaufnahmen für die Katz wären. Alles in allem wäre es wohl am besten, die geplante Szene zu Hause vor der weißen Wand zu drehen. Das wäre auch viel neutraler. Und einfacher. Und unauffälliger. Trotz meiner Zweifel zog ich mein Vorhaben durch – mit hochrotem Gesicht und Schweißperlen auf der Stirn.

Zum Glück blieb es nicht bei dem einen Mal, denn ich ließ mich nicht unterkriegen. Mit jedem neuen Außendreh schrumpften meine Ängste und Zweifel. Ich hatte auch immer weniger Probleme damit, der »komische Typ mit der riesigen Kamera« zu sein, nachdem ich den Spruch ein paar Mal gehört hatte. Im Gegenteil: Die Cam war mein ständiger Begleiter, ich drehte Vlogs damit. Ich war eben der komische Typ mit der riesigen Kamera, die Leute erkannten mich wieder. Das war im Grunde mein erstes Branding.

Confidenter Creator

Viele potenzielle Creator hadern damit, eigenen Content zu erstellen und zu posten. Vorgeschoben wird oft das Argument, sie wüssten nicht, worüber sie genau reden sollten, und selbst wenn sie eine Idee haben, können sich viele nicht vorstellen, dass sich irgendjemand dafür interessieren könnte. Dahinter verbergen sich zwei grundlegende Bedenken:

- **Angst vor Zurückweisung:** Viele stellen sich vor, wie der engste Kreis darauf reagieren würde, wenn sie plötzlich anfingen, regelmäßig Bilder zu posten, Videos aufzunehmen

oder eine Sprachsequenz in einer Instagram Story hochzuladen. Das bedeutet: Die technische Einstiegshürde bei Social Media ist eigentlich niedrig, aber die soziale Hemmschwelle ist enorm. Weil die Leute sich das Ganze nicht zutrauen oder nicht über ihren Schatten springen können, weil sie Angst haben, sich zum kompletten Vollidioten zu machen – und das auch noch im Internet, das bekanntlich nichts vergisst. Diese Hemmschwelle wird noch größer, wenn man an die vielleicht nicht ganz so netten Kommentare denkt oder daran, dass der eigene Content hinter dem Rücken hin und her geschickt und darüber gelacht wird. Aber meine Erfahrung zeigt: Oft liegt der größte Kritiker nachts mit uns im Bett. Wir können gar nicht wissen, wie andere auf unseren Content reagieren, bevor wir etwas gepostet haben. Dennoch machen wir uns einen riesigen Kopf darüber.
- **Versagensängste:** Wir wünschen uns tief im Inneren eine Erfolgsgarantie. Wir hätten gerne die Sicherheit, dass es wirklich funktioniert und uns Familienmitglieder, Freunde, Verwandte und Bekannte und Hunderte oder gar Tausende uns völlig fremde Menschen schon in den ersten Tagen folgen, durchweg positives Feedback geben und so die Motivation liefern, immer weiterzumachen.

Tja, was soll ich dazu sagen? Du hast vollkommen recht, wenn du solche Bedenken hast. Leider. Daher stellen wir uns direkt der bitteren Realität: Es gibt weder eine Garantie dafür, dass alle Leute deinen Content super finden und direkt ab dem ersten Posting deine größten Fans sind und für immer bleiben, noch gibt es eine Garantie dafür, dass du mit deiner Personal Brand von Tag eins an voll durchstartest und megaerfolgreich und superreich wirst. Und ja, es kann Kritik geben – vielleicht sogar von unerwarteter Seite. Es wird vermutlich immer Menschen geben, die sich über dich lustig machen und dein Vorhaben belächeln. Das hört nie auf, auch bei Hunderttausenden von Fans, Followern und Abonnenten nicht. Im Gegenteil: Es wird sogar mehr, denn irgendwann kommen auch die Internet-Trolle auf den Plan und dissen dich, nur weil sie sich dann besser fühlen und sich wichtig machen können. Es ist online nichts anderes als offline. So ist das Leben eben. Wir müssen uns trauen, auch mal ein Risiko eingehen, aus unserer Komfortzone ausbrechen und sehen, was dann passiert. **Denn nur eine Sache ist garantiert: Du wirst niemals eine erfolgreiche Personal Brand, wenn du niemals startest.**

Easy peasy – Social-Media-Normalität in den USA

Eine völlig andere Erfahrung in Sachen Social Media war mein erster Besuch in Los Angeles 2016. Dieser Trip hat mir in mehrfacher Hinsicht die Augen geöffnet.

Wir zogen durch die Straßen von Beverly Hills, ich traf dort einige der größten Influencer der Stadt, die bereits mehrere Millionen Follower hatten. Ich beobachtete fasziniert, wie sie ganz selbstverständlich mitten im Trubel ihre Instagram Stories aufnahmen, Videos drehten und diese teilweise direkt im Restaurant mithilfe kostenloser Apps am Smartphone schnitten und direkt posteten. Sie hatten offensichtlich keinerlei Bedenken, ob es gerade unangebracht sein könnte zu filmen, sie hatten weder Berührungsängste, wenn sie Fans und Follower trafen (ja, sie wurden auf der Straße erkannt und gefeiert wie Hollywood-Stars!) noch riesige Kamerateams oder Assistenten, um die Arbeit für sie zu erledigen, oder Bodyguards, die sie abschotteten.

Die Leute, die ich dort traf, waren One-Man- beziehungsweise One-Woman-Shows – und das trotz globaler Relevanz und enormer Reichweite. Mich beeindruckten diese Normalität, auf Social Media aktiv zu sein und Content zu erstellen, und diese Leichtigkeit bei der Sache. Das nahm ich mir zu Herzen – und auch als Learning mit nach Hause nach Deutschland.

Als ich dann später alleine durch Venice Beach schlenderte, fiel mir auf, wie viele Leute hier ihr Smartphone nicht nur in der Hand hatten, um zu schreiben und zu chatten, sondern es in die Luft hielten und sich selbst und ihre Umgebung filmten: ein Selfie oder Pärchenfoto bei Sonnenuntergang am Strand, das rauschende Meer im Hintergrund, Posing im nagelneuen Bikini oder mit dem neu erworbenen Surfboard (oder beides), einige tanzten, andere sangen einen Song und es gesellten sich sogar Fremde dazu, die spontan mit in die Kamera performten. Aus den Häusern heraus filmten die Leute ebenfalls. Hier erntete niemand böse Blicke von Passanten, niemand stürmte auf die Filmer los, um loszuschimpfen von wegen »Recht am eigenen Bild«, »Datenschutz« und »Privatsphäre« – obwohl der Creator gerade nur ein Selfie geschossen hatte und demzufolge kein anderer darauf zu sehen war. Da hatte ich in Deutschland schon ganz andere unschöne Begegnungen hinter mir.

 ## Spielregeln fürs Knipsen und Drehen im öffentlichen Raum

In Deutschland gibt es, was das Fotografieren und Filmen in der Öffentlichkeit angeht, einige Vorgaben. Also rechtlich relevante Spielregeln, die du kennen und einhalten solltest, wenn du dir keinen Ärger einhandeln willst.

Wenn wir Fotos und Videos im öffentlichen Raum machen, müssen wir immer aufpassen, wem die Gebäude gehören und ob andere Personen darauf zu sehen sind. Besonders bei kommerziellem Content, in dem etwas angepriesen oder verkauft wird, braucht man das Einverständnis der Gebäudebesitzer. Das von Privatpersonen wird in jedem Fall benötigt. Bei Personen stellt schon die Aufnahme ohne Einverständnis eine Straftat dar: Im Strafgesetzbuch (StGB) unter § 201a aufgeführte Vergehen mit der offiziellen Bezeichnung »Verletzung des höchstpersönlichen Lebensbereichs durch Bildaufnahmen« dient dem Schutz der Privatsphäre.[77] Wir sollten also tunlichst keine anderen Personen ablichten, wenn wir keine schriftliche Erlaubnis haben. Es reicht dennoch nicht nur zu fragen, sondern es empfiehlt sich, E-Mail-Adressen auszutauschen, damit man im Nachhinein das Einverständnis einfordern kann. Bei Verstößen drohen empfindliche Geldbußen oder sogar eine Freiheitsstrafe.

Grundlegende Informationen über die rechtliche Situation in Deutschland in puncto Urheberrecht, Datenschutz, Persönlichkeitsrechte, Recht am eigenen Bild et cetera findest du im Internet. Doch manchmal hilft nur der Gang zum Rechtsanwalt, um Klarheit zu haben und sich wirklich sicher zu sein.

Künstlerische Freiheit

Ich entdeckte bei meinem USA-Trip auch eine Gruppe Jugendlicher, die an einer Wand voller Graffitis anscheinend ein Musikvideo aufnahmen, der Artist rappte laut mit und führte mit seinen beiden Tänzern seine Choreo auf. Einfach so, neben dem normalen Geschehen, filmte sie jemand. Ich sah ihnen bis zum Schluss zu. Ich war neugierig und fragte, wofür sie das Ganze aufgenommen hätten. Ich vermutete ein Schulprojekt, doch die Antwort lautete: YouTube und Instagram, es sei schon das dritte Video. Sie schrieben die Texte selbst, überlegten sich die Outfits und dachten sich die Choreografie aus. Sie hatten sich das alles selbst beigebracht. Als ich nach den Kanalnamen suchte, war ich kurz geschockt: Die Jungs hatten 220.000 Abonnenten – und ich hatte direkt den Impuls, mich entschuldigen zu müssen, da ich sie gar nicht kannte und einfach so angesprochen hatte. Die vier lachten los und erzählten mir, dass das nichts Besonderes sei und jeder Dritte in L. A. ein derartiges Following habe. Die nackten Zahlen spielten für sie im Grunde gar keine große Rolle: »It's 'bout the art«, meinten sie.

Dieser Satz hat sich bei mir so eingebrannt, dass ich meine Perspektive, was das Kreieren auf Social Media angeht, grundlegend verändert habe. Für mich steht fest: Wenn ich *einen* Menschen erreichen und etwas bei ihm verändern kann, dann nehme ich den Spott und Hohn derjenigen, die diese Chance nicht erkennen oder mein Anliegen nicht verstehen, gerne in Kauf. Ich kreiere auch Content nur für eine Person, weil sie die gleiche Wertschätzung verdient wie Hunderttausende oder Millionen von Menschen. Diese Wertschätzung geht bei vielen verloren, weil sie vergessen haben, dass Social Media über Duplikation und Multiplikation funktioniert: Du brauchst eine Person, die deinen Beitrag liked oder weiterleitet, damit daraus zwei oder mehr werden, und zwei Follower, die zufrieden sind, damit es vier werden und so weiter. Das setzt eine Kettenreaktion in Gang – mal kürzer, mal länger. Wie Dominosteine, die nacheinander umfallen.

- Marketing
- Werbung
- Branding

Die sozialen Medien sind für Creator eine Chance, mit ihrer Message, ihrer Kunst und ihrer Meinung Menschen zu erreichen, die sie (bisher) gar nicht kennen und die womöglich in einem ganz anderen Winkel der Erde wohnen, aber die vielleicht genau jetzt diese kleine Inspiration, diese Zeile in einem Text, diese Worte in einem Video in ihrem Leben brauchen, um zu lachen, Motivation zu finden, einen Denkanstoß zu bekommen oder über eine Hürde zu springen, die ihnen vor ein paar Augenblicken noch zu groß und schier unüberwindbar erschienen ist. Oder ihnen hilft der Dialog, der untereinander entsteht, der Austausch mit anderen, was für sie den Mehrwert bringt, oder es ist – auf lange Sicht gesehen – ein Produkt oder eine Dienstleistung, die der Creator schaffen kann, um ein Problem bei seiner Zielgruppe zu lösen.

Gerade wenn wir neu auf einer sozialen Plattform starten, ist das vergleichbar mit dem ersten Tag an einer neuen Schule oder einem neuen Arbeitsplatz: Zwar ist man noch dieselbe Person wie an seiner alten Schule oder Arbeitsstelle, aber man bekommt die Chance, den ersten Eindruck neu zu gestalten, einen anderen Fokus zu legen, bestimmte Fehler nicht zu wiederholen und diesmal besser zu wissen, wie man wahrgenommen werden will und welche Vorzüge diese Plattform zu bieten hat.

Dein Thema, dein Kern

Das Kernthema auf Social Media ist Teil deines Markenkerns, gewissermaßen der rote Faden, an dem sich alles Weitere orientieren wird. **Je eindeutiger man dich einem Thema zuordnen kann, dich damit am besten direkt assoziiert, desto stärker wird die Wahrnehmung deiner Personal Brand sein.** Die Leute müssen also irgendwann eine Verknüpfung von Thema und Person im Kopf herstellen. Das ist dann deine Schublade. So wie ich früher der »komische Typ mit der riesigen Kamera« war und heute oft der »Social-Media-Typ« bin.

Doch keine Sorge, du kannst abweichend von deinem Kernthema auch über andere Dinge sprechen, in den sozialen Medien ebenso wie über die klassischen Kanäle. Empfehlenswert ist dabei ein 75:25-Verhältnis und vor allem anfangs sollte es keine allzu großen thematischen Sprünge geben. Startest du beispielsweise als Personenmarke im Bereich Fitness, widmest dich aber aufgrund aktueller Geschehnisse überwiegend politischen Fragestellungen, könnte es passieren, dass man dich recht schnell in die Schublade »Meinungsmacher« im Bereich Politik steckt statt in die Schublade »Fitness-Experte«.

Bei TPA Media empfehlen wir unseren Kunden, die Themen Politik und Religion grundlegend aus ihrer Social-Media-Kommunikation zu verbannen, da sie zu einer Spaltung und Abgrenzung der Community führen könnten. Bei beiden Themen haben die Menschen tendenziell eine recht gefestigte Meinung, was dazu führen kann, dass sie keine Identifikation mit der Brand mehr aufbauen können, obwohl sie ursprünglich wegen eines komplett anderen Themas gekommen sind. Die Ausnahme ist natürlich, wenn Politik oder Religion für den Markenkern unseres Kunden relevant ist.

Es geht also darum, ein Kernthema zu finden, um dich am Markt zu positionieren. Dabei solltest du aber nicht blind irgendwelchen Idolen nacheifern und deren Auftritt eins zu eins kopieren, sondern deiner eigenen Marken-DNA folgen. Wichtig ist dabei, dass die Social-Media-Kanäle, besser gesagt: deren Algorithmen, dich problemlos zuordnen können, das heißt, es muss klar sein, welches Thema du behandelst. Thematische Verwirrung erschwert die organische Ausspielung auf den Plattformen und verringert zudem die Conversion von Interessenten zu Followern und Abonnenten. Das Ziel ist nicht, die eierlegende Wollmilchsau der sozialen Medien zu werden und für alles und jeden zu stehen, sondern klar zu sein, was die Message und die Inhalte angeht.

Im Grunde gibt es seitens der Social-Media-Kanäle keine Themenfavorisierung, sofern diese nicht gegen die jeweiligen Nutzungsbestimmungen verstoßen. Man kann mit jedem Thema Reichweite aufbauen und es ist nur ein Bestandteil unserer Personenmarke; es gibt noch viele weitere Bausteine, über die wir Aufmerksamkeit generieren.

Anhaltspunkte bei der Themenfindung

Eine gute Grundlage bei der Themenfindung bietet die Überlegung, wer man gerne sein möchte. Schau dir dazu die Ergebnisse deines ersten Brainstormings noch einmal genauer an:

- Welche Schlüsse für deine Personal Brand, für deine Markenidentität und ein passendes Thema lassen sich daraus ableiten?
- Was könnte ein sinnvolles, passendes Thema für deinen Markenkern sein?

Es hat sich zudem gezeigt, dass die Schnittmenge aus den folgenden drei Elementen gut funktioniert. Natürlich kannst du auch eines der drei stärker oder schwächer gewichten, wenn das besser zu deiner angestrebten Markenidentität passt. Das bleibt dir überlassen.

1. Vorhandene Expertise und gesammelte Erfahrungen

Auch wenn das Abenteuer Personal Brand für dich einen Neustart bedeutet, so haben dich bestimmte Erfahrungen im Leben geprägt, aus denen sich ein Thema herauskristallisieren kann. Auch deine Talente und deine Expertise solltest du stets miteinbeziehen. Hast du beispielsweise mehrere Jahre eine Tätigkeit oder ein Hobby ausgeübt und bist Experte darin geworden, startest du direkt auf einem höheren Level in dem Bereich. Aufgrund deiner Expertise – die du natürlich in gewisser Weise unter Beweis stellen musst – werden dir die Menschen eher vertrauen, sobald sie sehen, was du schon geleistet hast und auf welchem Stand du bist, welche Erfahrungen du vorweisen kannst et cetera. Bestimmt hast du auch schon eigene Probleme gehabt und diese gelöst, sodass dein Werdegang ein ganz natürlicher Teil deiner Brand-Story (Cube 2) sein kann, wodurch du Chancen zur Identifikation für deine Fans, Follower und Abonnenten bietest. Womöglich hast du bereits ein eigenes Produkt entwickelt oder bietest eine Dienstleistung an, für die es einen Markt gibt. Dann ist dein Thema noch schneller und noch genauer eingegrenzt.

2. Passion und Message

Auch wenn eine Passion eine Form der Emotion darstellt, die sich mit der Zeit verändern kann, solltest du nicht vernachlässigen, wofür du wirklich brennst: Gibt es eine Message, die du nach draußen tragen willst, weil du dich für etwas einsetzen möchtest? Etwas, von dem du weißt, dass es Menschen interessiert oder ihnen womöglich helfen wird und einen Mehrwert – in welcher Form auch immer – darstellt? Dann bau diesen Aspekt zu deinem Kernthema aus!

Fakt ist schließlich, dass du langfristig Content produzieren willst, anfänglich womöglich nur für ein überschaubares Publikum, sodass die Motivation dafür aus deinem Inneren kommen muss. Dein Spaß an der Sache ist also ebenfalls wichtig bei der Auswahl deines Kernthemas.

3. Lücke in der Konversation der Zielgruppe

Wenn du dir die Gesellschaft, deinen Markt oder eine kleine Zielgruppe anschaust und eine Lücke siehst, die du schließen kannst, ist das ein guter Anhaltspunkt für ein mögliches Kernthema: Informationen, die anderen fehlen, generieren Aufmerksamkeit und Interesse. Eine Lücke, die du durch deine Personenmarke schließen kannst, bringt dir sofort eine gewisse Relevanz. Hierbei helfen die gute alte Marktrecherche und aufmerksame Ohren bei Diskussionen, um herauszufinden, wo die Akteure nicht mehr weiter wissen oder sich im Kreis drehen.

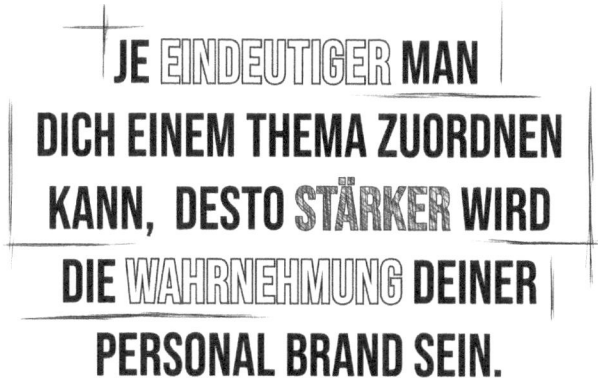

JE EINDEUTIGER MAN DICH EINEM THEMA ZUORDNEN KANN, DESTO STÄRKER WIRD DIE WAHRNEHMUNG DEINER PERSONAL BRAND SEIN.

Nimm dir ein Blatt Papier und 10 bis 15 Minuten Zeit (oder schnapp dir dein Tablet und stell einen Timer). Notiere mindestens drei Stichworte zu jedem Element. Versuch herauszufinden, was die Schnittmenge bildet. Folgende Fragen können dir dabei helfen, dein Thema einzugrenzen:

- Gibt es Diskussionen in deinem Freundeskreis, die du immer wieder führst und in denen du die Problemlösung bist?
- Siehst du eine Marktlücke, die du selbst angehen könntest durch dein Wissen? Machst du dies womöglich schon innerhalb deiner Arbeit oder deines Unternehmens?
- Wofür schätzt dich dein enger Kreis und kommt bei Fragen immer wieder auf dich zurück?
- Worüber sprichst du selbst in deiner Freizeit, wenn du dich mit der Familie oder deinen besten Freunden triffst?
- Was hast du in den letzten zehn Jahre gelernt?
- Worin bist du richtig gut (geworden)?
- Was löst in dir den Drang aus, Zeit freizuschaufeln, um es zu tun?
- Welche Passion hast du (derzeit)?
- Wer oder was inspiriert dich?
- Was hat dein Leben in den letzten Jahren leichter gemacht?
- Worüber kannst du nicht aufhören nachzudenken?

Du musst nicht auf alle Fragen eine eindeutige Antwort finden, der Fragenkatalog dient eher dazu, deine Hirnwindungen zu aktivieren. Du kannst natürlich gerne auch länger darüber nachdenken, etwa in deinem nächsten Time-out.

Cube 2: Eine Brand-Story erzählen

Bei dem Begriff »Brand-Story« denkt man vielleicht an die Sektion auf Websites, die man meist nicht anklickt: »Über uns«. Die Unternehmensgeschichte, die 1890 beginnt, als der Ururgroßvater die Idee hatte ... Firmen erzählen furchtbar gerne von historischen Abläufen, wie die Marke entstanden ist, welche Personen dabei wofür zuständig waren und es zum Teil heute noch sind, welche Produkte oder Dienstleistungen für welche Kunden entwickelt wurden et cetera. Um das Ganze zu illustrieren, gibt es verpixelte Schwarz-Weiß-Bilder und nach ewig langem Scrollen kommen dann die Logos unzähliger zufriedener Kunden, die aus dieser erfolgreichen Pionierarbeit entstanden sind. Total öde, total uninteressant und oftmals total schlecht gemacht – und leider bei total vielen Internetauftritten noch immer bittere Realität. Das Ganze liest sich allzu oft wie eine reine Werbebroschüre, die aber irgendwie Vertrauen aufbauen soll. Das Problem dabei: Es zieht keine Aufmerksamkeit auf sich und schafft vor allem keine Identifikation mit der Marke. Dabei ist das einer der Hauptgründe, eine Brand-Story zu entwickeln.

2019 gab es eine recht aufschlussreiche und gleichzeitig erschreckende Untersuchung von über 190.000 Websites deutscher kleiner und mittelständischer Unternehmen. Sie ergab, dass 95 Prozent Optimierungsbedarf hatten und daher nicht gefunden wurden und 60 Prozent sogar »eklatante Mängel« aufwiesen.[78] Übersetzt: Sie sind absoluter Schrott und die Unternehmer sollten hoffen, dass sich niemand versehentlich dorthin verirrt, um Imageschäden zu vermeiden. Dabei ist es kein großes Hexenwerk, einen soliden und gut auffindbaren Internetauftritt zu kreieren, der einen guten Eindruck hinterlässt und erste Fragen beantwortet, sodass sich Interessenten gut aufgehoben und informiert fühlen, ihre Aufmerksamkeit geweckt wird und sie mit größerer Wahrscheinlichkeit zu Kunden werden. Auch auf die sozialen Medien setzten nur die wenigsten befragten Unternehmen: Rund 17 Prozent hatten einen Account bei Facebook, 8 Prozent waren auf Instagram vertreten und lediglich 4 Prozent bei Twitter.[79]

Authentisches Storytelling

Eine gut erzählte Brand-Story ist die Metageschichte, die über allem steht, was man aufgebaut hat und noch aufbauen möchte: Sie ist die Kernbotschaft und spiegelt deine Identität und deine Werte wider und leitet die Mission ein (Cube 3), nachdem das Kernthema festgelegt worden ist (Cube 1). Zielführend sind dabei Gedanken und Emotionen, die sich beim Leser oder Zuschauer entwickeln sollen. Das bedeutet: Ihre Vorstellungskraft muss angeregt werden, damit Bilder in ihrem Kopf entstehen, die auch noch da sind, wenn du als Marke gerade mal nicht kommunizierst. Creator senden ja nicht 24/7, sondern fokussieren sich vor allem auf Impulse und Impressionen, die nachhaltig wirken. Das ist das erklärte Ziel! Erst wenn sich Marken in den Köpfen der Menschen festgesetzt haben, treffen sie die Entscheidung, dieser Marke zu folgen, sie perspektivisch sogar zu kaufen. Diese Verknüpfung erreicht man aber nicht über Marketingphrasen, rein informative Inhalte oder Erfahrungsberichte von anderen, sondern über authentisches Storytelling.

Stell dir eine Stimmung wie spätabends am Lagerfeuer vor, an dem fünf Freunde sitzen, die sich nach Ewigkeiten wiedergesehen haben und nun die ganze Nacht über ihre Sorgen, Bedenken und Freuden im Leben sprechen und sich einander öffnen. Es fließen Tränen der Trauer, aber auch der Freude. Man lacht und man weint gemeinsam und ist sich einfach nur nahe. Oder denk an ein vertrauensvolles Gespräch mit deinem Partner auf einem Dach in New York, während ihr die Sterne beobachtet und über eure gemeinsame Zukunft spricht. Ihr bringt alle Aspekte auf den Tisch, die euch wichtig sind, die euch Angst machen, die unklar sind und zu Anspannung führen. Euer Verständnis füreinander vertieft sich, die Vertrauensbasis festigt sich, ihr kommt euch noch näher. Oder eine spontane Autofahrt ins Blaue mit dem besten Kollegen, nachdem deine Freundin Schluss gemacht hat. Nachdem er dich aus dem emotionalen Loch geholt und auf andere Gedanken gebracht hat, trefft ihr gemeinsam enthusiastisch die Entscheidung, im Laufe eines Jahres die Firma aufzubauen, von der ihr schon so lange redet und träumt. Das ist eine vielversprechende Perspektive, es wird doch alles wieder gut! Ihr bestärkt euch gegenseitig und macht euch Mut.

All das sind Szenarien, die sehr lange im Gedächtnis bleiben, über die man Jahre später noch spricht, weil sie aufgrund der Emotionen so stark im Kopf verankert sind. Es fühlt sich oft an, als sei es erst gestern gewesen. Genau das ist es, was eine gute Brand-Story tun soll: Sie soll dein Gegenüber berühren, es muss ein Match sein, die Summe aus Fakten, Gefühlen und Interpretation mit großer Schnittmenge. Auf diese Weise entsteht eine ausbaufähige Verbindung, die langfristig Reichweite generiert und zu einer starken Community führt, die dich unterstützt. Doch wie lässt sich das erreichen? Und wie lautet deine persönliche Brand-Story?

Keep it simple

In den beschriebenen Alltagssituationen hat wohl keiner der Akteure darüber nachgedacht, ob er gerade eine fesselnde Geschichte erzählt, auf bestimmte Stilmittel oder ein zugrunde liegendes Konzept geachtet, sondern frei von der Leber gesprochen und sein Herz ausgeschüttet. Ganz natürlich und weitgehend ungefiltert aufgrund des gegenseitigen Vertrauensverhältnisses. Das ist nicht ganz so leicht auf die sozialen Medien übertragbar, weil die Situation und Konstellation anders sind, aber der Grundgedanke bleibt gleich. Entscheidend ist, dass die Brand-Story simpel ist: Die Beweggründe sollten nachvollziehbar sein, es geht also um Situationen, die möglichst viele verstehen, es geht um den kleinsten gemeinsamen Nenner. Und sie sollte frei erzählt werden, als würden wir sie nur einem guten Freund erzählen, vor dem wir keine Probleme haben, uns zu öffnen. Je ehrlicher wir sind, desto authentischer werden wir wahrgenommen.

Das Grundkonzept ist einfach: Du hast ein Problem, suchst nach der Lösung und findest sie schlussendlich. Das hat zum großen Teil ja auch schon dein Kernthema (Cube 1) bestimmt. Nun bietest du deine Lösung anderen Menschen an, die dasselbe oder ein ähnliches Problem haben: Ausgangssituation, Komplikation, Auflösung.* Übertragen wir das mal auf eines meiner Lieblingsbeispiele: Apple. Steve Jobs hat sich die vorhandenen Handys angesehen, die alle schlecht zu bedienen waren (Ausgangssituation), und machte sich Gedanken, wie man etwas erschaffen könnte, das simpel ist, das jeder Mensch jeden Alters in kürzester Zeit versteht, das die vorhandenen Hürden ausmerzt und demzufolge eine Innovation darstellt (Komplikation). Das Ergebnis war das iPhone, das man auspackt und sofort benutzen kann – ganz intuitiv (Auflösung). Die Produktdarstellungen des Unternehmens sind alle so aufgebaut, dass ein Problem, die Komplikation und die Lösung aufgezeigt werden, aber man verzichtet auf unnötige technische Details oder Informationen, die man zwar bei Bedarf nachlesen kann, die aber absichtlich nicht Teil der Story sind. Das hat Apple übrigens nicht immer so gemacht, tatsächlich waren anfangs die Präsentationen voller technischer Details. Erst als Steve Jobs Storytelling bei Pixar lernte, wurde das Marketing entsprechend angepasst.

Wir speichern Geschichten besser ab als Daten, Fakten oder Charts: Die Stanford-Universität hat dazu ein spannendes Experiment gemacht, in dem Studenten in einer Minute eine Idee pitchen

---

* Wenn du dich gerade an deinen Deutschunterricht zurückerinnert fühlst: kein Wunder! Es sind die grundlegenden Elemente des Erzählens, die brauchst du auch in den sozialen Medien.

sollten: Einige benutzen dafür Statistiken und Studien, andere erzählten eine Geschichte. Das Ergebnis zeigte, dass die Geschichten 22 Mal besser erinnert und verstanden wurden als die Vorträge, die auf Daten und Fakten aufgebaut waren.[80] Kein Wunder! Geschichten berühren uns emotional, weil wir uns in die Situation des Protagonisten hineinversetzen und sie so besser verstehen und nachempfinden können. Storys erhöhen die Wahrscheinlichkeit, dass wir Geld ausgeben, was sich beispielsweise viele Spendenaufrufe zunutze machen.[81] Die Verbindung schafft vor allem das Hormon Oxytocin, das ausgeschüttet wird, wenn wir Geschichten hören. Das macht uns empathischer, und je höher der Spiegel ist, desto mehr spenden wir demnach. Der Neuroökonom Paul Zak bestätigte dies.[82] Auf neurowissenschaftlichen Erkenntnissen basieren auch diverse Methoden, die uns dabei helfen sollen, uns bestimmte Dinge besser zu merken, zum Beispiel der Gedächtnispalast oder ganz banale Eselsbrücken. Das ist im Grunde ja auch nichts anderes als Storytelling.

Die fünf Elemente jeder (Brand-)Story

1. **Protagonist/Held:** Das bist natürlich du – oder dein Unternehmen. Der Protagonist hat das ursprüngliche Problem und will es lösen. Mit ihm soll sich die Zielgruppe identifizieren können, daher spricht und verhält er sich wie sie.
2. **Grund/Ziel:** Das ist dein Warum, also wieso du diese Geschichte erzählst und für wen sie überhaupt gedacht ist, wen sie ansprechen soll – im Grunde jeden, der in einer ähnlichen Situation wie der Protagonist ist.
3. **Konflikt:** Der Protagonist muss Hürden und Hindernisse überwinden, die ihn von seinem Ziel abhalten. Diese sollten bei möglichst vielen Zielgruppenmitgliedern ebenso auftreten, sodass es ihnen vertraut vorkommt. Es sind Dinge, die sie selbst schon erlebt haben oder mit denen sie sich

ebenfalls gerade beschäftigen und auf der Suche nach einer passenden Lösung sind.

4. **Dramaturgie:** Auf dem Weg zum Ziel gibt es eine Reihe von Höhen und Tiefen, während sich der Protagonist der Lösung des Konflikts widmet. Niemand hört gerne die Geschichte von jemanden, bei dem alles immer glatt läuft, da gibt es ja auch kaum Identifikationsfläche. Wir lieben es, wenn andere Hürden überwinden und uns an der Lösung teilhaben lassen, sodass wir selbst die Möglichkeit haben, durch diese Erfahrungswerte später eine Abkürzung zu nehmen.
5. **Lösung:** Der Konflikt oder das Problem ist gelöst. Dazu gehört auch die Erklärung, wie der Protagonist das Ganze geschafft hat. Darüber hinaus kann das zum Verkauf eines Produkts oder einer Dienstleistung führen (was aber erst bei einer fest etablierten Personal Brand sinnvoll ist). Oder es kann darin resultieren, dass jemand beschließt, der Personenmarke auf Social Media zu folgen, nachdem er eine ganze Weile aufmerksam ihren Content konsumiert hat. Oft ist die Lösung der ausschlaggebende Faktor, warum jemand nun langfristig dabei sein möchte.

Jetzt wird es Zeit für deine persönliche Brand-Story. Notiere dir Stichpunkte für jedes Element und skizziere bei »Konflikt« und »Dramaturgie« alle entscheidenden Probleme und Hürden, die du überwinden musstest.

Diese Aufzeichnung dient zunächst als Basiskonzept deiner Geschichte. Doch sie kann dir auch helfen, deinen Fokus richtig zu setzen und ihn langfristig beizubehalten. Achte darauf, dass dein Kernthema (Cube 1) getroffen oder zumindest angerissen wird. Du solltest in der Lage sein, diese Basis-Story innerhalb von 60 Sekunden zu erzählen.

Massig Gesprächsstoff

Eine simple und nachvollziehbare Geschichte wird vor allem dann stark, wenn sie nicht mehr nur von dir erzählt wird, sondern auch von anderen weitergetragen und fortgeführt wird. Damit das passiert, muss die Schnittmenge deiner Brand-Story und der persönlichen Geschichten deines Publikums möglichst groß sein, sodass jeder sich die Story zu eigen machen, sie nacherzählen oder fortsetzen kann. **Die Personal Brand wird von dir kreiert, aber von anderen erzählt.**

> **DIE PERSONAL BRAND WIRD VON DIR KREIERT, ABER VON ANDEREN ERZÄHLT.**

Wichtig ist, dein Ego möglichst im Zaum zu halten und 1:1-Kopien eher als Kompliment denn als Angriff oder plumpe Nachahmung zu sehen. Social Media Branding zielt schließlich darauf ab, dass andere sich so stark mit deiner Marke identifizieren, dass sie ein Teil davon sein wollen. Es sollte also deine Erwartungshaltung sein, dass so etwas passiert, statt dich zu kränken. Denk immer daran: Jeder Fan, Follower oder Abonnent, der deine Brand-Story nach außen trägt, macht für dich kostenlose Werbung und sorgt dafür, dass deine Markenbekanntheit, deine Reichweite und deine Relevanz steigen.

Jeder Mensch möchte gesehen und gehört werden, wir alle buhlen um die Aufmerksamkeit anderer, und eine starke Personenmarke gibt den Leuten genau das: Sie bietet nicht nur Gehör und

Verständnis, sondern eröffnet ihnen die Möglichkeit, selbst zum Sprecher und Akteur zu werden. Nur wenn sich deine Fans, Follower und Abonnenten mit dir identifizieren, können sich die Leute als Teil deiner Mission sehen (siehe Cube 3).

Fans, Follower, Abonnenten und Kunden sind die Erweiterung und Verlängerung einer Marke. So wie jeder Starbucks-Becher, der gepostet wird, kostenloses Marketing für das Unternehmen ist. Auch das machen bereits viele große Corporate Brands wie Apple, Amazon und Tesla vor. Sie haben zwar einen Visionär als Leitfigur, der die Markenidentität verkörpert und auch die ursprüngliche Geschichte erzählt, aber die Helden sind nicht sie selbst oder ihre Erfolge und Umsätze, sondern jeder einzelne Kunde, der mit den Produkten und Dienstleistungen arbeitet. Jeder, der sich ein MacBook kauft und es mit seinem iPhone synchronisiert, ist ein Held der Innovation. Jeder, der Amazon Prime nutzt und online shoppt, ist ein Held seiner Zeit, die er dabei spart. Jeder, der in einem Tesla sitzt, ist ein Held des Fortschritts.

Die Brand-Reise und ihre Etappen

So wie der Aufbau einer Personal Brand nie komplett abgeschlossen ist, so ist auch die Brand-Story nie zu Ende erzählt, weshalb ich gerne den Begriff »Brand-Reise« einführen möchte. Du kannst nicht in einem Video oder Blogpost ein einziges Mal deine Geschichte erzählen und im Anschluss davon ausgehen, dass sie jeder gesehen hat. Das reicht nicht, selbst wenn du dabei auf alle wichtigen Elemente achtest. Gerade zu Beginn deiner Social-Media-Präsenz werden sich die meisten Leute eher für dein Kernthema und vor allem für den Content interessieren, der sie selbst voranbringt, als deine persönliche Geschichte. Erschwerend kommt hinzu: Auf Plattformen, auf denen Bilder und Videos kurzlebig sind, etwa bei Instagram, wird deine Geschichte nur für einige Tage geklickt, bis dein neuester Post mehr Relevanz genießt und kaum jemand in deinem Feed weiter zurückgeht.

Daher ist es vielmehr ein Konstrukt, das wir von Grund auf aufbauen, danach aber wieder in einzelne Teile separieren und auch immer wieder mit in unseren Content einfließen lassen. Indem du dauerhaft deine Brand-Story in deine Brand-Reise einfließen lässt, verschmilzt sie mit der Zeit mit deiner Markenidentität oder zahlt zumindest auf sie ein. Um das Ganze anschaulicher zu machen, gehe ich die einzelnen Etappen der Brand-Reise an meinem Beispiel durch.

Das alte Ich

Am Anfang der Brand-Reise steht die bisherige Situation, mit der du nicht zufrieden bist: Du hast Probleme, die du lösen musst, und es gibt anfängliche Hürden, die es zu überwinden galt. Du willst eine Veränderung. Das kann bei einer Marke, die mit dem Konzept »Document the journey« arbeitet, auch die Ist-Situation sein.

Ich war 27 Jahre alt und gerade in den letzten Zügen meines Masters of Education für gymnasiales Lehramt. Meine Eltern hatten zum Teil mein Studium finanziert und ich hielt mich ansonsten mit eher untypischen, digitalen Nebenjobs über Wasser: Ich spielte Computerspiele und machte für Organisationen Werbung, zockte Onlinepoker und verkaufte Produkte in Onlineshops. Mein großes Manko war meine Introvertiertheit, viele bezeichneten mich als Nerd, weshalb die sozialen Medien meine Chance waren, mit der Außenwelt zu kommunizieren. Mir fiel es leichter, einer Kamera in die Linse zu schauen, als meinen Mitmenschen direkt in die Augen zu sehen.

Mein überschaubares soziales Umfeld war – wie du ja schon weißt – eher negativ gegenüber meinen ersten Videos eingestellt und hatte eine sehr konservative Meinung, wenn es um Karriere ging: Digitale Möglichkeiten wurden nicht wertgeschätzt und als »Hirngespinste« abgetan. Nach dem Studium stieg dann bei mir der Druck weiter durch mein Umfeld und auch meine Eltern. Alle erwarteten eine Antwort, wohin es mich als Nächstes verschlagen würde, was ich geplant hätte für die Zukunft. Das Problem war: Ich hatte keinen Plan und nicht den blassesten Schimmer, was die Zukunft bringen sollte. Nur eins wusste ich: Ich war mit dem Weg, den ich durch das Studium eingeschlagen hatte, absolut nicht zufrieden. Das passte nicht zu meinen Vorstellungen vom Leben, auch wenn diese bisher noch recht vage waren. Ich wusste, was ich *nicht* wollte: Lehrer sein. Aber niemand in meinem direkten Umfeld verstand das. Niemand konnte das nachvollziehen. Das war doch ein krisensicherer, solider Job. Im Gegensatz zu diesem merkwürdigen, undurchsichtigen Onlinekram. Das hatte doch wohl keine Zukunft.

Die Wächter der Veränderung

Aus dem Wunsch nach Veränderung entwickelt sich allmählich eine konkrete Vorstellung, was die optimale Situation wäre, wie du es gerne hättest und wo du hinwillst. Doch du merkst, dass dir schon bei den ersten Schritten in diese neue Richtung die Veränderungswächter im Nacken hängen. Hürden werden zum ultimativen Test, wie stark dein Warum ist und wie sehr du die Veränderung willst. Hier gibt es eine starke Identifikationsmöglichkeit für Interessenten, da viele sich in diesem Stadium befinden: kurz von dem Aufgeben, weil ihnen die Motivation fehlt. Im Idealfall gibt deine Brand-Reise dem einen oder anderen den Schubs in die richtige Richtung oder schafft den Anstoß für eine steile Karriere. Du kannst wichtige Informationen und Erfahrungswerte liefern, von denen andere profitieren können.

Ich fing an zu recherchieren, welche Möglichkeiten es für mich gab. Das erwies sich damals noch um einiges schwieriger als heute, wo es unzählige wertvolle Informationen kostenlos und zu jeder Tages- und Nachtzeit im Internet gibt. Ich hatte weder in der Schule noch in der Uni etwas über das Thema Selbstständigkeit gelernt.

Ich wusste nicht, wie man ein Gewerbe oder eine Firma anmeldet. Im Nacken hatte ich stets meine Eltern, die Druck machten, und mein Freundeskreis dezimierte sich weiter, weil niemand verstand, warum ich nicht einfach ins Referendariat ging wie alle anderen.

Ich merkte schnell, dass ich Startkapital brauchen würde und dass keine meiner Ideen eine Erfolgsgarantie eingebaut hatte. Im Gegenteil: Ich scheiterte schon beim Versuch, eine eigene Website zu gestalten. Blöderweise hatte ich dabei ein urheberrechtlich geschütztes Bild benutzt und bekam ein Bußgeld von 2500 Euro aufgebrummt, das ich an den Fotografen zahlen musste. Der Gewerbeantrag brachte mich zum Verzweifeln, der Steuerberater wollte eine Anzahlung – und je mehr Hindernisse sich auftaten, desto unsicherer wurde ich, ob ich das wirklich durchziehen wollte.

Die mutige Entscheidung

Das ist die wichtigste Station deiner Brand-Reise, da sie den weiteren Prozess einleitet und vielen Menschen die Motivation liefern kann, ihn für sich selbst ebenfalls anzustoßen. Wir wollen Menschen begeistern, die ebenfalls eine Veränderung wollen. Einige Leute folgen uns aber, weil sie derzeit noch zweifeln, ob sie es wirklich schaffen können. Langfristig benötigt jede Marke solche Skeptiker, die an diesem Punkt stehen und du als Personenmarke zum Zünglein an der Waage wirst. Deine Brand-Reise geht nach der Entscheidung für die Veränderung für einige mit einem anderen Fokus weiter, und aus Skeptikern werden Follower und Fans. Hier beginnt ein Vertrauensverhältnis zur Personal Brand zu wachsen.

Als das Schreiben der Universität und den Schulen kam, dass die Frist für die Anmeldung zum Referendariat bald ablaufen würde, war mir klar: Bald gibt es kein Zurück. Zumindest für ein Jahr. Denn erst dann könnte ich mich erneut bewerben – allerdings mit Nachteilen und damit schlechteren Chancen. Neben der wiederholten 11. Klasse gäbe es ein weiteres »verschenktes« Jahr in meinem Lebenslauf.

Ich visualisierte, wo ich in 5, 10 und 15 Jahren stehen würde, wenn ich nun doch meinem zum größten Teil fremdbestimmten Karriereplan folgen würde – und diese Vorstellung machte mir Angst. Das konnte ich auf gar keinen Fall durchziehen! Ich sprach darüber ganz offen mit meinen Kommilitonen und Eltern, und beide Parteien brachen den Kontakt zu mir ab. Da saß ich nun in meiner 1,5-Zimmer-Studentenbude. Auf mich allein gestellt. Ich machte ab sofort mein eigenes Ding, das war mein offizieller Eintritt in die Selbstständigkeit. Das war mein neuer Fokus, darauf konzentrierte ich all meine Energie. Zumindest war das der Plan.

Persönliche Blockaden und Hürden

Die ersten Probleme und Hürden sind oft persönlicher Natur: die Familie, der enge Kreis, alte Bekannte, die nicht damit klarkommen, dass du dich veränderst und weiterentwickelst. Falls Leute, die dir nahestehen, deinen Weg zur Personal Brand nicht verstehen oder supporten, ist es wichtig, dass du weißt, warum du es tust. Lass dir dein Vorhaben nicht ausreden oder gar Schuldgefühle eintrichtern. Jetzt wird deine Entscheidung auf die Probe gestellt. Hier zeigt sich zudem, ob deine Personal Brand so stark ist, dass sie Followern dabei helfen kann, ihre jeweiligen individuellen Hürden zu überwinden.

In dieser Phase kann eine Personenmarke viel Identifikationsfläche bieten und Storys erzählen, in denen sich das Publikum wiederfindet. Es geht um eine tiefere Bindung durch das Zusprechen von Mut und Motivation. Gleichzeitig kannst du Verständnis zeigen und bestimmte Szenarien erklären. Wissen bedeutet Kontrolle. Jeder, der die Veränderung anstrebt, wird diesen Prozess durchleben. Ein Guide ist sehr willkommen und vor allem der Dialog wird geschätzt, wenn die Marke nicht nur berichtet, sondern auch zum Zuhörer wird.

Das klärende Gespräch mit meinen Eltern ist mir bis heute im Gedächtnis geblieben, vor allem die Enttäuschung, die in der Stimme meiner Mutter mitschwang. Mein soziales Umfeld aus der Uni war ohnehin zum größten Teil nicht mehr vor Ort, aber ich wurde auch aus der einen oder anderen WhatsApp-Gruppe geschmissen und auf Facebook wurde negativ über mich geschrieben. Das belastete mich zwar psychisch, bestärkte mich allerdings in meiner grundlegenden Entscheidung.

Ich lernte in dieser Phase viel über Menschen, Beziehungen und Psychologie, deutete das Verhalten der anderen und dieses Verständnis half mir, über die Zurückweisung und Ablehnung hinwegzukommen. Aber eine Zeit lang war mein Kopf so voller negativer Gedanken, die ihren Ursprung allesamt in meinem persönlichen sozialen Umfeld hatten, dass ich Schwierigkeiten hatte, meine Aufmerksamkeit auf die notwendigen Handlungsschritte für meine Selbstständigkeit zu legen. Ich musste lernen, mit negativer Kritik und Feedback besser umzugehen.

Unpersönliche, sachliche Hürden

Jetzt beginnt der eigentliche Veränderungsprozess und dabei werden vermehrt fachspezifische Probleme und Hürden auftauchen. Hier ist die Personenmarke gefordert, fundierte Informationen zu liefern, sodass ihr Weg als Abkürzung fungiert, und ein Partner zu sein, der seinen Fans, Followern und Abonnenten zur Seite steht. Das ist der Abschnitt der Brand-Reise, in dem sich deine Community aufbaut. Hier zeigt sich, wer wirklich Ahnung von der Materie hat und anderen weiterhelfen kann. Sympathie ist ein wichtiger Aspekt einer Personal Brand, jedoch muss sie zu einer Vertrauensbasis ausgebaut werden, sodass Menschen Teil deiner Community sein möchten. Dies geschieht vor allem über den Content, der einen klaren Mehrwert bietet (siehe Cube 7).

Ich fing an, ein Online-Tagebuch zu führen und meine Reise in die Selbstständigkeit zu dokumentieren (Document the journey, dazu gleich mehr). Dabei versuchte ich, in meinen Postings und LIVE-Videos Probleme zu besprechen, die ich selbst hatte, und Lösungsansätze vorzustellen, die bei mir gut funktionierten. Ich sprach über Fehler, die ich gemacht hatte, sodass sich andere das sparen konnten, und erzählte von positiven wie negativen Erfahrungen. Dabei konnte ich meine Fähigkeit einsetzen, komplizierte Sachverhalte verständlich herunterzubrechen. Es machte Freude zu sehen, dass mein Content ankam, und das Feedback der Leute motivierte mich, weiterzumachen.

Immer mehr Menschen folgten mir und fingen an, mir auch private Fragen zu stellen. Jetzt merkte ich zum ersten Mal, dass andere sich wirklich für mich interessierten, also auch für die Person hinter dem Content. Es entstand eine kleine Community und es gab bestimmte Worte und Redewendungen, die man mir klar zuordnete. Auch äußerliche Merkmale wie meine Klamotten und mein Stil wurden angesprochen und die ersten Fans und Follower warteten schon auf den angekündigten neuen Content, damit sie die nächsten Etappen ihrer eigenen Reise meistern konnten.

Verbündete finden, Verbündeter sein

Es ist nun ein gemeinsamer Prozess von Creator (Personal Brand) und Follower, der sich vollzieht und gestaltet. Nun werden Verbündete gesucht, die sowohl digital als auch im realen Leben unterstützen und eine gemeinsame Mission etablieren. In dieser Phase kann sich deine Marke zur Leitfigur und zum Marktführer mausern. Deine Reichweite steigt durch konstant guten Content und viele wollen Teil deiner Mission werden (siehe Cube 3). Gegebenenfalls kann sich deine Marke auch erweitern.

Viele konnten sich nun schon mit mir und meinem Thema identifizieren und wollten mehr über die sozialen Medien und das Thema Markenaufbau wissen, unter anderem welche Möglichkeiten das Internet bot, um sich damit selbstständig zu machen. Ich wurde zu einem Experten auf diesem Gebiet. Meine anfänglichen Zweifel, ob das überhaupt jemanden interessieren könnte, waren mittlerweile verschwunden. Nun lag der Fokus auf der Optimierung in der Kommunikation. Ich überlegte, wie ich noch mehr Menschen ansprechen und helfen konnte, da die Nachfrage groß war. Daher baute ich mit einem meiner besten Freunde, den ich online kennengelernt hatte, eine Social-Media-Agentur auf und monetarisierte damit teilweise meine Dienstleistungen.

Ich formulierte meine Mission: vom System unabhängig sein, sich nicht jeder Konvention hingeben, das allgegenwärtige Schwarz-Weiß-Denken ablegen. Meine Personal Brand etablierte sich – wie so viele andere – vor allem durch Verbündete, die Teil einer gemeinsamen Mission werden wollten. Und das erste Icon kristallisierte sich in meiner Community heraus: Unser Zeichen war das X für den Exit, den Ausstieg aus den vorgegebenen Normen und dem, was die Masse für möglich hält (siehe Cube 6).

Mein altes soziales Umfeld war im Grunde nicht mehr existent, man hatte sich zu weit voneinander entfernt. Aber Gleichgesinnte gab es online genug, egal an welchem Ort auf der Welt, und mit einigen startete ich gemeinsame Projekte. Ich merkte, wie sich mein Mindset verbesserte, seit ich keine »Energievampire« mehr in meinem Umfeld hatte, also Leute, die mich eher aussaugten als mich zu beflügeln. Mein Content fokussierte daher in dieser Phase auch vermehrt das Thema Mindset, weil ich selbst bemerkte, welchen wichtigen Stellenwert es hatte. Damit erreichte ich viele neue Interessenten, vor allem mit meinem Podcast »OUTSIDE THE BOX«. Und das alles allein durch den Einsatz der digitalen Medien. Ich durfte in der Folge erste Gastbeiträge für Zeitungen und Magazine schreiben und trat im TV unter dem Label »Experte für Social Media & Branding« in Erscheinung.

Das in Aussicht gestellte Ziel

Wir befinden uns hier im Ist-Zustand. Die letzte Etappe ist das Erreichen der gemeinsamen Ziele und damit auch die gewünschte Veränderung. An dieser Stelle wird ganz deutlich, dass man eine Brand-Story nicht chronologisch erzählen kann und sollte, denn genau dieser Part, der erst ganz am Ende kommt, ist für viele Fans, Follower und Abonnenten die eigentliche Motivation, sich mit deiner Personal Brand zu beschäftigen. Es ist auch die Etappe, in der klar wird, dass es kein punktuelles Ziel ist, das man erreicht, sondern langfristige Bindungen und ein gestärktes Vertrauensverhältnis entstehen, die täglich ausgebaut werden. Das sorgt für mehr Reichweite und eine bessere Conversion bei der Monetarisierung deiner Personenmarke.

Dieser Prozess muss bestimmte Vorzüge in Aussicht stellen, also Dinge, die man selbst anstrebt, oder negative Aspekte, die man ausmerzen möchte. Dieser Part ist in vielen Personenmarke auch der Hook, der die Aufmerksamkeit auf sie zieht und aufzeigt, was möglich ist.

Besonders durch das Konzept »Document the journey« – auf Deutsch: »Dokumentiere die Reise« – wird das Ganze nachvollziehbar und glaubwürdig. Es leitet sich von dem Statement »Document, don't create« ab, das vor allem durch den Serial Entrepreneur und Social-Media-Influencer Gary Vaynerchuk populär wurde.[83] Es geht also darum, dass du nicht gezielten Content erstellst, der von vorne bis hinten durchgeplant ist, sondern einfach dokumentierst, was gerade passiert. Das erleichtert dir sogar den Einstieg in die Kommunikation auf den sozialen Medien, da auf diese Weise deine Entwicklung sichtbar wird und nichts von Anfang an perfekt sein muss. Das entspannt doch enorm, oder? Gleichzeitig sorgst du so für eine hohe Frequenz an leicht erstellbarem nutzergeneriertem Content. »Gary Vee« sagt, dass man viele Impressionen benötigt und auf allen Plattformen präsent sein sollte, um die Reichweite und Relevanz zu erhöhen. Dieser Ansatz erhöht darüber hinaus die Bindung zu deinen Followern und deiner Community, da du durch eine – mehr oder weniger – lückenlose Dokumentation ein authentisches Bild von Abfolgen und Erfahrungen nach außen trägst, das hohes Identifikationspotenzial hat.

Vorsicht ist allerdings geboten, wenn es um die Frequenz, die Inhalte und den Einsatz dieses Konzepts geht: Gerade zu Beginn kann es nämlich erfahrungsgemäß dazu führen, dass man irrelevanten Content produziert, der nicht zum Kernthema und damit nicht zum roten Faden passt. Die definierte Zielgruppe hat eine gewisse Erwartungshaltung, die befriedigt werden sollte, ansonsten verschiebt sich auch die angepeilte Wahrnehmung. Auch die passende Frequenz muss ausgelotet werden, um die Zuschauerbindung dauerhaft zu erhalten. Ich empfehle daher vor allem bei den 25 Prozent der persönlichen Inhalte (siehe Cube 7) dieses Konzept zu verwenden oder auf sekundären Kanälen, auf denen man sich erst einmal austestet.

Meine Follower sahen die Früchte meiner Arbeit und konnten selbst erste Ergebnisse vorweisen. Ich machte eine Transformation durch, festigte meine Identität, entwickelte mich zu einer Personenmarke. Mein erstes Buch wurde zu einem *Spiegel*-Bestseller, die Agentur immer bekannter, ich hatte zahlreiche und hochwertige Auftritte, meine Reichweite stieg. Gleichzeitig sorgte mein Content dafür, dass andere es nachmachen konnten, und jeder pickte sich die Aspekte heraus, die ihn selbst nach vorne brachten. Nicht jeder verfolgte alles, sondern alle entschieden sich bewusst für das, was für sie Sinn ergab und eine Hilfestellung war.

Diese sieben Etappen kannst du auf jede Personenmarke anwenden und jede hat ihre eigene Bedeutung. Es handelt sich aber nicht um eine abgeschlossene Reise, sondern vielmehr um einen Kreislauf, sodass du immer wieder verschiedene Elemente aus den einzelnen Etappen in deinen Content (siehe Cube 7) einbauen solltest, immer wenn es passt. Der Grund dafür ist simpel: Täglich werden neue Menschen auf dich und deine Marke aufmerksam und jeder von ihnen befindet sich in einer individuellen Ausgangssituation: Eine Person steht vielleicht kurz vor einer wichtigen Entscheidung und benötigt einen Impuls, um diese endlich zu treffen, eine andere hat sie bereits vor einem Jahr getroffen, kommt aber nicht über bestimmte Hürden hinweg, die du schon gemeistert hast. Einige werden dir folgen, weil sie deine Gedankengänge mögen, haben aber vielleicht gar nichts mit deinem eigentlichen Kernthema (siehe Cube 1) zu tun. Andere mögen dich zwar als Guide, wollen aber eigene Erfahrungen machen. Wieder andere wollen möglichst 1:1 deinen Weg beschreiten.

Du bist als Personenmarke wie eine Medienagentur, die unterschiedliche, relativ zielgruppengerechte Inhalte sendet. Aber du hast keine Entscheidungsgewalt darüber, wann oder wieso jemand deinen Sender einschaltet.

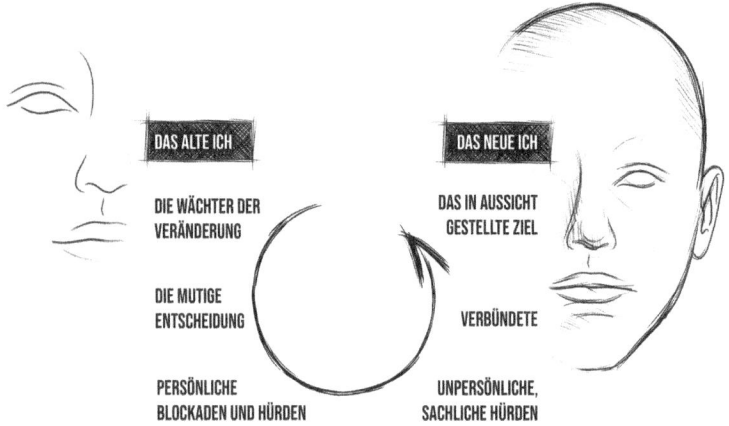

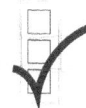 Skizziere die sieben Etappen deiner Brand-Reise in Stichpunkten. Benenne pro Etappe drei bis fünf Aspekte, die du für wichtig hältst. Das können Erfahrungen sein, Erkenntnisse, Themen, die du ansprechen willst, Werte und persönliche Momente, die dazu geführt haben, dass du dein Thema als Personenmarke aufbauen möchtest.

Schreib dir die wichtigsten Aspekte, Hindernisse, Learnings et cetera auf, sodass du diese Anekdoten, Erfahrungen und Informationen immer wieder in deinem Content aufgreifen kannst. Dann weißt du, wann du welchen Punkt einbringen kannst, von welchem Abschnitt in deinem Leben du erzählen solltest oder welche Aspekte du miteinander kombinieren kannst.

Immer wenn du über neuen Content nachdenkst, gleichst du deine Ideen mit deiner Brand-Reise ab und checkst, ob und welche Schnittmengen es gibt.

Cube 3: Positionierung, Mission und Vision entwickeln

In jedem Markt gibt es eine Vielzahl von Mitbewerbern und Marken, weshalb wir darauf angewiesen sind, uns abzugrenzen: Wie ein kleiner Fisch in einem großen Becken würden uns die Haie sonst einfach fressen, bevor man uns auch nur wahrgenommen hätte. Eine sinnvolle Positionierung ermöglicht es uns, als nicht austauschbar in unserer Nische zu gelten. Denn sie zeigt, was ein Interessent von uns erwarten kann und wofür wir als Marke stehen. Je konkreter wir in der Eingrenzung sind, desto höher ist die Chance, die Aufmerksamkeit der Interessenten auf uns zu ziehen und ihnen im Gedächtnis zu bleiben. Doch das erfordert ein bisschen Vorarbeit.

Bei einer Corporate Brand würden wir uns zuerst einen Überblick verschaffen, in welchen Markt wir überhaupt eintauchen wollen. Dazu könnten wir auf Statistiken und Studien zurückgreifen, aber auch eigene Erfahrungswerte einfließen lassen. Grundlegend gibt es vier klassische Segmente der Marktanalyse, die wir uns anschauen können: demografisch, verhaltensbasiert, psychografisch und geografisch. Für reine Personenmarken dient eine Marktanalyse lediglich dazu, sich einen groben Überblick zu verschaffen und Trends und Tendenzen aufzuspüren, denn sie setzen eine andere Strategie ein als Unternehmens- und Produktmarken. Bei Product oder Corporate Brands wird ein Produkt oder eine Dienstleistung – im Idealfall mit einem Alleinstellungsmerkmal (USP) – aufgrund des aktuellen Markts kreiert, da es einen Bedarf gibt. Im Gegensatz dazu sind die Eigenschaften und die Beschaffenheit einer Personal Brand mehr oder weniger vorgegeben und gleichzeitig nicht so leicht greifbar: »Das Haarshampoo ohne Silikone«

ist in der Vermarktung deutlicher und klarer als »Der authentische Fitnesstrainer« oder »Der empathische Coach«.

Beim Aufbau einer Personenmarke schauen wir demzufolge eher auf andere Personal Brands, Influencer und Global Player in unserem übergeordneten Themenfeld und versuchen zu verstehen, warum diese Marken so gut funktionieren und wie sie sich positioniert haben, um sich von anderen abzugrenzen.

Der Positionierung auf der Spur

Die Positionierung meiner Personenmarke war stark an meinen Selbstfindungsprozess geknüpft: Als ich mich nach meinem Studium entschied, mich selbstständig zu machen, war ich plötzlich auf mich alleine gestellt: Meine Freundin und Freunde waren lange Zeit für mich Wegweiser, da ich selbst orientierungslos war, wenig Antrieb hatte. Ich folgte, ohne nachzudenken, und es fühlte sich auch zeitweise gut an, da es mir Sicherheit gab. Ein fester Boden, ein Fundament, man konnte loslassen, ließ sich so einige Jahre treiben, doch das war von heute auf morgen vorbei: Meine Beziehung ging in die Brüche, weil meine Freundin für ihr Referendariat wegzog, und auch meine wenigen Kumpels mussten in andere Bundesländer, wo ihre Fächerkombinationen an den Schulen gesucht wurden.

Ich blieb alleine zurück, der Kontakt zu meinen Eltern brach ab, als ich ihnen meine Entscheidung mitteilte, und ich hatte lange Tage und Nächte darüber nachzudenken, wer ich wirklich war und sein wollte. Es war das erste Mal seit meiner Kindheit, dass ich auf meine Passion hörte, mich ausgiebig mit Social Media beschäftigte und die Möglichkeiten des Internets studierte – und das wurde automatisch auch zum Thema meiner Kommunikation, weil ich in Foren nachfragte und nach Antworten suchte, gleichzeitig aber auch versuchte, schon anderen zu helfen, bei Dingen, die für mich vor einigen Wochen selbst noch Probleme dargestellt hatten. Ich merkte plötzlich, wofür ich brannte. Dieses Gefühl, wenn man morgens aufsteht, weil man endlich wieder etwas machen möchte, so voller Tatendrang und Energie, und abends fast nicht einschlafen kann, weil man im Kopf schon die nächsten Schritte durchgeht und am liebsten direkt weitermachen würde.

Die Positionierung im Personal Branding basiert zu einem großen Teil auf Selbsteinschätzung, vor allem was deine Stärken und Schwächen angeht. Hierbei können dir die folgenden fünf Fragen helfen.

- **Wer identifiziert sich mit der Personenmarke?** Da eine Personenmarke über verschiedene Hooks Aufmerksamkeit generieren kann, empfiehlt es sich zu überlegen, wer sich mit der zugrunde liegenden Brand-Reise identifizieren kann. Personal Brands ziehen Menschen an, die sich in einer ähnlichen Situation befinden, in der sie selbst auch gerade sind oder einmal waren. Beide Parteien haben ähnliche Gedankengänge, Ängste, Probleme und Vorgeschichten und die Fans, Follower und Abonnenten wollen jetzt einen ähnlichen Weg gehen wie der Creator und ihn dabei als Guide nutzen. Also, was sind das für Menschen, von denen du willst, dass sie dich positiv wahrnehmen? Vielleicht hast du auch schon Erfahrungswerte aus der Vergangenheit, mit welchen Menschen du besonders gut konntest und mit wem du tendenziell Schwierigkeiten hattest, weil du bei diesem Menschenschlag nicht so gut ankamst?
- **Welchen Status hat die Personenmarke in ihrem Themenfeld?** In Cube 1 hast du dein Kernthema festgelegt. Nun geht es darum, deine Fähigkeiten und deine Erfahrungen in diesem Zusammenhang einzuschätzen: Bist du noch ein Amateur, der gerade startet und seine Reise dokumentiert? Bist du jemand, der sich nebenher schon eine Menge Expertise

aufgebaut hat und nun den Sprung in die Selbstständigkeit damit schaffen oder zumindest ein zusätzliches Einkommen nebenher realisieren möchte? Oder bist du schon ein ausgewiesener Experte in deinem Feld, der womöglich sogar außerhalb der sozialen Medien schon eine gewisse Relevanz aufgebaut hat?

- **Welches sind die Benefits der Personenmarke?** Überleg dir, was deine Stärken, Talente und Leidenschaften sind – das sind Booster für deine Personal Brand, weil sie dich einzigartig machen. Gibt es etwas, das dich besonders ausmacht und wovon du weißt, dass Menschen es extrem schätzen? Zum Beispiel die Fähigkeit, Dinge anschaulich erklären zu können, eine ruhige, empathische Art, eine angenehme Stimme, besondere Kommunikationsfreude, eine durchgängig enthusiastische Art, wenn du über deine Passion sprichst, besondere Fertigkeiten, die du erlernt hast, eine Erfahrung, die nur wenige machen durften, oder auch ein Netzwerk, das dir bestimmte Türen öffnet, durch die nur wenige gehen können. Als Antwort gilt alles, was Leuten die Entscheidung erleichtern würde, dir zu folgen und/oder mit dir zu arbeiten.

- **Was macht die Personenmarke glaubwürdig und authentisch?** Es gibt so viele Marktschreier in den sozialen Medien, die nach kurzer anfänglicher Euphorie wieder verschwinden. Von denen gilt es sich abzugrenzen. Je mehr die Markenidentität deiner Persönlichkeit entspricht, desto stimmiger wird sich deine Personal Brand für Außenstehende anfühlen. Hast du eine besondere Vorgeschichte, die nur wenige erlebt haben, oder bist du jemand, der schon hat Taten sprechen lassen, diese nur noch nicht mit anderen geteilt hat?

- **Welche Ziele werden mit der Personenmarke verfolgt?** Also, was möchtest du mit deiner Personenmarke erreichen? Geht es darum, im realen Leben einen besseren Job zu bekommen, Mitarbeiter zu finden für dein eigenes Unternehmen, ein hochwertiges soziales Umfeld aufzubauen? Oder fokussierst du dich mit der Personal Brand rein auf digitale Medien, möchtest eine möglichst große Reichweite generieren, um als Global Player in deinem Feld anerkannt zu sein? Geht es um deine eigenen Produkte und die Monetarisierung deiner Marke als übergeordnetes Ziel?

Je schneller und besser du diese Fragen für dich beantworten kannst, desto klarer sollte deine anfängliche Positionierung sein: Dabei geht es nicht darum, dass du ein Statement abgibst, wo du dich selbst siehst. Es geht eher darum, Menschen einen Eindruck davon zu vermitteln, wer du bist. Emotionale Gründe wiegen hier stärker als rein informative, da es anfänglich um die Frage geht, ob man dir gerne zusieht und zuhört, dir folgt und mit dir Zeit verbringen möchte.

Markteroberung Stück für Stück

Anders als bei einer Produkt- oder Unternehmensmarke wird sich die Positionierung einer Personal Brand mit der Zeit verändern und ausweiten, weshalb sich eine Strategie bewährt hat, die darauf setzt, möglichst konkurrenzlos im Kleinen zu starten und eine spitze Positionierung einzunehmen, die einen Expertenstatus ermöglicht.

Nachdem du dir einen Überblick über deine eigene Positionierung verschafft und deine Konkurrenz unter die Lupe genommen hast, suchst du dir eine Nische, die derzeit noch gar nicht oder nur spärlich besetzt ist: Anstatt beispielsweise als Fitnesstrainer den Markt zu betreten und gegen unzählige Mitbewerber ein riesiges Themenspektrum abzudecken, spezialisierst du dich auf etwas, das sowohl zu deiner Brand-Reise passt als auch zu aktuellen Branchentrends, die von keinem deiner Mitbewerber bisher ausgeschöpft werden. Vor einigen Jahren waren das für diesen Bereich zum

Beispiel Nischen wie Fitness in Zusammenhang mit veganer Ernährung, EMS-Training oder Freeletics. Heute könnte man selbst diese Nischen noch weiter eingrenzen und den Schwerpunkt auf eine bestimmte Zielgruppe legen: Fitness und vegane Ernährung für Jugendliche, EMS-Training für Übergewichtige, Freeletics für Anfänger. Je spezifischer deine Nische, desto geringer ist die Konkurrenz und desto höher ist die Chance, dass du mit deinem Content wahrgenommen wirst.

Sobald du dich etabliert hast und merkst, dass die Reichweite in deiner Nische bald ausgereizt sein wird, kannst du deine Positionierung behutsam ausweiten und deine Zielgruppe vergrößern.

Dabei ist vor allem wichtig, für dich die Parameter Zielgruppe, Marke, Kategorie, die Abgrenzung gegenüber der Konkurrenz und den Vorteil, dir zu folgen, zu definieren und das Ganze in einem Satz zu verpacken. Dieser Satz kann dann auf deiner Website stehen, er darf aber auch nur dir persönlich zur Verinnerlichung dienen oder um deinem Team, Mitarbeitern oder Geschäftspartnern ein klares Bild der Markenpositionierung zu vermitteln.

Beantworte die fünf Fragen zur Positionierung erst für dich selbst und versuche sie dann auch für ausgewählte Global Player in deinem übergeordneten Themenfeld zu beantworten, um Unterschiede festzustellen.
Formuliere anschließend deine eigene Positionierungsaussage.

Die Mission hinter deiner Marke

Wenn deine Positionierung steht, gilt es, deine Mission zu formulieren. Anders als bei der Positionierungsaussage wird das Mission-Statement eine tragende Rolle in deiner Kommunikation spielen. Denn hier geht es darum, ein gemeinsames Ziel aufzuzeigen, den übergeordneten Zweck deiner Personenmarke zu definieren. Es sorgt zudem für einen weiteren Anreiz, dir zu folgen und Teil deiner Community zu werden. Es ist nämlich durchaus ein Unterschied, ob jemand dich als Informations- und Inspirationsquelle nutzt oder mit dir gemeinsam für etwas einsteht. Menschen werden viel eher deine Inhalte teilen, dich verlinken und sich zugehörig fühlen, wenn ihr für ein gemeinsames Ziel kämpft. Es ist ähnlich wie im Teamsport: Man will Spiele gewinnen, möglicherweise sogar in Ranglisten und Ligen aufsteigen. Dafür trainiert man gemeinsam, meistert Höhen und Tiefen und wächst zu einer starken, manchmal sogar zu einer schier unschlagbaren Einheit zusammen.

Tatsächlich gibt es nur wenige sehr gute Mission-Statements im Bereich Personal Brands, da die meisten Personenmarken sich lediglich über ihre Persönlichkeit und das Thema definieren. Dabei wäre ein übergeordnetes Ziel ein weiterer Hook, der die Leute sogar dazu verleiten könnte, sich noch intensiver mit einem Creator und dessen Thema zu beschäftigen, weil sie sich damit so stark identifizieren. Als Person, die selbst kommuniziert, ist es um einiges wahrscheinlicher, dass diese Mission auch wirklich angenommen und verstanden wird. Großkonzerne haben alle ein Mission-Statement vorzuweisen, doch viele kennen es gar nicht, da es nur wenig Platz auf der Website einnimmt. Wichtiger sind für Interessenten und Kunden meist die Produktvorstellungen oder das Aufgeben einer Bestellung. Oder wusstest du, dass Facebooks Mission-Statement lautet: »To give people the power to share and make the world more open and connected«? Oder dass Tesla sich mit dem Vorhaben »To accelerate the world's transition to sustainable energy« brandet? Ich musste es googlen.

Virale Weisheit

Eines meiner Lieblingsbeispiele im Bereich Personal Branding ist Jay Shetty, ein ehemaliger Hindu-Mönch, der eine Zeit lang im Kloster gelebt hat und nun in der digitalen Welt seine erlernten Weisheiten teilt. Sein Mission-Statement lautet: »Make wisdom go viral« – und tatsächlich gehen viele seiner Weisheiten viral. Mit seinen 34 Jahren hat er bereits über alle Plattformen hinweg 35 Millionen Follower weltweit aufgebaut und dürfte in die Reichweite der Milliarden Impressionen vorgedrungen sein mit seinen Podcasts, Postings und Videos. Er ist regelmäßig in TV-Sendungen zu Gast und gilt als einer der bekanntesten Menschen der Welt.

Sein Mission-Statement ist exakt das, was er im täglichen Leben tut: Er teilt Inhalte, die er im Kloster von den weisesten Menschen gelernt hat und hat damit ein starkes Alleinstellungsmerkmal. Niemand sonst kommt an diese Inhalte heran. Die Mönche leben ohne digitale Medien und das ihr ganzes Leben lang. Einen Aussteiger zu finden, der sich der Sache verschrieben hat, diesen Content für viele Menschen weltweit zugänglich zu machen, gibt es kein zweites Mal. Das erkannten auch große Konzerne wie Facebook & Co., die Jay immer wieder als Influencer buchen. Heute ist er ein viraler Life-Coach, in seinem Online-Mentoring befinden sich Hunderttausende von Menschen aus der ganzen Welt, sein Vermögen kann nur geschätzt werden.

Kurz und bündig

Ein gutes Mission-Statement sollte auf den Punkt bringen, was das übergeordnete Ziel deiner Personenmarke ist – im Idealfall ist dies auch das persönliche Ziel deiner Follower. Es wird ab sofort dein ständiger Begleiter sein und ist ein fester Bestandteil deiner Markenidentität. Es spielt auch bei deiner Brand-Reise (Cube 2) eine Rolle und sollte am besten mehrfach darin auftauchen und mit wenigen Worten klarmachen, wieso dir jemand folgen sollte. Wichtig ist auch, dass du in dein Mission-Statement integrierst, mit welchen konkreten Handlungsschritten du es verwirklichen willst. Je kleiner deine Personal Brand ist, desto mehr Informationen benötigen die Menschen, um davon überzeugt zu werden, dass ihr das gesteckte Ziel auch wirklich erreichen könnt.

Formuliere dein Mission-Statement in ein bis drei Sätzen. Achte darauf, dass du es nicht zu extravagant oder cool formulierst, keine Doppeldeutigkeiten oder verwirrende Elemente verwendest.
Es sollte beinhalten:

- deine Zielgruppe (Für wen willst du es erreichen?),
- deine übergeordnete Mission (Was willst du erreichen?),
- deine Deadline (Bis wann willst du es erreichen?),
- dein Alleinstellungsmerkmal beziehungsweise deine Abgrenzung (Wieso ausgerechnet du?) und
- das Werkzeug (Wie möchtest du das erreichen?).

Schicke dein Mission-Statement ohne weitere Erläuterung an Menschen aus deinem engen Kreis. Warte ihre erste Reaktion ab und bitte sie anschließend um konstruktive Kritik und Feedback.

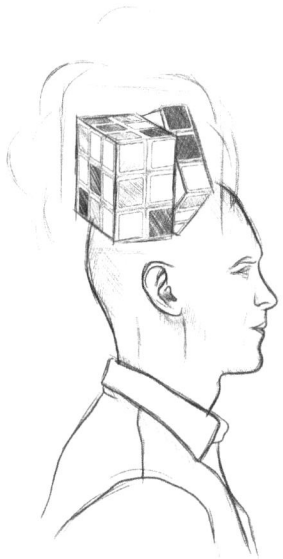

Übergeordnete Vision

Eine Vision sagt aus, worauf eine Person oder ein Unternehmen hinarbeitet, meist ohne konkret die Frage zu beantworten, wie dies letzten Endes verwirklicht werden soll. Sie ist die Wurzel von allem und das Erbe einer Marke. Es ist das, wofür jemand in die Geschichte eingehen kann – doch oftmals ist eine Vision bei Personal Brands zumindest anfangs verstörend oder verwirrend, weil sie zu groß gedacht scheint. Das ist ein Grund, warum wir eher mit unserem Mission-Statement an die Öffentlichkeit gehen und unsere große Vision erst einmal für uns behalten oder – wenn überhaupt – nur mit ausgewählten Mitgliedern unserer Community teilen.

Eine idealistische Zukunftsvision, wie beispielsweise die Beseitigung von globalen Missständen, beschreibt die zugrunde liegende Intention des Creators, worauf dieser im tiefsten Inneren Wert legt, was ihm wichtig ist, womit er sich beschäftigt. Oftmals fehlen aber (noch) klare Handlungsschritte, wie er diese Vision realisieren könnte, weshalb sie nicht wirklich greifbar ist und eher wie Wunschdenken anmutet. Es ist eben ein schmaler Grat zwischen »Visionär« und »Spinner«, vor allem wenn die finanziellen Mittel und die Relevanz noch fehlen.

Trotzdem ist die Vision ein wichtiger Anker jeder Personal Brand. Für mich persönlich spielt bei der Überlegung immer der Gedanke mit, was die Menschen irgendwann über mich sagen werden, wenn ich nicht mehr auf dieser Welt bin, und es motiviert mich, etwas zu hinterlassen, das über meinen Tod hinaus besteht, das eine Veränderung geschafft oder zumindest angestoßen hat.

Time-out!
Eine konkrete Visualisierung deiner Vision (und anderer Dinge)

Ich lege jedem ans Herz, die Technik des Visualisierens zu erlernen, weil sie meiner Erfahrung nach in vielen Situationen extrem hilfreich ist. Du kannst sie zum Beispiel nutzen, um deine Vision vor deinem geistigen Auge zum Leben zu erwecken, die du im Anschluss auch gerne ausformulieren darfst. Und du kannst im Rahmen des Markenaufbaus diese Technik immer wieder einsetzen, um Szenarien zu verbildlichen und in der Folge bessere Entscheidungen zu treffen.

Mach das am besten am Abend, nimm dir genügend Zeit und sorg dafür, dass du eine Weile nicht gestört wirst. Das Minimum sind 5 Minuten, zumindest für den Anfang, aber du kannst gerne länger vor dich hin denken und dir deine Zukunft ausmalen.

- Setze oder lege dich in eine angenehme, bequeme Position. Atme ein paar Mal tief durch und entspanne dich. Zieh die Luft über die Nase in den Bauch ein, halte sie kurz an und lasse sie aus dem Mund fließen. Konzentriere dich erst einmal nur auf deine Atmung. Mach erst weiter, wenn du zur Ruhe gekommen und auf dich fokussiert bist.
- Erinnere dich nun daran, wie es war, als du das erste Mal über deine Personenmarke nachgedacht hast. Erlebe die Situation jetzt noch einmal bewusst nach: Was hast du gesehen? Was hast du gespürt? Gab es Gespräche mit Vertrauenspersonen, die in dem Prozess wichtig waren? Oder hast du ein Video gesehen, ein Buch gelesen oder Ähnliches, das dich auf den Gedanken gebracht hat? Welche Impressionen sind dir besonders im Gedächtnis geblieben?

- Stell dir nun die Ziele, die du mithilfe deiner Personenmarke erreichen willst, detailliert vor. Male dir bis ins Kleinste aus, wie es sein wird, wenn du sie erreicht hast. Versuche dabei, alle Eindrücke einzufangen. Je mehr Sinne du aktivieren kannst, desto realer wird es sich für dich anfühlen.
- Wenn du an diesem Punkt bist und deinen Körper das Gefühl durchdringt, es sei alles wahr geworden, frag dich, was du jetzt noch erreichen willst, was noch schöner sein könnte als dieser Moment. Welche Steigerung gibt es? Für welche Idee, Entdeckung oder Tat möchtest du in die Geschichte eingehen?

Hab keine Angst vor dem Visualisieren und gib nicht zu schnell auf, wenn es nicht auf Anhieb funktioniert, vor allem wenn du das noch nie gemacht hast. Sei geduldig!

Cube 4: Eine Zielgruppe definieren

Während meines Studiums war ich auf der Suche nach einem Nebenjob, als mich der Nachbar im Studentenwohnheim ansprach und mich fragte, ob ich mir vorstellen könne, auf Provisionsbasis Wasserfilter zu verkaufen. Seine Eltern machten dies schon seit Jahren erfolgreich und er wolle sich damit etwas dazuverdienen. Ich überlegte nicht lange und sah sofort die Chance darin, keinen stumpfen Job als Kellner oder Nachhilfelehrer machen zu müssen: Wir entwarfen eine Website, druckten Flyer, buchten einen Raum in der Uni, kündigten einen Vortrag an und gingen auf verschiedene Meet-ups in der Stadt, um potenzielle Käufer ausfindig zu machen. Selbst die Aula, die Mensa und Cafeteria waren vor uns nicht sicher. Der Filter kostete einmalig 2.000 Euro und musste unter der Spüle eingebaut werden, filterte dann aber das Leitungswasser so, dass man sich den Kauf von Wasserflaschen sparen konnte. Wir hatten genau errechnet, nach wie viel Jahren man das anfängliche Investment wieder raushatte, und waren überzeugt, dass jeder so eine Wasseranlage zu Hause brauchte.

In der Folge wurde es das einzige Thema, über das wir sprachen, und wir erzählten jedem davon. Wirklich jedem. Natürlich sorgte unsere Euphorie für Verwirrung, viele unserer Kommilitonen hatten Minijobs und kamen damit gerade so über die Runden, dachten eher daran, wie sie den Cocktail am Freitag in der Happy Hour bezahlen sollten, als wir mit einem 2.000-Euro-Filter vor ihnen standen. Es dauerte nicht lange, bis hinter unserem Rücken über uns geredet wurde. Viele gingen uns komplett aus dem Weg, machten sogar negative Facebook-Posts über unsere Aktivitäten und nach nicht einmal sechs Monaten hatten wir für eine Menge verbrannte Erde gesorgt. Wir hatten die komplett falsche Zielgruppe anvisiert.

Die Nervensäge auf der Party

Stell dir mal vor, du wirst von einem Freund auf eine Party eingeladen, auf der du niemanden kennst. Du betrittst den Saal, lehnst den Begrüßungsdrink ab und gehst direkt von einem Grüppchen zum anderen mit deinem Visitenkartenstapel in der Hand, um diesen möglichst schnell an alle Gäste zu verteilen. Kurz und knapp, aber immer mit dem Hinweis, dass sie dich bitte unbedingt schnellstmöglich kontaktieren sollen, da du ein *unglaubliches* Angebot hättest, das aber limitiert sei oder etwas ganz Besonderes oder genau das Richtige für alle Anwesenden. Kein Smalltalk, kein weiteres Wort zu dir oder deinem Unternehmen, dann ab zum nächsten Stehtisch.

Wie hoch ist wohl die Wahrscheinlichkeit, dass du zur nächsten Party eingeladen wirst? Relativ gering. Und wie hoch ist die Wahrscheinlichkeit, dass sich einer der Gäste tatsächlich bei dir meldet? Geht vermutlich gegen Null, da du den Leuten – wenn überhaupt – als Aufschneider, Nervensäge oder Schlimmeres im Gedächtnis geblieben bist. Klar, ist ja auch total unhöflich und geht gar nicht, denkst du jetzt vielleicht. Und doch tummeln sich jede Menge Menschen in den sozialen Medien, die sich genau so verhalten: Sie verschicken Copy-Paste-Nachrichten, Rundmails und auswendig gelernte Sprachnachrichten, in denen lediglich der Name des Adressaten individualisiert wird. Mein brandheißer Tipp: Lass das bloß bleiben! Die Conversion dabei ist extrem schlecht, doch die verbrannte Erde, die solche Aktionen hinterlassen, ist meterhoch. Du wirst dich da kaum noch herauswühlen können.

Als Personenmarke ist der erste »Verkauf« also ein Follow oder ein Abo in den sozialen Medien, nicht der Verkauf eines spezifischen Produkts gegen Geld! Primär kreieren wir eine Zielgruppe, die unsere mögliche Reichweite darstellt. Das bedeutet, wir stellen uns die Frage: Wie viele Menschen können uns überhaupt folgen? Dabei geht es noch gar nicht um eine Erweiterung oder gar Monetarisierung der Marke (siehe Kapitel 6), sondern um Markenbekanntheit, Community-Aufbau und die Erhöhung der Relevanz unseres Contents. **Wer seine komplette Personal Brand darauf ausrichtet, lediglich ein Produkt zu verkaufen, minimiert seine Chance, sich als Personenmarke überhaupt erfolgreich am Markt etablieren zu können.** Wenn das wirklich dein Ziel ist, wäre es in meinen Augen ratsam, eher eine Corporate- oder Produktmarke aufzubauen.

Als Personenmarke bist du ein Sender, der entscheidet, welches Programm gespielt wird, mit dem Ziel, eine hohe Zuschauer- oder Zuhörerquote zu erreichen. Du wünschst dir aber Menschen, die deinen Sender lieben lernen und immer wieder einschalten, die über deinen Content mit anderen diskutieren und sich schon darauf freuen, was du als Nächstes geplant hast, die bei deinen Vorhaben mitfiebern und jedes Mal Feuer und Flamme sind, wenn du etwas ankündigst. Aber keine Panik: Um eine erfolgreiche Personenmarke aufzubauen, musst du nicht dein komplettes Leben mit dem Internet und der ganzen Welt teilen und deine Privatsphäre für immer aufgeben. Du allein entscheidest, wie viel du von dir preisgibst. Mit zunehmender Reichweite kannst du auch überlegen, die privaten Postings wieder etwas zurückzuschrauben.

Definition einer Zielgruppe

Im Grunde genommen ergibt sich deine Zielgruppe zum Teil schon aufgrund deines Kernthemas, deiner Positionierung und deiner Brand-Reise. Darauf aufbauend kannst du passende Social-Media-Plattformen gezielt danach auswählen, denn du solltest logischerweise diejenigen bespielen, auf denen sich deine Zielgruppe vorwiegend tummelt. Allerdings solltest du auch selbst eine Affinität dafür haben, sonst hältst du das vermutlich nicht allzu lange durch. Darüber hinaus gilt es die Ansprache und die Inhalte so zu wählen, dass die Identifikation mit der Personal Brand erleichtert wird (siehe

Cube 5 und 7). Es ist nicht weiter tragisch, wenn du zu Beginn deine Zielgruppe noch nicht exakt definieren kannst, aber mach dir auf jeden Fall Gedanken darüber und nimm eine grobe Einordnung vor. Du wirst mit der Zeit ein Gefühl dafür bekommen, bei wem dein Content gut ankommt und bei wem nicht, sodass du entsprechend nachjustieren kannst.

Das Knifflige dabei ist: Die Aussagen »Du ziehst an, was du ausstrahlst« und »Gegensätze ziehen sich an« klingen auf den ersten Blick paradox, aber tatsächlich treffen beide beim Aufbau einer Personenmarke zu. Denn selbst wenn du eine Zielgruppe definierst, wird es auch Leute geben, die zwar perfekt in diese Gruppe passen, aber deinen Content nicht konsumieren. Und es werden Menschen zusehen oder zuhören und dir folgen, die absolut nicht in diese vordefinierte Gruppe passen. Eine Personenmarke hat nämlich im Gegensatz zu einer Unternehmens- und Produktmarke unterschiedliche Hooks: Menschen folgen dir neben deinem Kernthema und deiner Expertise auch wegen anderer, ganz unterschiedlicher Gründe, die sowohl rationaler als auch irrationaler Natur sein können. Einige finden dich schlicht sympathisch oder optisch attraktiv, andere finden dich auf den ersten Blick arrogant oder verstehen deinen Dialekt nicht. Einige der Skeptischen springen dennoch über diese optische oder akustische Hürde, weil dein Content so wertvoll und einzigartig ist, andere interessieren sich gar nicht dafür und werden nicht deine größten Fans.

Der Sweet Spot einer Personal Brand

Was ist der Unterschied zwischen dir und einer Aspirin? Nein, das ist kein Flachwitz, sondern eine (relativ) ernst gemeinte Überlegung.

Die allseits bekannte Kopfschmerztablette besteht vor allem aus dem Arzneistoff Acetylsalicylsäure und wird seit 1977 auf der Liste der unentbehrlichen Arzneimittel der WHO geführt. Sie hat eine

Größe, die von den meisten Menschen ohne Probleme heruntergeschluckt werden kann, es gibt sie aber auch in Pulverform zum Auflösen in Wasser, innerhalb von 30 Minuten tritt die Wirkung ein und die Schmerzen verschwinden in den meisten Fällen. Dabei lindert die Tablette nur die Symptome, nicht den Ursprung des Schmerzes. Sie wurde von der Bayer AG genau so konzipiert, wie die Zielgruppe sie brauchte. Die Kasse klingelt seitdem und die Arznei hat es sogar geschafft, zum Synonym für Kopfschmerztabletten zu werden (so wie Tempo für Papiertaschentücher, Tesa für Klebestreifen, Uhu für Kleber, Pampers für Windeln et cetera). Die Zielgruppe besteht aus allen Menschen in Deutschland (und dem Rest der Welt), die unter vorübergehenden oder anhaltenden Kopfschmerzen leiden.

Obwohl du als Personenmarke auch in den Kopf der Leute eindringen willst, Probleme lösen, allerdings auch bei so manchem Kopfschmerzen auslösen kannst, bist du ein Mensch aus Fleisch und Blut mit einer individuellen Persönlichkeit und einem einzigartigen Charakter. Das ist einerseits schön, macht dich aber andererseits leider nur bedingt formbar. Das bedeutet: Man kann dich nicht so passgenau »konzipieren« wie ein Produkt, sodass man Zielgruppengröße, Material und Herstellungskosten errechnet und dich in eine Form gießt, die am effizientesten ist und die man am besten bewerben kann.

Dich als Personal Brand »kaufen« die Leute aufgrund deiner Persönlichkeit, deiner Relevanz im Markt, deiner Erfahrungen, Fähigkeiten und Ziele. Sind diese Punkte im Einklang, baut sich über die Zeit ein Vertrauensverhältnis auf, was dazu führt – Trommelwirbel! –, dass du im Gegensatz zu einem Produkt nicht so leicht austauschbar bist. Denn wer keine Aspirin kaufen will (aus welchem Grund auch immer), der kann genauso gut jede andere Arznei mit dem entsprechenden Wirkstoff nehmen. Der Effekt wird derselbe sein. Jemanden auf der Welt zu finden, der genauso ist wie du, ist hingegen wie die Suche nach dem Heiligen Gral. Nutze diesen Vorteil zu deinen Gunsten und mach deinen Sweet Spot so einzigartig wie möglich!

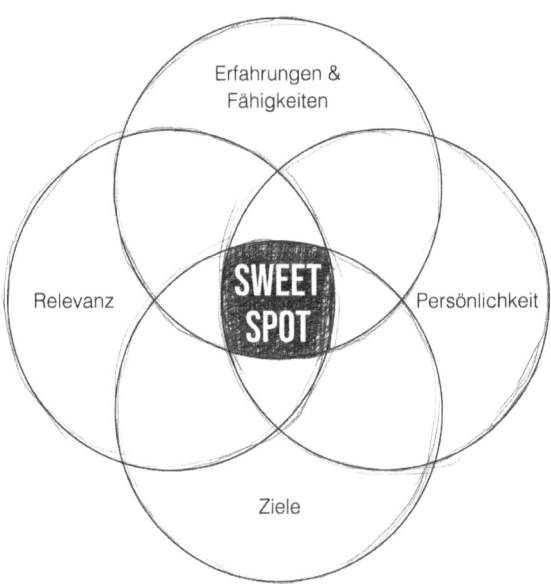

 Identifiziere die Zielgruppe deiner Personenmarke und notiere dir Stichpunkte zu den folgenden Aspekten.

- **GENERELLE PROBLEME UND INDIVIDUELLE SORGEN:** Was treibt dein anvisiertes Publikum (derzeit) am meisten um? Oftmals sind Themenbereiche im gesellschaftlichen Exkurs verankert, manchmal tauchen sie immer mal wieder auf. Im Idealfall kannst du eine mögliche Lösung dafür anbieten, zumindest aber mit deinem Content und in deiner Kommunikation darauf eingehen und ein Gefühl von Sicherheit und Nähe vermitteln. So schaffst du Möglichkeiten für eine Identifikation und eine Verbindung als Grundlage für die notwendige Vertrauensbasis.

- **SPEZIELLE HÜRDEN UND BESONDERE CHALLENGES:** Womit schlagen sich deine Fans, Follower und Abonnenten (derzeit) besonders herum? Das sind kleinere Probleme, die im Alltag auftauchen und allgemein bekannt sind. In diesem Fall sind Tipps oder Schritt-für-Schritt-Anleitungen gerne gesehen. Vor allem bieten sie eine ideale Grundlage für deinen Content, denn es ist ein kinderleichter Einstieg, der viel Identifikationsfläche bietet. Nach dem Schema: »Du kennst das doch bestimmt auch, wenn ...«, »Hast du dich auch schon immer gefragt, warum/wie ...«, »Mich stört seit Ewigkeiten, dass, ...«
- **KLEINE ZIELE UND GROSSE TRÄUME:** Wonach sehnt sich deine Zielgruppe am meisten? Gerade kleinere Ziele, die man innerhalb von wenigen Wochen oder Monaten erreichen kann, bieten sich für den eigenen Content an, da er für sofortigen Mehrwert sorgt und dir hilft, ein Vertrauensverhältnis zu deiner Zielgruppe aufbauen.
- **ALLGEMEINE INTERESSEN UND AKTUELLE TRENDS:** Was mag deine Zielgruppe und was überhaupt nicht? Du solltest allgemein ein Verständnis davon haben, was deine Zielgruppe mag, welche Themen bei ihr gerade im Trend sind und was sie im Gegenzug gar nicht leiden kann. Schau dir dazu auch an, welche Personen des öffentlichen Lebens gerade im Fokus der Kritik stehen und warum.

Cube 5: Art der Ansprache und Kommunikation wählen

Sprache macht den Menschen aus, er kommuniziert, tauscht sich mit anderen aus und lernt Neues dazu. Außerdem hat sie einen enormen Einfluss darauf, wie wir denken und fühlen und schafft eine Verbindung zu unserem Gegenüber. Wenn wir eine Person sehen, kategorisieren wir sie automatisch. Das hilft unserem Gehirn dabei, Ordnung zu halten. Das passiert auch bei Sprache und Kommunikation. Eine ruhige, gleichbleibende Stimmlage und eine sachliche, flüssige Argumentation sorgen dafür, dass wir die Aussage einer Person tendenziell als kompetent wahrnehmen und ihr gut folgen können. Hat jemand hingegen eine zittrige Stimme, räuspert sich ständig oder verliert den Faden, so schreibt man der Person automatisch weniger Kompetenz zu. Manchmal macht jemand optisch einen super Eindruck, der aber nur so lange hält, bis er oder sie den Mund aufmacht. In dem Moment verfliegt das anfängliche Interesse schlagartig, weil unsere Erwartung nicht erfüllt wird.

Bei einer Personal Brand gibt die eigene Sprache – und damit meine ich nicht nur Deutsch, Englisch, Russisch oder Mandarin, sondern auch die Art und Weise, wie jemand spricht, mit Akzent oder ohne, mit ulkigem Zungenschlag oder sympathischem Dialekt, umgangssprachlich oder hochgestochen, in hoher oder tiefer Stimmlage, laut oder leise, derb oder gediegen – maßgeblich den Ton an, denn sie ist auf einigen sozialen Plattformen der erste Eindruck, den ein potenzieller Fan, Follower oder Abonnent von uns bekommt. Daher ist es wichtig, dass unsere Sprache und die Art und Weise, wie wir kommunizieren, zu der Markenidentität passen, die wir verkörpern.

Beziehungsverhältnis

Behalte stets im Hinterkopf, dass du mit deiner Personenmarke vor allem zu Beginn zu völlig fremden Menschen sprichst und selbst nach einiger Zeit immer neue Interessenten oder Follower dazukommen können. Bei ironischen oder sarkastischen Bemerkungen oder staubtrockenem Humor kann es durchaus zu Missverständnissen kommen, sodass – von dir total unbeabsichtigt – ein negativer Eindruck entsteht. Klar, je länger du deine Personenmarke aufbaust, desto besser kennt dich deine Community, vertraut dir und versteht auch deine sprachlichen Besonderheiten und Eigenheiten. Von Zeit zu Zeit kann es aber nicht schaden, hier und da ein paar erklärende Worte einfließen zu lassen, damit du nicht falsch verstanden oder missinterpretiert wirst.

Der eigene Status

Hast du in deinem Themenfeld schon einen gewissen beruflichen und gesellschaftlichen Status inne, wird deinen Äußerungen automatisch mehr Kompetenz zugesprochen, deine Fans, Follower und Abonnenten vertrauen dir schneller. Als blutiger Anfänger musst du dich schon mehr ins Zeug legen und brauchst stichhaltige Argumente und fundierte Informationen, die deine Thesen und Aussagen bestätigen und untermauern. Hier empfiehlt es sich, Kompetenz »auszuleihen«, also Statistiken, Studienergebnisse oder Expertenaussagen zu zitieren und so eine gewisse Autorität in die Kommunikation zu holen. Gleichzeitig baust du dadurch deinen Status aus, da die Empfänger sehen, dass du dich weiterbildest und dazulernst.

Anlass und Grundstimmung

Je nachdem über welches Thema du auf welcher Plattform mit welchem Medium kommunizierst, haben die Empfänger auch eine gewisse Erwartungshaltung hinsichtlich der Stimmung: Bei einem spontanen Instagram-LIVE aus dem Stadion, wo du gerade beim Finale der Fußball-WM mitfieberst, werden die Menschen wohl kaum sachlichen Content erwarten, sondern eher euphorische Emotionen und tolle Impressionen. Postest du allerdings ein fünfminütiges YouTube-Video, das laut Titel eine Schritt-für-Schritt-Anleitung ist, erwartet der Zuschauer zu Recht ein strukturiertes, handlungsorientiertes Video und dass der Creator genau weiß, wovon er spricht. Sonst hat das Ganze keinen (Mehr-)Wert, die Erwartungen des Publikums werden enttäuscht und es kommt zu Unzufriedenheit, was dich teuer zu stehen kommen kann.

Die eigene Einstellung

Als Personal Brand positionierst du dich klar bei bestimmten Themen und die Community wird deine Einstellung dazu auf Dauer kennenlernen: Jemand, der sich mit Fitness und gesunder Ernährung beschäftigt, wird wohl kaum von heute auf morgen eine Werbeplatzierung für McDonald's anbieten. Und wenn er es doch tut, wird er mit derbem Gegenwind oder gar einem Shitstorm rechnen müssen.

Deine persönliche Einstellung ist einer der Ankerpunkte für deine Community, die dich genau dafür wertschätzen und sich in der Gemeinschaft mit dir bestätigt fühlen. Setz das nicht leichtfertig aufs Spiel! Achte darauf, dass dein Content, deine Kooperationen oder andere Deals mit deinen kommunizierten Werten und Idealen, mit deiner Markenidentität, übereinstimmen. Hast du einen wirklich tiefgreifenden persönlichen Wandel vollzogen, der deine grundlegende Einstellung zu einem bestimmten Thema ebenfalls radikal verändert hat, solltest du den Grund dafür erläutern – oder noch besser: deine Transformation zusammen mit deiner Community angehen.

Assoziationen

Das gesprochene Wort löst beim Empfänger immer Assoziationen aus. Dieser Vorgang ist automatisch und unbewusst und findet bei jeder Kommunikation statt: Bahnungseffekte im Gehirn – auch Priming genannt – spielen dabei eine wichtige Rolle. Wir alle haben abgespeicherte Erinnerungen, die durch eine besondere Stimmlage oder bestimmte Wörter getriggert werden können und zu einer emotionalen Reaktion führen. So können beispielsweise völlig unabsichtlich bestimmte Redewendungen oder Worte von dir dazu führen, dass ein Empfänger eine ganz andere Reaktion zeigt, als du erwartet hast. Wenn es mal passiert ist, gilt es empathisch zu sein und Verständnis zu zeigen. Bestimmte Wendungen sind zudem gesellschaftliche Fettnäpfchen, sodass die Begriffe nur mit Bedacht in einem anderen Kontext verwendet werden sollten. Fällt also dein Hochzeitstag zufälligerweise auf ein geschichtsträchtiges Datum, solltest du tunlichst kein Posting mit dem Titel »Meine Liebe am 9/11 gefunden« oder sogar »9/11 – der schönste Tag meines Lebens« absetzen.

Die passende Anrede

Wer zum ersten Mal einen Beitrag verfasst oder in die Kamera spricht, kann sich schon mal die Frage stellen: Soll man das Publikum nun eigentlich duzen oder siezen? Immerhin sehen den Content ganz unterschiedliche und vor allem unbekannte Menschen.

Würde man sie nicht online, sondern im realen Leben, im Alltag treffen, würde man die Ansprache im deutschsprachigen Raum logischerweise am Alter festmachen.

Für die sozialen Medien gibt es durchaus Trends und Meinungen dazu. Eine Umfrage der Marktforschungsplattform Appinio ergab beispielsweise 2019, dass 82 Prozent der Befragten auf Instagram lieber geduzt werden wollen und zwar über alle Altersgruppen hinweg, 75 Prozent der Facebook-User ebenso und auch 71 Prozent der Twitter-Nutzer.[84] Das deckt sich in etwa mit meiner Wahrnehmung auf diesen Kanälen: Die förmliche Anrede findet meist nur bei Menschen statt, die ihren Ruf und ihre Expertise außerhalb der digitalen Welt aufgebaut haben und in den sozialen Medien quasi nur für ein Interview »zu Besuch« sind. Und auch dann meist nur, wenn es etwas ältere Semester sind. Das höfliche Siezen wahrt Distanz und wird – wenn überhaupt – in Business-Netzwerken genutzt, wo es je nach Branche zum guten Ton gehören kann und auch im digitalen Raum als Zeichen des Respekts gilt, etwa bei Ärzten, Notaren, Anwälten, Topmanagern oder Firmenleitern sowie bei der Kommunikation mit Unternehmensmarken. Das heißt, diese Anrede kommt gelegentlich auf LinkedIn und Xing vor, wobei aber auch hier die Kommunikation immer lockerer wird, wie mir scheint.

Als Personenmarken, die zum Großteil über Social Media kommunizieren, verwenden Creator meist die Anrede »Du« beziehungsweise »Ihr« oder sprechen im allumfassenden »Wir«. Das sorgt für eine emotionalere Bindung und wirkt sich positiv auf das Vertrauensverhältnis von Personenmarke und Interessenten, Followern und potenziellen späteren Kunden aus:

- Die Du-Ansprache ist die persönlichste Form. Jeder Einzelne fühlt sich individuell angesprochen, das verleiht dem Ganzen eine intimere Atmosphäre und hat eine direkte Verbindung zur Folge.

- Die Ihr-Variante adressiert die gesamte Community, schließt aber den Sprecher, also den Creator, aus. Es bietet sich an, wenn du deine eigene Meinung bereits geäußert hast und nun gerne von den Ansichten deiner Follower erfahren willst.
- Die Wir-Ansprache suggeriert, dass hier als Community und Team etwas erreicht werden soll, beispielsweise die gemeinsame Mission. Es inkludiert quasi in der Kommunikation die ganze Welt, kann sich aber je nach Kontext auch auf einen kleineren Personenkreis beziehen.

Bildhafte Sprache für besseres Verständnis

Beim Storytelling (siehe Cube 2) ist natürlich auch die Sprache entscheidend. Wir kaufen nicht den Softdrink, sondern das erfrischende Gefühl, das vergleichbar ist mit einem Wasserfall, der über unsere Kehle fließt und unseren Durst stillt. Metaphern, Vergleiche und Analogien sorgen dafür, dass zum gesprochenen Wort in unserem Kopf bewegte Bilder entstehen – das viel zitierte Kopfkino –, wodurch wir uns das Ganze besser vorstellen können. Geschichten rufen stärkere Emotionen hervor, wenn wir das Gefühl haben, sie selbst mitzuerleben.

Versuche insbesondere bei Erfahrungsberichten, also bei Geschichten, die du selbst erlebt hast, aber auch bei schwierigen Sachverhalten, die du für deine Community auf das Wesentliche herunterzubrechen versuchst, eine bildhafte Sprache zu verwenden. Beispielhafte Situationen, die jeder kennt, oder Vergleiche helfen beim Verständnis, aber auch beim Abspeichern der Informationen. Sie sind ein enorm effektives Transportvehikel, weil sie unser Gehirn anregen, bereits vorhandenes Wissen und neuen Input miteinander zu verknüpfen. Je mehr Verknüpfungen möglich sind, desto besser. Ein Beispiel: Wenn du ausdrücken möchtest, dass eine Person sich zu sehr um eine andere bemüht und dabei sich selbst vernachlässigt, könntest du sagen: »Achte lieber mehr auf dich. Du kannst doch nicht jedem helfen. Das ist auf Dauer nicht gut für dich!« Das wäre eine legitime rationale, nüchterne Betrachtung. Kann den gewünschten Effekt erzielen und ist per se nicht falsch. Aber du könntest das Ganze auch in ein Bild packen: »Weißt du, es ist wie bei einem Druckverlust im Flugzeug, wenn die Sauerstoffmasken herunterfallen. Da heißt es doch immer in den Notfallinstruktionen: Erst deine eigene Maske über Nase und Mund streifen, damit du überlebst. Erst dann hilfst du der Person neben dir. Sorge also zuerst für dich, es ist wichtig, dass es dir gut geht. Dann bist du auch eine echte Hilfe für andere, ohne dich zu verausgaben oder gar zu gefährden.« Wenn du dazu noch ein passendes Bild auswählst oder Sound bei der Content-Erstellung einsetzt, hat das Gehirn deines Gegenübers jede Menge Möglichkeiten, die Information abzuspeichern und zu verknüpfen. Vielleicht sogar mit der Erinnerung an den letzten Flug.

Das funktioniert in ganz vielen Fällen und kann wirklich hilfreich sein. Aber du musst natürlich nicht bei jedem Posting und jeder Form der Kommunikation krampfhaft versuchen, Metaphern oder Analogien zu finden. Wenn dir etwas Passendes in den Sinn kommt, du ein längeres Video skriptest oder in deiner nächsten Podcast-Folge eine bestimmte Atmosphäre erzeugen willst, kannst du solche Stilmittel nutzen, um die Aufmerksamkeit des Publikums aufrechtzuerhalten und den Empfängern zu helfen, den Content besser im Kopf zu behalten.

Gebrandete Sprache

Einer der großen Showmaster im deutschen Fernsehen ist Bastian Pastewka, der vor allem durch die *Wochenshow* auf Sat1 bekannt geworden ist. Im Rahmen der Comedy-Sendung verkörperte er verschiedene Figuren, die mittlerweile Kultstatus erreicht haben. Eine davon war Brisko Schneider in schwarzer Lack- und Lederbekleidung, stark gegelter Frisur mit aufgemalten Koteletten. Pastewka parodierte mit dieser Figur Erotikmagazine wie *Liebe Sünde* und *Peep!* und startete dabei immer mit den Worten: »Hallo, liebe Liebenden«. Diese Begrüßungsfloskel wurde so ikonisch, dass sie selbst Jahre später bei den Leuten bekannt war. Als Personenmarke kannst du ebenfalls eine auf dich »gebrandete« Sprache nutzen und innerhalb deiner Community Wörter und Redewendungen prägen, die einen hohen Wiedererkennungswert haben. Allerdings sollte dies nicht konstruiert werden, sondern mehr oder weniger organisch erfolgen, aus dem aktuellen Geschehen heraus. Um das zu verdeutlichen, greife ich mal wieder in mein persönliches Nähkästchen.

Mein erstes Tattoo ließ ich mir als Motivation in den Anfängen meiner Selbstständigkeit stechen. Auf meinem Unterarm steht im Trash-Polka-Stil »MY ATTITUDE BROUGHT ME HERE«. Natürlich fiel das meinen Followern auf, woraufhin ich immer mehr Fragen in Bezug auf die »richtige Einstellung« bekam und das Thema zunehmend in den Fokus rückte. Dadurch, dass ich also immer öfter über die Einstellung sprach, wurde das englische Wort *attitude* mit der Zeit mit meiner Marke in Verbindung gebracht: Ich wurde von meinen Fans auf Songs markiert, in denen der Begriff in den Lyrics vorkam, oder auf Fotos von Plakaten sowie Zitatseiten. Einige meiner Follower ließen sich sogar ein ähnliches Tattoo stechen, um ihre Verbundenheit zu mir auszudrücken und die durch mich erfahrene Wichtigkeit der richtigen Einstellung und des richtigen Mindsets zu unterstreichen. Ein riesiges Kompliment für mich! Attitude wuchs also nach und nach zu meinem Markenzeichen heran. Zumindest zeitweise.

Zwei Jahre später startete ich meinen Podcast, der sich hauptsächlich mit dem Thema Mindset beschäftigt und Denkanstöße lieferte, die über den Tellerrand hinausgingen. Ich gab ihm deshalb den Namen »OUTSIDE THE BOX«. Ich begann jede Folge mit dem Satz: »Hi und herzlich willkommen zu einer neuen Folge OUTSIDE THE BOX« und benutzte dieselbe Intonation dafür. Da ich zu diesem Zeitpunkt bereits eine größere Community aufgebaut hatte, dauerte es nicht lange, bis man mich automatisch mit diesem Slogan – den ich zwar nicht brandneu erfunden, aber geschickt genutzt habe – assoziierte. Es dauerte nicht lange, bis mir Fans Sprachnachrichten mit den Anfangssätzen des Podcasts schickten, oder sie begrüßten mich auf Events mit eben diesen Worten. Sie fingen auch an, mich auf Bildern und Schriftzügen zu markieren, die den Slogan beinhalteten, wie zuvor schon bei dem Begriff *attitude*.

Nimm dir in dein nächstes Time-out folgende Fragen mit: Gibt es Auffälligkeiten in deiner Sprache, die prägend für dich sind, oder Worte und Redewendungen, die du immer wieder verwendest?

Mach eine Liste davon und benutze die Begriffe oder Wendungen ab sofort mehrfach und über einen längeren Zeitraum in deiner Kommunikation auf den sozialen Medien. Beobachte, ob etwas davon vermehrt Reaktionen auslöst.

 ## Ein paar goldene Regeln für die Kommunikation auf Social Media

Frei drauflos reden

Wenn du anfängst zu kommunizieren, mach dir nicht allzu viele Gedanken. Erst einmal geht es darum, dass du deine Hemmungen überwindest, überhaupt etwas in das Mikrofon oder in etwa Kamera zu sprechen. Du solltest bei kurzen Episoden wie denen innerhalb einer Instagram Story kein Skript schreiben oder die Sätze haargenau konstruieren, weil du so deiner Sprache die Authentizität nimmst. Wenn du mit deiner besten Freundin oder deinem besten Kumpel sprichst, schreibst du dir ja auch nicht vorher auf, was du sagen wirst, sondern redest frei darüber, was dich gerade bewegt und welche Neuigkeiten es bei dir gibt.

Schriftlich drückt man sich doch anders aus, das merke ich beim Bücherschreiben immer extrem. Es ist meiner Ausdrucksweise zwar ähnlich, aber eben nicht identisch. Wenn du mich aus den sozialen Medien kennst, wird dir das vermutlich schon an der einen oder anderen Stelle aufgefallen sein. Torben pur gibt's eben nur online oder live. Da rede ich, wie mir der Schnabel gewachsen ist.

Endloses Gelaber vermeiden

Wichtig ist vor allen Dingen, schnell auf den Punkt zu kommen. Gerade beim Aufbau deiner Personal Brand buhlst du um die Aufmerksamkeit der Leute, und deren Aufmerksamkeitsspanne liegt bei nur wenigen Sekunden. Das bedeutet: Unnötige Füllwörter und Phrasen solltest du lieber weglassen. Es geht um den Kern, den Inhalt und den Mehrwert, den du stiften kannst. Versuche daher, relevanten Content zu kreieren, den man gerne liest, sich gerne ansieht oder gerne anhört.

Einen kühlen Kopf bewahren

Wir alle ärgern uns mal über etwas, aber die sozialen Plattformen sind nicht der Ort, um in jedem Zustand zu kommunizieren oder gar ungefiltert Dampf abzulassen. Versteh mich nicht falsch: Natürlich darfst und sollst du offen sein und Emotionen zeigen, wenn du auf Social Media kommunizierst. Dennoch empfiehlt es sich, zumindest tief durchzuatmen, bevor du die Kamera einschaltest und deinen Unmut kundtust. Im Eifer des Gefechts fallen womöglich bittere, teils verletzende Worte oder du verwendest Redewendungen und Vergleiche, die du womöglich im Nachhinein bereust und in einem etwas ruhigeren Gemütszustand so nicht abgelassen hättest. Wenn du allerdings selbst nach dem Durchatmen immer noch der Meinung bist, dass ein Missstand an die Öffentlichkeit muss oder du mit deinen Äußerungen vermutlich niemanden verletzen wirst, dann solltest du es auch kommunizieren. Schließlich sorgt diese Offenheit und Ehrlichkeit für mehr Nähe, weil deine Community sieht, dass du eben auch nur ein Mensch mit Gefühlen bist.

Den Kontext immer berücksichtigen

Der Content sollte natürlich der Kern deiner Kommunikation sein, ein Mehrwert, der anderen hilft und deren Erwartungshaltung erfüllt. Doch ebenfalls wichtig ist der richtige Kontext, denn manchmal kann dieser die Interpretation unserer Inhalte verzerren. Schau deshalb unbedingt immer, in welcher Kommunikationssituation du gerade was sagst, damit du den Impact deiner Äußerung selbst einschätzen kannst und gegebenenfalls gleich von vornherein dafür sorgen kannst, dass deine Message nicht missverstanden wird.

Auf eine adäquate Ausdrucksweise achten

61 Prozent der 10- bis 15-Jährigen in Deutschland nehmen laut dem Statistischen Bundesamt an der Kommunikation auf den sozialen Medien teil, weshalb diese Plattformen jugendfreundliche Sprache fördern und im Gegenzug Schimpfwörter und Wörter mit sexuellem und/oder gewalttätigem Kontext einschränken. Es empfiehlt sich daher, in Videos gefallene Wörter dieser Art zu »überpiepen« und in der Kommunikation grundsätzlich darauf zu achten, ob Kinder das gerade hören dürften. Ansonsten drohen Sanktionen in Form von Reichweitenverlusten und Einschränkungen durch die Plattformen selbst, die dem Creator gar nicht mitgeteilt werden.

Chancen für Dialog und Austausch schaffen

Gerade zu Anfang, wenn sich Sender und Empfänger noch nicht so gut kennen, solltest du proaktiv Kommunikation und einen Dialog herbeiführen: Biete immer wieder an, dass man dir gerne Fragen stellen kann, benutze Features wie den Fragesticker bei Instagram und fordere deine Fans, Follower und Abonnenten auf, dir private Nachrichten mit Fragen, Feedback und Anregungen zu schicken. Diese kannst du sogar mit einer Sprachnotiz beantworten, was vermutlich viele deiner Follower positiv überraschen wird und auch einen Tick persönlicher wirkt als eine schriftliche Antwort. Nimm dir Zeit für Diskussionen zu deinem Content und besuch auch mal die Profile deiner Follower. Wenn du Interaktion erwartest, musst du selbst auch interagieren.

Ein kleines Special zu Kamerascheu und anderen Hemmungen

Ich kenne genügend Leute, die extrem kamerascheu sind, ihre Stimme nicht mögen, an ihrem Aussehen etwas auszusetzen haben und sich einfach unwohl fühlen, wenn sie fotografiert, gefilmt oder aufgenommen werden. Daran kann man aber arbeiten, man muss es nur wollen. Auch dafür habe ich ein paar Tricks auf Lager. Teste mal, was für dich funktioniert.

»Ich drehe nur für mich!«

Nimm die ersten Videos, Bilder oder auch Audio-Dateien nur für dich auf, ohne das Ziel zu haben, sie jemand anderem zu zeigen, vorzuspielen oder gar zu veröffentlichen. Es geht darum, erst einmal vertraut zu werden mit den Werkzeugen, die Kameralinse wie das Auge deines Gegenübers zu sehen, das Mikrofon als Verstärker deiner Stimme. Immer im Hinterkopf zu haben, dass du alles mit einer Taste löschen kannst, sollte dir die anfängliche Nervosität nehmen. Bei mir war das jedenfalls so.

Nimm dich dabei auch nicht allzu ernst. Lass Emotionen zu, albere vor der Kamera herum, lach im Nachhinein darüber. Dann wirst du automatisch lockerer und die Erfahrung wird von Mal zu Mal besser.

Simuliere ein Gespräch mit einem guten Freund

Stell dir vor, dass du mit einem Freund sprichst, den du länger nicht gesehen hast und ihm unbedingt gute Neuigkeiten erzählen willst: Dabei kannst du alles ausblenden, was um dich herum passiert, und dich voll und ganz auf den Inhalt und die Emotionen fokussieren.

Kleine Versprecher oder Aussetzer sind überhaupt nicht schlimm und total menschlich. In einer Konversation spulst du dann ja auch nicht zurück, sondern machst einfach weiter, schmunzelst vielleicht kurz darüber. Mach dir lieber Gedanken darüber, was diesen guten Freund, der dir gegenübersitzt, interessiert und welche Fragen er dir stellen würde.

Mach ruhig ...

Anfangs möchte man am liebsten den Content so schnell es geht über die Bühne bringen, oftmals spricht man dann schneller als gewohnt und hat eine höhere Stimmlage: Das erschwert allerdings dem Zuhörer dir zu folgen, weshalb du versuchen solltest, langsam und deutlich zu sprechen. Kleine Pausen helfen dir durchzuatmen und wirken gleichzeitig beruhigend auf dein Gegenüber. Eine dunklere Stimme hat in der Regel auch eine seriösere Wirkung.[*]

Wenn du zu viel Energie hast kurz vor oder während des Drehs oder der Aufnahme, mach vorher einen kleinen Spaziergang oder etwas Sport und powere dich aus.

Halte etwas in den Händen

Oft tendiert man dazu, mit den Händen undefinierte und hektische Bewegungen beim Sprechen zu machen, weshalb es sich anfangs empfiehlt, beispielsweise einen Stift in der Hand zu halten etwa auf Bauchnabelhöhe. Das stabilisiert deine Gestik und hilft dir natürliche Bewegungen zu machen.

---

[*] Okay, den Klang deiner Stimme kannst du schwer ändern. Ja, man kann Sprechunterricht nehmen und vielleicht ein bisschen was optimieren – aber wenn du naturgemäß eine hohe Stimme hast, ist das auch kein Weltuntergang. Es wird genügend Leute geben, die deine Stimme total niedlich und schön finden und dir gerne zuhören. Lass dich da von niemandem einschüchtern, sondern sei einfach du selbst. Sei unique!

Analysiere die Ergebnisse

Schau und höre dir deine Ergebnisse an, wenn du fertig bist und am besten auch ein bis zwei Tage später noch einmal: Dir wird auffallen, woran du noch arbeiten kannst, und vielleicht magst du deinen Content auch schon ein bis zwei Freunden oder Bekannten schicken, von denen du weißt, dass sie dir ehrliches Feedback geben, um eine Perspektive von außen darauf zu bekommen. Danach kannst du versuchen, dich immer auf eine Sache zu fokussieren, bis du sie verbessert hast.

Man entwickelt sich immer weiter vor der Kamera und irgendwann wirst du dir diese Aufnahmen sehr gerne ansehen und dich zurückerinnern, wie alles begonnen hat, und wirst verwundert darüber sein, was für riesige Fortschritte du bereits gemacht hast!

Cube 6: Brand-Design und Stimmung kreieren

Das Brand-Design ist der Rahmen für den Inhalt der Marke« – so ähnlich habe ich es schon öfter auf Agentur-Websites oder in Magazinen gelesen. Doch tatsächlich ist das in meinen Augen nur ein Bruchteil dessen, was es heutzutage wirklich leisten muss. Mehr als 6000 Werbekontakte pro Tag, über 11 Millionen Reize pro Sekunde, über 800.000 eingetragene Marken in Deutschland – willkommen im Zeitalter der Reizüberflutung![85] Unser Gehirn kann all diese Impressionen nicht bewusst wahrnehmen und verarbeiten, weshalb es zu ausgeklügelten Filtersystemen greift. Zum Beispiel zum Thalamus. Dieses Hirnareal ist dafür verantwortlich, welche Informationen für uns wichtig sind und welche nicht.

Die logische Folge fürs Marketing, egal ob für eine Personal oder für eine Corporate Brand: Bei Werbekampagnen reicht es längst nicht mehr, nur ein Schild hochzuhalten, auf dem eine Message steht. Am besten sind es mehrere Schilder in bestimmten Abständen und sie müssen täglich größer werden, sich bewegen und vor allem bunt leuchten. Das spiegelt sich in den Zahlen der Designlandschaft wider, die jedes Jahr kontinuierlich wächst und allein im Jahr 2019 rund 21 Milliarden Euro Umsatz erwirtschaftete.[86] Werbung wird immer schriller und schräger, sie versucht zu polarisieren und so auf die beworbenen Produkte und Dienstleistungen aufmerksam zu machen. Doch das ist nur eine kurzfristige Lösung, denn irgendwann geht (fast) jeder im Lichtermeer unter. Oder die Kosten explodieren.

Als angehende Personenmarke stehen wir irgendwann genau vor dieser Hürde: Wir wollen zu einem Sender werden, der gehört und gesehen wird und dem die Leute gerne ihre Aufmerksamkeit schenken. Um das zu erreichen, sieht das Patentrezept oft so aus: Eine Agentur finden und das erstellte Logo auf alles drucken, was sich bedrucken lässt – Visitenkarten, Bleistifte, T-Shirts et cetera – und die Merchandise-Artikel fröhlich überall und an jeden zu verteilen. Der Instagram-Account muss natürlich ebenfalls leuchten, am besten immer ein roter Kreis um das Profilbild, möglichst viele Smileys für Nahbarkeit und plakative Slogans, die alles in der Gesellschaft Relevante karikieren, in der Hoffnung, dass es möglichst viele teilen.

Doch das gewünschte Ergebnis wird in der Regel ausbleiben. Warum? Ganz einfach: Wenn wir das machen, was alle machen, bekommen wir auch nur das, was alle bekommen. Das sind unter anderem (unvollständige Liste!) keine merkliche Veränderung bei Reichweite und/oder Relevanz, Unmut über verschwendetes Geld, gegebenenfalls ein langfristiger Imageschaden und in so manchen Fällen letzten Endes sogar ein Totalschaden. Das bedeutet, wir haben unsere Marke ganz ohne Fremdeinwirkung von Konkurrenten gekillt oder zumindest ihre Erfolgschancen durch die Überflutung à la Gießkannenprinzip, also nach dem Motto »Viel hilft viel«, fast bis zur Unkenntlichkeit verwässert.

Orientierungspunkt in der Informationsflut

Das bedeutet, wir müssen cleverer an die Sache herangehen. In der Informationsflut gilt es nicht nur um jeden Preis aufzufallen, sondern gezielt das anzuvisieren, was unsere Zielgruppe, unsere Empfänger in diesem Chaos und Konsummeer suchen, nämlich Vertrautheit, Nähe und Halt. Wir müssen also zu einem Orientierungspunkt werden, eine Brand, mit der Menschen sich identifizieren können. Und da hat eine Personal Brand naturgemäß einen riesigen Vorteil, weil eine so innige Verbindung nur von Mensch zu Mensch richtig gut funktioniert.

Dein Brand-Design muss demnach nicht unbedingt laut und besonders auffällig sein. Es muss deine Marke authentisch und einzigartig darstellen. Es muss einen passenden Rahmen rund um deine Markenidentität bilden und deiner Markenpersönlichkeit sichtbaren Ausdruck verleihen. Dafür hat es nur wenige Sekunden Zeit, denn wenn wir etwas auf den ersten Blick nicht als stimmig empfinden, schauen wir es uns nicht weiter an. Wie bei einem Memory-Spiel, bei dem wir die Karten aufdecken und nach Paaren suchen, erkennen wir, was passt und was nicht, und wir suchen vor allem nach langfristigen Lösungen für unsere Probleme: Wir gehen zum selben Friseur, wenn wir mit dem Haarschnitt zufrieden sind. Wir rufen immer denselben Bankberater oder Versicherungsmakler an, um uns beraten zu lassen, weil wir ihm seit Jahren vertrauen, und wir kaufen für zu Hause die Produkte unserer Lieblingsmarken, weil wir uns auf sie verlassen – etwa hinsichtlich Geschmack oder Qualität. Wir suchen unseren Perfect Match.

Wichtig ist, dass wir das Brand-Design einheitlich einführen und es sich wie ein roter Faden durch alles zieht, was wir veröffentlichen. Bei einer Unternehmensmarke spricht man dann auch gerne von der Corporate Identity, kurz CI. Das gelingt über verschiedene Elemente: Logo, Icons und Grafiken, Bildsprache, Typografie sowie das Farbkonzept. Und keine Sorge, du musst nicht Zehntausende von Euros in die Hand nehmen, um ein solides Brand-Design zu kreieren. Das klappt auch kostengünstig – und manchmal sogar gratis – über Apps und Software.

Die Brand-Ästhetik

Die Brand-Ästhetik ist all das, was ein Interessent wahrnimmt und vor allem empfindet, wenn er unseren Auftritt oder unseren Content sieht: Es entstehen Emotionen und/oder Assoziationen und der Besucher entscheidet blitzschnell und aus dem Bauch heraus, ob es ihm zusagt oder nicht. Dabei können neben den grundlegenden Elementen, also Farbwahl, Bildsprache und Schriftarten, auch kleinere Bestandteile oder Grafiken diese Ästhetik unterstützen: Das können Kästen sein, die du designt hast und in denen immer wieder kurze Erklärungen stehen, Splashes, Overlays, kleinere bekannte Symbole wie Pfeile oder auch Hintergründe, die vom Design her in einem Guss mit dem Rest erscheinen. Diese Zusatzelemente werden nicht aktiv benannt und es wird auch nicht explizit darauf hingewiesen. Sie bilden einfach mit dem restlichen Brand-Design eine Einheit und dienen als wiederkehrender Rahmen für deinen Content.

Alles zusammen erzeugt einen bestimmten Mood, einen hoffentlich unverwechselbaren Duktus und unterstreicht deine Persönlichkeit und deinen Charakter, um deine Message und deinen Content stimmig rüberzubringen. So hat selbst das geschriebene Wort die Möglichkeit, eine Emotion und Haltung darzustellen, ohne sie zu benennen oder einen aktiven sichtbaren Sprecher zu haben, der diese ausdrückt. Die wenigsten Brands nutzen diese Möglichkeit der konstanten Ästhetik, dabei erhöht sie den Wiedererkennungswert enorm: Sieht jemand deine Präsentation auf einem Event oder besucht deine Webseite das erste Mal, können genau solche durchdachten Elemente dafür sorgen, dass dieser Jemand sofort an dich und deine Marke denkt, wenn ihm dieser Stil erneut in einem anderen Kontext begegnet. **Ein Stil, der dir zugeschrieben wird, weil er einfach zu dir passt, und der durch die Auswahl der Schriftarten, Farben und Icons bestimmt wird, ist der Hit und quasi unbezahlbar.**

Die Art und Weise, wie etwas dargestellt wird, rückt Aussagen in ein spezielles Licht und kann für ganz unterschiedliche Assoziationen sorgen. Besondere Details bewirken, dass die Menschen einen bestimmten Eindruck von deinem Content bekommen: Elemente, die aussehen, als wären sie an eine Wand gesprüht worden und an denen noch einige Farbklekse herunterlaufen, vermitteln den Eindruck von Street-Culture. In eine Oberfläche eingeritzte Pfeile verleihen der Message Nachdruck; es ist ein Zeichen der Wichtigkeit und fast schon einer aggressiven Haltung. Auf der anderen Seite können gerade Linien und Formen die Seriosität und Genauigkeit des dargestellten Contents unterstreichen.

Time-out!
Dein kreatives Brand-Design-Moodboard

Nutze dein nächstes halbstündiges (oder längeres) Time-out, um dir ein stimmiges Gesamtbild zu überlegen. Dabei hilft es enorm, ein Moodboard zu erstellen, das du durchgängig weiter ausbaust. Damit kannst du Inspirationen und Ideen konservieren und über die Zeit deinen Markenkern noch stärker verinnerlichen und für dich greifbarer machen. Dann weißt du auch, wie du das Ganze über dein Brand-Design nach außen transportierst und was deine Message am besten rüberbringt. Perspektivisch kannst du dein Moodboard sogar deinen Mitarbeitern, Geschäftspartnern oder Freelancern weitergeben, damit diese deine Brand besser verstehen und deren Kern leichter erfassen können. Du weißt ja: Bilder sagen mehr als tausend Worte.

Wie sieht das Ganze nun aus und wie funktioniert es? Ziemlich simpel eigentlich. Ein Moodboard ist eine Collage, die Bilder, Texte, Grafiken und andere Elemente enthalten kann. Darauf wird einfach alles gesammelt, was zu dir und deiner Marke passt. Du kannst es online auf Pinterest oder auch Moodstream erstellen oder dir ein physisches Moodboard basteln, zum Beispiel an einer freien Wand, an die du ein echt großes Blatt Papier hängst. Oder du nimmst die gute alte Pinnwand. Oder eine Magnettafel. Und immer wenn du auf etwas stößt, das dir gefällt, speicherst du es digital ab beziehungsweise pinnst es analog an dein Moodboard. Und wenn dir etwas nicht mehr zusagt, löschst du es beziehungsweise hängst es ab. Insbesondere auf Pinterest und Tumblr kannst du dir ein gutes Bild davon machen, wie so etwas aussehen kann, und gleichzeitig Ausschau halten nach Elementen, die dir persönlich gefallen. Dort kannst du Grafiken, Hintergründe und Icons finden, die deinen eigenen Stil ergänzen, und entsprechend für deine Website, deinen Blog, deine Präsentationen nutzen oder in deinen Videos einblenden. Allerdings wohldosiert, versteht sich!

Das Farbkonzept

Farben sind für uns alle emotional, aber auch kulturell aufgeladen. Sie tragen demnach eine Bedeutung in sich, jedoch nicht für alle Menschen und auch nicht in allen Situationen gleichermaßen. So kennen wir zwar alle die Signalfarbe Rot für drohende Gefahr noch von den Hinweisen unserer Eltern, als wir als Kind über die Straße gehen wollten, verbinden aber ebenso das wohlschmeckende Erfrischungsgetränk Coca-Cola damit und haben keine Angst davor. Persönliche Vorlieben, Erfahrungen und kulturelle Unterschiede sorgen für unterschiedliche Assoziationen, die sich situationsbedingt anpassen und verschieben. Die Ansicht, dass Rot immer Gefahr und Spannung signalisiert, Grün grundsätzlich die Farbe der Hoffnung und der Vitalität ist, die Farbe Blau stets für einen seriösen Internetauftritt sorgt und Botschaften in Gelb per se optimistischer gelten, ist so nicht haltbar.

Dennoch ergab bereits 2006 eine Studie, dass bis zu 90 Prozent der Kaufentscheidungen auf bestimmte Farben zurückzuführen sind. Darin wurde aber gezeigt, dass es nicht darum geht, Farben aufgrund ihrer kulturell verankerten Bedeutung zu wählen, sondern dass die Farbe zum Produkt beziehungsweise in unserem Fall zur Persönlichkeit der Brand passen muss, sodass wir als Konsumenten es als stimmig empfinden.[87] Darüber hinaus sorgen wiederkehrende Farben dafür, dass wir eine Marke wiedererkennen können: sei es das grüne Licht des Starbucks-Logos am Bahnhof, der rote Coca-Cola-Truck auf der Autobahn oder das schwarz-orange Amazon-Logo. Viele Marketingagenturen orientieren sich an den Erkenntnissen der Farbpsychologie, die jeder Farbe gewisse Eigenschaften oder Wirkungen zuweist. Ein paar Beispiele für mögliche Assoziationen mit Farben findest du in der Abbildung. Mithilfe solcher Merkmale und Zuordnungen legen sie dann primäre und sekundäre Farben für ihre Kunden oder Kampagnen fest und reihen sich damit in das Einheitsbild ein. Manche profitieren beispielsweise von größeren Mitbewerbern, die dieselbe oder eine ähnliche Farbwahl getroffen haben und bereits bedeutungsstiftend sind, stechen dafür aber nicht sonderlich aus der Masse hervor.

Und jetzt kommt wieder mein großes Aber, denn was für Produkte und Unternehmen gilt, gilt eben manchmal nicht oder nur eingeschränkt für Personal Brands. Im Personal Branding haben wir es schließlich nicht mit eindimensionalen Produkten zu tun, sondern mit einem vielseitigen Charakter, weshalb die Farbauswahl vor allem im Hinblick auf die zugrunde liegende Markenidentität festgelegt werden sollte. Das heißt: Farbe funktioniert nur in dem Kontext, den unser Markenkern vorgibt. Werte, Message, Person und Farben müssen im Einklang miteinander sein, damit wir eine positive, stimmige Wahrnehmung kreieren können.

Klar, jeder von uns hat seine individuellen Lieblingsfarben und Farben, die uns persönlich nicht so sehr gefallen. Die einen mögen kräftigere Töne, die anderen eher was Pastelliges. Daher hat man als Personal Brand schon bestimmte Farben im Sinn, die man selbst mit bestimmten Merkmalen der eigenen Marke assoziiert, und ich empfehle, diese Entscheidung zwar zu überprüfen, aber in den meisten Fällen auch anzunehmen, da der Kontext so ziemlich jede Farbkombination mit Bedeutung aufladen kann und erfahrungsgemäß am besten die Variante funktioniert, die von der Personal Brand am stärksten gefühlt wird. Vielleicht bist du dir aber noch unschlüssig oder generell für alles offen, was deine Farbwahl angeht. Dann kann dir die folgende Aufgabe helfen, zu einer Entscheidung zu kommen.

Schau dir dein Moodboard aus dem letzten Time-out mal genauer an: Gibt es eine oder mehrere Farben, die besonders häufig auftauchen? Das wäre schon mal ein erster guter Anhaltspunkt für deine Brand-Farbe oder eine Farbkombination.
Schau dir die Abbildung zur Farbpsychologie an und sortiere dich/ deine Brand dort ein. Welche Eigenschaft, welches Merkmal passt zu dir? Du kannst auch im Internet nach weiteren Bedeutungen für fast jede beliebige Farbe suchen. Da findet sich unfassbar viel!
Vielleicht stimmt deine Farbwahl bei beiden überein, dann hast du schon eine eindeutige Antwort für deine primäre Farbe. Bei verschiedenen Farben kannst du mit Kombinationen arbeiten.
Nimm dir dafür so viel Zeit, wie du brauchst.

Wenn dir das Ergebnis der Aufgabe doch nicht gefällt, kein Problem! Experimentiere innerhalb der Farbpalette, probiere aus, was dir zusagt und mit welcher Farbe oder Farbkombination du dich am wohlsten fühlst. Schwarz-weiß und Grautöne sind übrigens auch erlaubt. Und glaub mir: Die Erfahrung zeigt, dass die Farbgebung bei

Personal Brands sehr oft dem persönlichen Geschmack entspricht. Hör also ruhig auf deinen Bauch bei der Farbwahl.

Nachdem du deine Hauptfarbe festgelegt hast, geht es darum, ein Farbschema für dich zu finden. Dabei gibt es verschiedene Möglichkeiten, die sich bewährt haben und die für eine Personal Brand mal sinnvoller, mal weniger sinnvoll sind. Zumindest in meinen Augen.

- **Benachbarte Farbtöne:** Man legt zwei weitere Farbtöne fest, die im Farbspektrum benachbart sind. Markenbeispiele sind hier Paypal oder Mastercard. Dieses Schema hat wenig Kontraste, wodurch ein ruhiges Gefühl vermittelt wird, das oftmals auch mit Sicherheit assoziiert wird.
- **Kontrastierende Akzentfarbe:** Marken wie Pepsi oder Visa nutzen eine zweite Kontrastfarbe, die ihre Brand-Farbe ergänzt und damit komplettiert. Das sorgt für ein Gefühl von Dynamik, für mehr Varietät und das sticht im Vergleich zu den benachbarten Farbtönen hervor. Gerade wenn Mitbewerber Farben schon stark besetzt haben, kann eine Kombination mit einer Akzentfarbe sinnvoll sein.
- **Farbspektrum ausnutzen (nur bedingt empfehlenswert):** Marken wie Google fahren den Ansatz, das Farbspektrum komplett auszunutzen und sich nicht festzulegen, wo man angesiedelt sein möchte. So besitzt das Logo sowohl die Farbe Rot, Blau, Gelb als auch Grün: Unterschiedliche Identifikationspunkte sorgen dafür, dass diese Marke für jeden ist, sie wirkt verspielt und zugänglich. Die Zielgruppe von Google ist jede Person, die Zugang zum Internet hat, und das unterstützt auch die Farbkombination. Doch als Personenmarke, die neu startet, ist eine anfängliche Eingrenzung in der Regel sinnvoller.
- **Dominante Farbe und neutrale Ergänzungen:** Mein persönlicher Favorit für eine neue Personenmarke ist, eine primäre Farbe im Fokus zu haben und zwei ergänzende neutrale Farben, also Schwarz, Weiß oder Grau, hinzuzufügen. So ei-

nige bekannte Marken nutzen ebenfalls dieses Farbschema, etwa Netflix oder auch Spotify. Die Marke wirkt dadurch in der Kommunikation stark und sicher und besonders in Infografiken oder auch Präsentationen ist das Ganze gut lesbar, was grundsätzlich ein wichtiger Aspekt bei der Farbwahl ist: Auf dem Handydisplay ist vieles recht klein; Kontraste können dafür sorgen, dass Text und Aussagen hervorstechen.

Speichere die Farbcodes aller Bestandteile deines Farbschemas ab (Hex und RGB), und verwende sie für jegliche Darstellung. Bei der Verwendung von Farben gilt die Grundregel »Weniger ist mehr«. Das bedeutet: In 60 Prozent der Fälle nimmst du neutrale Farben (weiß, schwarz, grau), 30 Prozent können sekundäre Farben ausmachen und nur maximal 10 Prozent erscheinen in deiner primären Brand-Farbe: Ich habe schon so oft Websites und Blogs gesehen, in denen selbst der Fließtext in Rot oder Grün geschrieben wurde, damit der Leser auf jeden Fall die Farbe der Marke wahrnimmt. Ist dir bestimmt auch schon mal beim Surfen im Internet begegnet und hat eher einen abschreckenden Effekt, oder? Ich klicke da jedenfalls rigoros weg, das ist total aufdringlich, wirkt unprofessionell und ist noch dazu in vielen Fällen total unleserlich. Das macht keinen Spaß und man hat keine Lust mehr, sich näher mit der Marke dahinter zu beschäftigen.

Manchmal kommt man auch auf wirren Wegen zur eigenen Brand-Farbe. So wie bei mir damals. Ich war auf eine Veranstaltung eingeladen, bei der strikte Anzugpflicht herrschte. Dort hatte ich die Möglichkeit, vor über 12.000 Menschen zu sprechen und meine Geschichte mit den sozialen Medien zu teilen, was für mich eine große Ehre war. Da die Zuschauer aus allen Teilen der Welt anreisten, musste ich meine Rede auf Englisch halten, weshalb ich selbst nach einigen Jahren Videos, LIVE-Streams und unzähliger Offline-Vorträge ziemlich nervös war. Auf meine Anmerkung hin, dass ich aber nun mal keinen Anzug besaß, bekam ich die lapidare Antwort, dass ich mir eben bitte einen zulegen möge, da die Kleiderordnung sehr strikt sei. Also beschloss ich – typisch Torben –, mir einen Scherz zu erlauben und kaufte mir ein knallrotes Jackett. Ich zeigte es im Vorfeld einigen meiner Freunde sowie Geschäftspartner und postete es auch auf meinen Socials. Das Feedback war gemischt: Von »Zuhälter« über »Clown« bis hin zu »extravagant« und »passt zu dir« bekam ich alles zu hören.

Am Tag des Auftritts postete ich morgens mein Outfit – und es wurde verblüffenderweise eines meiner erfolgreichsten Bilder, unzählige Kommentare und Diskussion darunter, es polarisierte einfach. Mittags war es dann so weit: Ich durfte auf die Bühne. Durch das grelle Scheinwerferlicht konnte ich die Menschenmenge gar nicht richtig sehen. Ich konzentrierte mich einfach auf meine Rede und mein Timing, versuchte alles andere auszublenden. Nach 30 Minuten das Schlusswort, Punktlandung! Es ist ein extrem befreiendes Gefühl, wenn du den Applaus hörst und damit endlich Feedback bekommst, vor allem wenn du vorher unter anderem aufgrund der Fremdsprache etwas unsicher warst. Ich ging seitlich von der Bühne ab und suchte meinen Freund Matthias, der alles filmen wollte, doch mir kamen nur andere Leute entgegen, die mir vollkommen unbekannt waren. Einige wollten einen kleinen Plausch halten, Daumen gingen nach oben, eine Gruppe Asiaten wollte ein Foto mit mir schießen und ich willigte überrascht ein. An der Wand stehend, schweifte mein Blick nach dem Knipsen immer wieder über die Menge – doch keine Spur von meinem Kollegen. Stattdessen merkte ich, dass immer mehr Leute nach vorne kamen, um mich herum war plötzlich ein richtiger Andrang – ich immer noch an der Wand –, unterschiedliche Menschen, die sich einfach neben mich stellten und ein Foto wollten. Die meisten von ihnen kamen aus dem Ausland, sprachen gebrochenes Englisch und ich fragte mich, woher die mich eigentlich kannten. Schließlich war mein kompletter Content online ja in deutscher Sprache. Für einen Moment dachte ich erschrocken, dass sie mich womöglich mit jemandem verwechselten, als ich aus dem Getümmel heraus hörte, wie jemand sagte: »Torben is the man in the red jacket!« Ich begriff, dass sie vielleicht auch deshalb mit mir ein Foto machen wollten, weil ich aus dem Meer aus Pinguinen in schwarzen oder dunkelblauen Anzügen mit blütenweißem Hemd herausstach. Und so mancher hatte womöglich während meines Vortrags auf meine Social-Media-Kanäle geschaut.

Was soll ich sagen: Aus dem Scherz wurde Ernst, denn seit diesem Tag ist Rot meine Brand-Farbe. Das rote Jackett ziehe ich heute aber nicht mehr an.

Die Typografie

Egal ob auf Plakaten, in Zeitschriften oder Onlineartikeln, überall finden wir Schriften, die in den unterschiedlichsten Gestaltungsformen auftreten, was man als Typografie bezeichnet. Sie spielen beim Markenauftritt eine wichtige Rolle, da sie unsere Botschaften unterstützen und zur Markenidentität beitragen. Viele große Unternehmen lassen sogar eigene Schriftarten entwickeln, damit sie unverwechselbar sind. Diese maßgeschneiderten Fonts haben einen hohen Wiedererkennungswert. Auch die Nutzungsrechte sind dann klar, denn einige Schriftarten aus dem Internet darf man nicht einfach so kommerziell verwenden.

Doch was für die Werbe- und Markenwelt im Allgemeinen gilt, gilt nicht eins zu eins für Marketing auf Social Media und für Personal Brands. Zum einen kostet die Kreation einer eigenen Schriftart Zeit und Geld, weshalb ich zum Start des Markenaufbaus diesen Schritt erst einmal nicht gehen würde. Zum anderen geht es hier um den Markenaufbau über Social Media – und dort gibt es teilweise nur wenige mögliche Fonts, wir haben also keinen besonders großen kreativen Spielraum. Aber eine besondere, unverwechselbare Typografie kann durchaus eine sinnvolle spätere Erweiterung für deine Website, deinen Blog, deine Präsentationen oder klassische Werbemaßnahmen darstellen, deswegen schauen wir uns die Basics auf jeden Fall einmal an.

Wir sollten uns grundlegend Gedanken darüber machen, welche Schriftarten wir perspektivisch verwenden wollen, da diese gerade bei einer Personenmarke unseren Markenkern widerspiegeln und ein Text automatisch eine Färbung bekommt, was wir alle kennen: Wir nehmen Geschriebenes beispielsweise als verspielt war, wenn es in Comic Sans geschrieben ist und erwarten daher keine Pressemitteilung. Bei Letzterer würden wir eher mit der klassischen Times New Roman rechnen. Dabei greifen wir auf unsere Erfahrung zurück, weshalb wir einige Stile direkt zuordnen können und es als stimmig empfinden, wenn Schriftart und Inhalt zusammenpassen. Die Abbildung bietet einen ersten Überblick, wie bestimmte Schriftarten wahrgenommen werden und wofür sie stehen können. Im Internet gibt es zudem zahlreiche Schriftsammlungen, da kannst du selbst ausprobieren, wie ein Text in unterschiedlichen Fonts wirkt.*

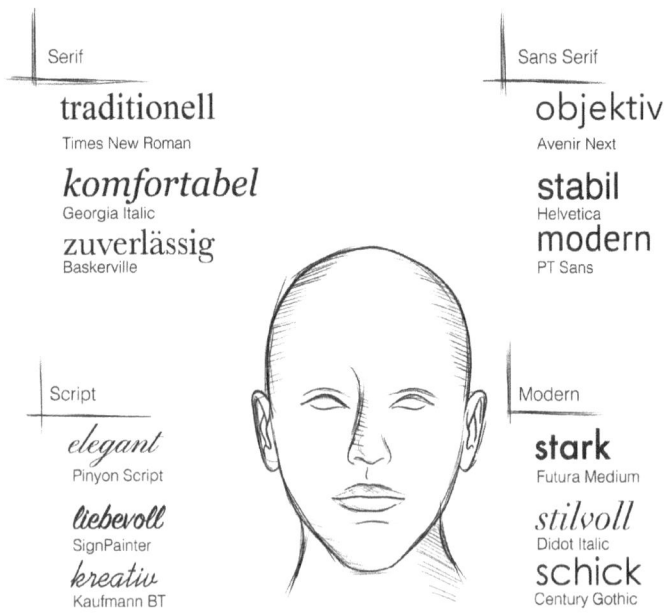

---

* Du kannst selbst danach googlen, aber einfacher geht es über den QR-Code im Schlusskapitel. Im *SELFMADE-BRANDING*-Bonusmaterial findest du eine Reihe von Websites, auf denen es kostenlose kommerziell verwendbare Fonts zum Download gibt.

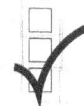 Leg einen Font für Überschriften fest, der gerne mehr Details haben oder außergewöhnlich aussehen darf, da diese Textbestandteile in der Regel größer dargestellt oder gedruckt werden. Diese Schriftart kann später beispielsweise auch für Zitate genutzt werden. Teste, was dir gefällt und was sich für deine Personal Brand stimmig anfühlt.

Such dir als Nächstes eine Schriftart für den Fließtext aus, die vor allem gut lesbar und neutral sein sollte.

Eine dritte Schriftart kann später auf der Website ergänzend hinzugenommen werden, um beispielsweise Kundenstimmen oder Rezensionen vom Fließtext abzugrenzen.

Wichtig ist: Du solltest einmal gewählte Schriften nicht mehr ändern, zumindest bis du dir gegebenenfalls zu einem späteren Zeitpunkt eigene Fonts designen lässt für klassisches Marketing jenseits von Social Media.

Wie schon gesagt: Auf vielen Social-Media-Plattformen gibt es fest vorgegebene Schriftarten. In dem Fall solltest du dir die bestmögliche Variante für deine Personal Brand aussuchen, immer dieselben Fonts verwenden und beispielsweise in Verbindung mit deinen Markenfarben dein Brand-Design vermitteln.

Die Bildsprache

Schon bei der Brand-Story und dem Storytelling (siehe Cube 2 und 5) ging es um bildliche Sprache, Metaphern und Analogien, da Bilder Emotionen besser transportieren als Worte. Das menschliche Gehirn muss Texte und Schriften erst dechiffrieren und dann verstehen; Bilder kann es schneller und besser kognitiv verarbeiten. Wir etablieren daher innerhalb unserer Marke einen bestimmten Bild- und Videostil, der unsere Message transportiert und gleichzeitig für einen Wiedererkennungswert unserer Personal Brand sorgt.

Die Bildsprache entscheidet darüber, ob ein Bild auf den ersten Blick freundlich und nahbar wirkt, exklusiv und anspruchsvoll oder edgy und trendy. Ein professionelles Fotomodel beispielsweise schlüpft für verschiedene Aufträge in unterschiedliche Rollen, etwa arrogant, cool und unnahbar auf dem Catwalk, beim Foto-Shooting dann wieder verliebt und verspielt auf dem Rosenbett. Die Bildsprache wird jeweils angepasst, um den Vibe und die Aussage zu verstärken für die Kampagnen der Produkte und Unternehmen, die dahinterstehen und gezielt einen Charakter eingekauft haben. Beim Personal Branding nutzen wir hingegen das Konzept der durchgängig wiedererkennbaren Bildsprache, die zur Markenidentität passt. Denn in den sozialen Medien konkurrieren wir mit unzähligen Creators und Unternehmen um die Aufmerksamkeit der User. Daher ist es wichtig, dass wir mit unserem visuellen Content auf den ersten Blick Interesse wecken, sodass überhaupt auf unser Bild oder Video geklickt wird und wir die Chance bekommen, eine Verbindung zu dem Interessenten aufzubauen.

Ich empfehle dabei zwei Grundregeln:

1. **Verzichte strikt auf übermäßige Inszenierung.** Wir wollen nicht auf zehn verschiedenen Bildern zehn unterschiedliche Rollen einnehmen, sondern den Interessenten, Followern und Zuschauern ein einheitliches Bild unserer Personal Brand vermitteln.
2. **Vermeide eingekaufte Stock-Fotos und -Elemente, Hinterköpfe, gezwungene, unnatürlich wirkende Posen und über- oder unterbelichtete Fotos.** Blickkontakt und strahlende, wache Augen, eine Situation, die auf den ersten Blick erkennbar ist sowie fokussierte und scharfe Bilder sollten das Fundament unserer Bildsprache sein. Qualitativ schlechte Aufnahmen werden von den Algorithmen der Plattformen im Ranking heruntergestuft, was die Reichweite negativ beeinflusst. Gerne dürfen auch Schnapp-

schüsse und Selfies untergemischt werden, die eine gewisse Spontanität, Authentizität und Nahbarkeit ausdrücken.
Aber nicht vergessen: Wir wollen hier keine Rolle spielen, sondern als Mensch mit echten Emotionen auftreten. Auch die Marketingexperten in Deutschland setzen immer mehr darauf (86 Prozent), wie eine Umfrage ergeben hat:[88] Emotionen seien die wichtigsten Erfolgsfaktoren für Marken und Gefühle beim Gegenüber zu erwecken stehe noch vor der Reputation und dem Image des Unternehmens. Dennoch wissen demnach 53 Prozent der Experten nicht, wie die eigene Marke überhaupt bei der Zielgruppe ankommt! Eine große Chance für eine Personenmarke, die durch den Dialog auf direktes Feedback zurückgreifen kann.

Unser Content fällt unter die Rubrik »user-generated«, der sich vor allem durch Natürlichkeit auszeichnet und eine schnelle Bearbeitung über verschiedene Apps am Handy erlaubt: weniger Perfektionismus, mehr Spontanität. Da sich unsere Lebensmotive und Bedürfnisse zu einem großen Teil mit denen unserer Zielgruppe decken, haben wir gute Chancen, dass unsere ausgewählten Motive hohe Identifikation genießen.

Fünf Grundlagen für eine bessere Bildsprache

1. **Brand-Design:** Alle Bausteine deines Brand-Designs sollten sich in der Bildsprache wiederfinden. Dazu zählen wiederkehrende Elemente oder eine bestimmte Kleidung, die du aufgrund deines Themas trägst, sowie das grundlegende Farbkonzept deiner Personal Brand.
2. **Stil:** Es empfiehlt sich, die gleiche Bildbearbeitung durchgängig für alle deine Posts zu benutzen. In Bildbearbeitungsprogrammen gibt es dafür eigene Presets, unter denen du Filter und Belichtung abspeichern kannst, um sie direkt auf jedes Bild anzuwenden und so deinen persönlichen Stil zu kreieren.
3. **Eyecatcher:** Jedes Bild sollte etwas Besonderes und Einzigartiges an sich haben, etwa eine bestimmte Emotion transportieren oder ein Element enthalten, das sofort auffällt. Das kann auch dein Blick sein, der besonders emotional aufgeladen ist, oder die Situation, in der du dich gerade befindest, die Menschen um dich herum, ein bestimmter Ort oder auch die Farben im Bild, die Momentaufnahme, die hier eingefangen wurde, et cetera.
4. **Message:** Stelle keine Bilder online, nur weil du denkst, es wäre mal wieder an der Zeit, irgendetwas zu posten, sondern weil du etwas damit aussagen möchtest. Das kann auch in Verbindung mit dem Text passieren, für den du unterstützend ein Bild ausgewählt hast. Aber es muss definitiv etwas geben, das du mit anderen teilen möchtest. Blickkontakt mit dem Zuschauer sorgt immer für eine stärkere Verbundenheit, da du ihn direkt ansprichst.

5. **Authentizität:** Es gibt unglaublich viele Tutorials, welche Posen man auf Bildern einnehmen sollte, welche Gestik und Mimik welche Bedeutung hat und wie es die erfolgreichen Models machen. Genau diese Anleitungen sorgen aber dafür, dass du deinen Charakter verlierst und austauschbar wirst. Gute Bilder für eine Personenmarke sind vor allem die, die nicht gestellt aussehen und dich in einem authentischen Moment erwischen: Sie haben viel mehr Geschichte als eine komplett gekünstelte, vor dem Spiegel einstudierte Pose.

Das Logo

Das Logo ist bei vielen Corporate Brands das zentrale und wohl prominenteste Element, aber bei einer Personenmarke – zumindest anfangs – von untergeordneter Relevanz. Ich wundere mich oft, wie viel Zeit manche Leute damit verbringen, direkt zum Start ein passendes Logo zu designen oder jede Menge Geld ausgeben, um professionell ein maßgeschneidertes entwickeln zu lassen. Bei vielen ist es der eigene Vor- und Nachname in einer geschwungenen Schriftart, manchmal sogar die eigene Unterschrift. Klar, ein eigenes Logo zu haben ist ein gutes Gefühl. Das macht die eigene Marke für einen selbst irgendwie »offiziell« und man fühlt sich wie auf einer Stufe mit den großen Unternehmen: der rote Coca-Cola-Schriftzug, der schwungvolle Nike-Swoosh oder der angebissene Apfel von Apple.

Das liegt vor allem daran, dass alle genannten Unternehmen (und viele, viele andere) seit vielen, vielen Jahren etablierte Produkte am Markt haben, die fast jeder kennt, und jedes Jahr Milliardenbeträge ausgeben, damit das auch so bleibt. Das Logo dient der sofortigen Identifizierung und ist gleichzeitig eine Markenverlängerung, denn jeder Coca-Cola-Truck wird täglich von Abertausenden Autofahrern gesehen, der Nike-Swoosh ist auf jedem Air-Force-1-Schuh, der da draußen getragen wird, und der Apple-Apfel prangt auf jedem Macbook, das aufgeklappt wird.

Bei einem Logo lassen sich drei Formen unterscheiden:

1. **Wortmarke:** Das ist der Markenname, der typografisch gestaltet wird.
2. **Bildmarke:** Die Brand wird durch ein Symbol oder ein Icon repräsentiert, das auch für sich alleine stehen kann.
3. **Wort-Bild-Marke:** Eine Kombination aus typografischer Gestaltung und einem Symbol oder Icon, die zusammen eine Einheit bilden. Dies kann auch ein Monogramm sein.

Doch als Personal Brand konkurrieren wir nicht mit diesen Giganten, das würde auch wenig Sinn ergeben. Wir können im Gegensatz dazu einen viel persönlicheren Zugang zu den Menschen wählen. Diesen Vorteil kann kein aufgedrucktes Logo der Welt aufwiegen. Zudem kann es sehr lange dauern und dabei ein enormes Budget verschlingen, bis sich ein Logo fest in den Köpfen der Menschen verankert hat.

Das Mission-Logo als Alternative

Als Personal Brand ist unser Gesicht das Aushängeschild: Wir kommunizieren, wir sprechen, wir schreiben, wir treten in den Dialog mit Fans, Followern und Abonnenten und bauen Nähe auf. Dieses neu entstehende Vertrauensverhältnis würde durch ein abstraktes Logo, das wir durchgängig auf alles legen, was wir posten, oder ständig einblenden, eher geschmälert. Es ist wie ein Label oder sogar Stempel mit dem Subtext, dass es sich bei dem Content um Werbung oder eine Marketingmaßnahme handelt und nicht um einen Mehrwert und das nervt – auch wenn es in Wahrheit anders ist.

Gerade zu Beginn des Markenaufbaus gelten wir nicht als Prestigeobjekt oder Statussymbol, mit dem sich andere gerne schmücken oder Zugehörigkeit zeigen wollen wie bei einem Apple-Produkt, das einen gewissen Lifestyle verkörpert und seit Jahrzehnten in der Gesellschaft Relevanz besitzt. Im besten Fall sind wir ein Freund und Begleiter, der auf einer langen Reise mit seinen Fans, Followern und Abonnenten auf Augenhöhe kommuniziert. Aus diesem Grund haben wir bei TPA Media das Konzept des Mission-Logos entwickelt: Es symbolisiert die Mission der Personal Brand (siehe Cube 3). Der Vorteil ist, dass es keinen Namen beinhaltet, den sich anfangs ohnehin niemand auf ein T-Shirt oder eine Tasse drucken würde und der gerade bei einer kleineren Community oder zum Start auf Social Media eher als narzisstisch und egoistisch ausgelegt werden kann, sondern ein klares Statement, das in der jeweiligen Zielgruppe Relevanz besitzt. Das Logo braucht Kontext, nur dadurch wird es mit Bedeutung aufgeladen und das schafft bei einem Mission-Logo jeder Einzelne aus der Community individuell und gleichzeitig auch gemeinsam als Kollektiv, da wir an einem übergeordneten Ziel arbeiten und so unsere Zugehörigkeit zur Gruppe zeigen können.

Das Mission-Logo repräsentiert also die Bewegung, die zu unserem Mission-Statement passt. Erst nach einer Aufbauphase von sechs bis zwölf Monaten (oder länger) ist es dann eventuell an der Zeit, ein Logo für uns als Person zu kreieren. Dieses können wir dann dezent bei Auftritten, in Business-Netzwerken und auf virtuellen Visitenkarten sowie in der E-Mail-Signatur benutzen. Nach außen hin sorgt aber nach wie vor das Mission-Logo für die Multiplikation der Markenbekanntheit. Wir sorgen damit für eine kostenlose Verlängerung unserer Marke, die gleichzeitig die Verbundenheit mit unserer Community stärkt.

Fünf essenzielle Aspekte eines Mission-Logos

1. **Das Herz der Marke:** Ein gutes Mission-Logo macht deine Markenidentität erkennbar und fügt sich in das Brand-

Design nahtlos ein. Dabei sollte es nicht zu konstruiert aussehen, aber doch etwas Einzigartiges, vielleicht sogar Unerwartetes haben – so wie die abgebissene Stelle im Apple-Logo, bei der man sich fragt, welche Bedeutung sie hat. Es muss leicht erkennbar sein, was dargestellt wird, da es sich so besser einprägt und einen höheren Wiedererkennungswert hat.

2. **Zielgruppenorientiert:** Anhand des Mission-Logos muss erkennbar sein, wer durch die Marke angesprochen werden soll. Ein schwarzes Logo mit einer eleganten Schreibschrift wird beispielsweise eher als feminin und/oder luxuriös wahrgenommen, es könnte zu einer Boutique für Designerklamotten gehören. Bei einem bunten Logo und einer kindlichen Schrift erwartet man vielleicht eher einen Spielzeugladen. Will sagen: Die erste Assoziation des Betrachters sorgt für eine Zuordnung und eine mögliche Identifikation, sofern er sich davon angesprochen fühlt.

3. **Anders und einzigartig:** Auch wenn wir bestimmte Markenlogos inspirierend finden, sollten wir uns an niemand anderem orientieren, sondern vielmehr unserer eigenen Identität Ausdruck verleihen. Verwechslungsgefahr bei einem Logo sorgt ohnehin nur dafür, dass wir entweder als Kopie gesehen werden oder sogar die Aufmerksamkeit eher auf die etablierte Marke lenken, bei der wir uns zu Inspirationszwecken bedient haben.

4. **Skalierbar und farbneutral:** Die Bedeutung von Farben spielt in unserem Leben eine große Rolle – auch bei der Logo-Entwicklung. Entscheidend ist darauf zu achten, dass ein Logo auf jeglichen Untergründen, zum Beispiel beim Drucken, funktioniert, dass es in der Größe skalierbar ist und dass es selbst einfarbig seine Wirkung nicht verliert.

5. **Zeitlos statt trendy:** Lass dich nicht von aktuellen Trends und Modeerscheinungen leiten, die womöglich in einigen

Wochen keine Relevanz mehr haben. Ein gutes Logo darf modern aussehen oder historisch geprägt sein, muss aber zeitlos funktionieren, da es ansonsten schnell als veraltet wahrgenommen wird. Klassische Elemente sorgen für Identifikation und die individuelle Kombination gilt es passend zur Markenidentität zu gestalten.

> Skizziere ein Mission-Logo, das zu deinem Mission-Statement passt. Achte dabei auf die fünf essenziellen Aspekte.
>
> Keine Panik, wenn du nicht sofort die zündende Idee hast! Du musst nicht zu Beginn deiner Reise als Personal Brand direkt ein passendes Logo etablieren. Du kannst dich auch erst einmal um andere Baustellen kümmern, es später einführen und ab diesem Zeitpunkt durchgängig verwenden. Doch die essenziellen Aspekte bleiben gleich.

Das Icon

Icons begegnen uns im täglichen Umgang mit unserem Smartphone, Tablet oder Computer bei den verschiedenen Apps und Programmen. Entscheidend ist, dass ein Nutzer das Icon auf den ersten Blick zuordnen kann und es so plakativ wie möglich darstellt, was sich dahinter verbirgt. Das menschliche Gehirn kann diese Information schnell verarbeiten und zuordnen, weshalb Icons gute Markenbotschafter sind. Beispiel gefällig? Aber gerne doch! Ein weißes F in einer blauen Box öffnet logischerweise die Social-Media-Plattform Facebook, während der weiße Telefonhörer in einer Sprechblase in der grünen Box für WhatsApp steht. Verwechslungsgefahr nahezu ausgeschlossen, oder hast du dich bei den Symbolen schon mal verirrt?

Es empfiehlt sich, Icons an die bisher über die Typografie kreierte Formsprache anzupassen, sodass sie vom Rhythmus und Charakter mit den Schriftarten als einheitlich angesehen werden. Bei einer Personenmarke können Icons in den Biografien der Profile, in den gespeicherten Highlights auf Instagram oder auf der Webseite genutzt werden und auf den ersten Blick aussagen, welchen Content die Fans, Follower und Abonnenten hier erwarten können. Oftmals dienen daher auch als Smileys vorhandene Icons als Vorlage oder Elemente aus der App »Characters«, die man einfach kopieren und einfügen kann. Der Vorteil ist, dass man diese einheitlich überall verwenden kann und sie dadurch präsenter sind. Der Nachteil ist logischerweise, dass man zum einen limitiert ist und zum anderen viele andere dieselben Icons für sich und ihre Marke nutzen. Am Anfang spricht aber allein aus Zeit- und Kostengründen nichts dagegen. Ist schnell gemacht und leuchtet den Usern ein.

Finde oder kreiere Icons, die zu der Markenleistung deiner Personal Brand passen. Es sollten zu Beginn nicht mehr als drei Icons festgelegt werden, die überall einheitlich in der Kommunikation auftreten und auch im Profil sichtbar sind, wenn möglich.

Cube 7: Content erstellen und Formate entwickeln

Der Content ist das Herzstück unserer Personal Brand, denn er ist entscheidend dafür, dass wir in unserer Nische zu einer Autorität werden und Einfluss aufbauen können: Nützliche Informationen, anwendbares Wissen oder auch Unterhaltung sorgen dafür, dass wir uns von Unternehmen und Personen abgrenzen, die lediglich ihre Produkte und Dienstleistungen in den Vordergrund stellen und diese einfach nur bewerben. Jedes Bild, jedes Video, jedes Audio-File und jedes Fitzelchen Text, mit dessen Hilfe wir kommunizieren, fällt unter den Begriff »Content«. Er ist das Fundament unserer Reichweite und auch der späteren Monetarisierung unserer Marke über organische Kontakte.

Anfangs ist es ohnehin der Inhalt, den wir in den Vordergrund stellen, solange die Leute uns als Person noch nicht kennen. Je fundierter, informativer und aktueller dieser Content ist, desto größer ist die Chance, dass andere uns als Informationsquelle nutzen und dass wir später auch aufgrund unserer Persönlichkeit zu einer Inspirationsquelle werden – und damit über die Zeit zu einer relevanten Personenmarke am Markt. Doch selbst dann ist und bleibt der Content für unsere Personal Brand erfolgsentscheidend. Denn guter Content sorgt dafür, dass wir beispielsweise über Suchmaschinen gefunden werden, sofern wir ihn richtig strukturieren, und so langfristig Follower, Leads und Kunden gewinnen. Und wie du schon aus Kapitel 2 weißt, lieben die Algorithmen der Social-Media-Plattformen Content. Deshalb brauchen wir Strukturen, um langfristig und dauerhaft Mehrwert durch unsere geposteten Inhalte zu generieren – egal ob Text, Bild, Video oder Audio.

Wissens- und Informationsroutine – die solide Grundlage

Um ein nennenswerter Sender zu werden, ist es zwingend erforderlich, selbst auch Empfänger zu sein: **Nur wer selbst konsumiert, kann auch zielgerichtet kreieren.** Das hat vor allem zwei Gründe:

1. **Creator müssen immer up to date sein,** wie und wo gerade Kommunikation abläuft, und verstehen, wieso diese von hoher Relevanz ist. Dadurch, dass Features innerhalb der Plattformen ständig geändert und upgedatet werden, neue Kanäle hinzukommen und sich auch die Ansprache wandelt, sollten wir uns täglich Zeit freihalten, um auf der »Entdecken«-Seite auf Instagram, der For-You-Seite auf TikTok, den iTunes- und Spotify-Charts sowie den YouTube-Trends zu stöbern, was gerade die höchste Relevanz auf den Plattformen genießt. Dadurch bekommen wir ein Gefühl dafür, was funktioniert und was nicht und können den Content analysieren und im Hinblick auf unsere eigene Message adaptieren.
2. **Creator brauchen eine fortlaufende Wissenszufuhr für ihr Kernthema,** vor allem im Hinblick auf die Nische, in der sie sich positionieren und ihre Personal Brand systematisch aufbauen wollen.

Ich empfehle daher, in die eigene Morgen- und/oder Abendroutine den Konsum von Wissen einzubauen, sodass du dich zum Experten mausern kannst, deine Expertise ausbaust und vor allem langfristig halten kannst. Denn in der modernen Kommunikationswelt der sozialen Netzwerke zählen vor allem aktuelle Informationen und Wissen, das man direkt anwenden kann. Verjährte akademische Erfolge sind nur mäßig interessant. Fans, Follower und Abonnenten müssen den Eindruck bekommen, dass sie einen Creator sozusagen als Zusammenfassung von verschiedenen Informationsquellen nutzen können, sodass sie Zeit sparen und komplizierte Sachverhalte heruntergebrochen konsumieren können. Zudem sollte der Content für sie Zusammenhänge herstellen, die sie (noch) nicht gesehen haben, sodass sie daraus ihre eigenen Schlüsse ziehen können. Bietet ein Creator bezahlte Mentorings, Coachings oder Seminare an, sparen Fans, Follower und Abonnenten sogar Geld durch dessen Zusammenfassungen und kommen an Content, auf den sie sonst nicht zugreifen könnten, etwa über Onlinekurse, Coachings oder Seminare. Unser Wissen setzt sich aus Expertenmeinungen, Erfahrungen aus der Praxis, aktueller Literatur, Coachings, Seminaren, Mentoring und vielem mehr zusammen, das wir im Wissens-Cluster sammeln.

Es empfiehlt sich verschiedene Quellen und Formate zu mischen, digitale sowie analoge mit einzubeziehen, da wir unterschiedliche Impressionen selbst besser aufnehmen können, wir mit Querverweisen arbeiten können und unser eigener Content vielseitiger wird, wir Sachverhalte beispielsweise aus unterschiedlichen Blickwinkeln betrachten können und daraus eigene Schlüsse ziehen. Also nicht nur Bücher lesen, sondern auch Podcasts hören, Fachzeitschriften durchforsten, digitale Medien nutzen.

Deine »Wissens- und Informationsroutine« kannst du über die sozialen Medien und Plattformen sichtbar machen, also als Teil deines Contents integrieren, indem du beispielsweise zeigst, dass du dich ebenfalls weiterbildest und ein wissbegieriger Schüler bist. So kommst du auf Augenhöhe mit den Empfängern, die sich das Wissen bei dir holen. Auch Influencer oder andere Personenmarken, die für uns ein Vorbild sind, können gezeigt werden, und sorgen für eine weitere Identifikationsmöglichkeit mit unseren Followern.

> Erstelle einen Wissens-Cluster mit Informationsquellen, von denen du regelmäßig Content konsumierst, und nimm dir täglich mindestens 30 Minuten Zeit dafür. Baue diese Wissens- und Informationsroutine am besten in bereits bestehende Routinen ein, und update deine Wissensbasis regelmäßig. Der Cluster als Gesamtes sollte aber nicht sichtbar sein in deiner Kommunikation. Du musst ja nicht alles verraten …

Content-Cluster der Personal Brand – von innen nach außen

Beim Konsumieren ist es sinnvoll, sich Notizen zu machen und die Kerninhalte zu verschriftlichen, um daraus einen Content-Cluster zu erstellen. Dieser hilft uns dabei, unsere Inhalte zu konservieren, zu strukturieren und so zu kommunizieren, dass er von der Zielgruppe gesehen und angenommen wird. Es gibt unterschiedliche Modelle, die vor allem im Bereich SEO verwendet werden, doch bei uns in der Agentur fokussiert der Cluster die Content-Erstellung einer Personenmarke.

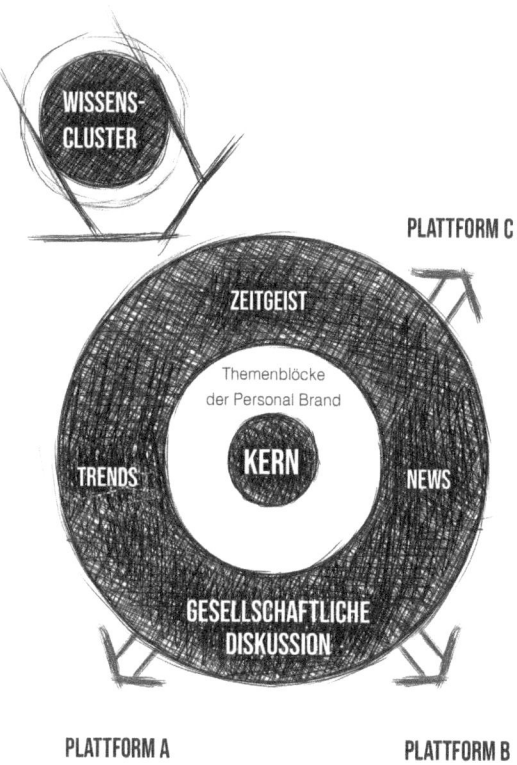

In der Mitte des Content-Clusters befindet sich das Kernthema der Personal Brand. Es sorgt für die grobe Einordnung unserer Marke und beinhaltet vor allem fundamentales Wissen, also so etwas wie Langzeitstudien und Statistiken, wissenschaftliche Erkenntnisse und Fakten. Das sind die Basisinformationen. Es empfiehlt sich, diese Bestandteile zu erfassen, zu verinnerlichen und für sich selbst zu verschriftlichen. Interessant ist auch zu schauen, wie die Allgemeinheit über das Thema denkt, also welche Meinung (aktuell) vorherrscht.

Ein paar Beispiele:

1. Allgemeine Ansicht: »Mit veganer Ernährung kann man keine Muskeln aufbauen.«
2. Allgemeine Ansicht: »Das Abitur ist die wichtigste Grundlage für den weiteren Erfolg im Leben.«
3. Allgemeine Ansicht: »Du musst SEO betreiben, um im Internet gefunden zu werden.«

Diese Mainstream-Meinung können wir gegebenenfalls im nächsten Schritt neu interpretieren und durch unsere Personal Brand den Blickwinkel der Allgemeinheit darauf verändern – oder es zumindest versuchen. Du musst mit deinem Thema aber nicht zwingend gängige Konventionen brechen, du kannst sie auch unterstützen.

Um unsere Marke weiter einzugrenzen und uns in einer Nische zu positionieren, haben wir das Kernthema weiter eingegrenzt und interpretiert (siehe Cube 3): Hier sind die Themenblöcke zu finden, auf die wir den Fokus legen, die uns besonders wichtig sind, auf eine bestimmte Zielgruppe zugeschnitten sind oder auch das Kernthema neu interpretieren oder neue Ansätze liefern. Sie machen den Hauptteil unseres Content-Clusters und unserer Markenidentität aus.

Anhand der oben genannten Beispiele könnte das so aussehen:

1. Entgegen der allgemeinen Ansicht: Der Creator ist ein Fitnesstrainer, der sich ausschließlich vegan ernährt und dennoch nachweislich Muskelmasse aufbaut und diesen Weg mit seinen Fans, Followern und Abonnenten teilt.
2. Entgegen der allgemeinen Ansicht: Der Creator hat selbst kein Abitur gemacht, baut trotzdem gerade erfolgreich ein Start-up auf und dokumentiert diesen Weg über Social Media.
3. Linear zur allgemeinen Ansicht: Der Creator ist jemand, der SEO auf einfache Art und Weise erläutert und aufzeigt, wie andere die ersten Schritte für ihr Unternehmen gehen können, um ihre Auffindbarkeit im Netz zu verbessern.

Aktuelle Nachrichten, neue Trends, der Zeitgeist und gesellschaftliche Diskussionen bestimmen unter Umständen mit, wie gerade über unser Kernthema gedacht wird, ob es relevant ist aufgrund von Ereignissen oder veröffentlichter Daten, wie andere dazu stehen, welche Meinungen vorherrschen et cetera. Diese Dimension bietet uns die Möglichkeit, uns auf Aktuelles zu beziehen und so einen Aufhänger zu schaffen. Das erhöht die Chance, dass Menschen sich mit dem Thema beschäftigen, weil es gerade im Fokus steht. Das Timing und Schnittmengen erhöhen immer die Reichweite.

Setzen wir die drei Beispiele entsprechend fort:

1. Aufhänger: Eine kürzlich veröffentlichte Studie zeigt, dass der Proteinbedarf in der veganen Ernährung durch Ersatzprodukte ausreichend gedeckt werden kann und daher der Muskelaufbau problemlos möglich ist.
2. Aufhänger: Die Zahlen belegen es eindeutig – 80 Prozent aller Start-ups in Deutschland scheitern, weil sie im ersten Jahr gravierende Fehler machen.
3. Aufhänger: Statistiken zeigen, dass während der Corona-Pandemie rund 18 Prozent der Geschäfte Insolvenz an-

melden mussten, weil sie keinen funktionierenden Internetauftritt besaßen und schlichtweg von Interessenten und potenziellen Kunden nicht gefunden wurden. Ihre Stammkunden kauften alternativ in etablierten Online-Shops ein.

Der eigene Content entwickelt sich also immer von innen nach außen; das Fundament darf nicht vernachlässigt werden. Wir beziehen dauerhaft den aktuellen Zeitgeist, Nachrichten und Trends mit ein und suchen gezielt nach Schnittmengen oder Stellen, an denen wir in die Debatte einsteigen können, nach Kausalitäten, die wir herleiten, oder nach Standpunkten, die wir aufgreifen und zur Diskussion stellen können.

Wir bauen darauf unsere Themensäulen auf, maximal zehn: Je weniger, desto spitzer sind wir positioniert, was sich gerade am Anfang empfiehlt. Später kannst du dann weitere Säulen etablieren.

> **Erstelle einen Content-Cluster für deine Personenmarke: Du kannst ihn anfangs auch verbildlichen wie bei deinem Moodboard, solltest aber früher oder später Programme wie Excel, Evernote oder Simplenote verwenden, um deinen Content zu strukturieren.**
>
> **Bleib auf dem Laufenden, wie deine Inhalte performen. Bei Videos und Fotos ist das simpel: Du siehst ja direkt, wie oft sie geklickt und angesehen worden sind. Darüber hinaus hat jede Social-Media-Plattform Analytics, die du dir einmal pro Woche anschauen solltest.**

Die passenden Content-Formate

Jetzt geht es vor allem um die Frage, welche Informationen wir wie und wo veröffentlichen, damit wir möglichst viele Menschen erreichen. In Kapitel 2 haben wir über die einzelnen Social-Media-Plattformen gesprochen und wie dort kommuniziert wird, welche Plattform welchen Zweck erfüllt et cetera. Das gibt uns schon erste Anhaltspunkte.

Wir verpacken also nun unseren Content in mundgerechte Häppchen, sodass sie gerne von den jeweiligen Zielgruppen aufgenommen und konsumiert werden und ideal zum nativen Nutzungsverhalten passen:

- Eine Fitnessübung, die man im Gym abfilmt, wird mit einem erklärenden Voice Over versehen und als 10-minütiges Video auf YouTube hochgeladen.
- Kleinere 15- bis 30-sekündige Ausschnitte eignen sich im Hochformat zurechtgeschnitten für eine Instagram Story.
- Eine 40-minütige Podcast-Folge hat ihren Platz bei iTunes, Spotify & Co.
- Als Instagram Video eignen sich kürzere Clips, da der User durchschnittlich nur einige Sekunden oder Minuten dort verbringt und weil die App keine Hintergrundfunktion für Audio anbietet, man also das Handy in der Zeit nicht anderweitig benutzen kann.
- Eine Bilderserie gehört in eine Slide Show auf Instagram oder Pinterest, aber nicht zusammengeschnitten auf YouTube.
- Längere Texte passen gut in einen Blog, aber nicht in die Textzeile unter ein Instagram-Bild.

Spielregeln zum Urheberrecht in Deutschland

Ob Musik Tracks, Bilder, Video oder Texte: Alle Inhalte im Internet (und übrigens auch in Offline-Medien) sind in der Regel urheberrechtlich geschützt. Wer sie unbedacht weiterverbreitet, dem drohen Abmahnverfahren, sofern die Nutzung nicht ausdrücklich erlaubt wurde. Man darf sich also nicht einfach der Google-Bildersuche bedienen oder Content von anderen in seinen eigenen kopieren und veröffentlichen.

Im Impressum von Websites finden sich Kontaktdaten und man kann eine Anfrage stellen und sich die schriftliche Genehmigung einholen. Frei nutzbare Musik, Bilder und Videos sind entsprechend gekennzeichnet. Es gibt auch Portale, über die man gegen eine monatliche Gebühr auf eine Datenbank zugreifen kann und sich so die Nutzungsrechte erkauft. Bei einer Urheberrechtsverletzung macht man sich strafbar und hat mit einer hohen Geldbuße zu rechnen. Auch eine Freiheitsstrafe von mehreren Jahren ist möglich, bei gewerbsmäßiger Handlung sogar bis zu fünf Jahren.[89]

Wie bei allen rechtlichen Fragen gilt: Bevor du dich in die Nesseln setzt, informiere dich gründlich und hol dir im Zweifel fachmännischen Rat.

Maßgeschneiderte Formate der Personal Brand

Wie schon gesagt, etablieren wir gerne Gewohnheiten und stören uns an jeder Form der Veränderung. Meine Generation erinnert sich vermutlich noch gut an die Abschiedssendung von Thomas Gottschalk, als er die beliebte TV-Sendung »*Wetten, dass...?*« nach gefühlt ewigen Zeiten als Moderator verließ. 46 Prozent der Fernsehzuschauer saßen an diesem Abend vor der Glotze.[90] Kein Nachfolger konnte dem Showmaster das Wasser reichen. Die Wetten änderten sich nicht, auch nicht die Weltstars, die für die Sendung eingeflogen wurden, aber die flotten Sprüche von Gottschalk, die Konversationen, die Art der Moderation, die Witze und der Charme – das war jetzt weg. Kurz: Die Personenmarke Thomas Gottschalk war das Gesicht der Sendung und Teil des Formats und als solches nicht so leicht zu ersetzen.

Was in dem Fall für die Einschaltquoten der Sendung und damit für den Sender schlecht war, ist im Personal Branding unser Ziel: Wir wollen dafür sorgen, dass unser Content so verpackt und rübergebracht wird, dass wir nicht mehr austauschbar und Teil unseres eigenen, einzigartigen Formats sind. Das passiert logischerweise nicht über Nacht, auch Gottschalk moderierte die Sendung über zwei Jahrzehnte. Da ist es doch schon ein Lichtblick, wenn wir die ersten Ergebnisse unseres Social-Media-Brandings nach sechs bis zwölf Monaten feststellen. Wir haben einfach den Vorteil, dass die Kommunikation auf den sozialen Medien schneller abläuft und wir die Möglichkeit haben, tägliche Impressionen zu setzen, wohingegen Sendungen im TV nur einmal pro Woche oder gar pro Monat ausgestrahlt werden.

Daher empfiehlt es sich, eigene Personal-Brand-Formate zu entwickeln, die sich auf den Kanälen etablieren können.

Solche Formate sind wie eine selbst gegossene Backform, die wir immer wieder benutzen können. Das hilft uns, eine Struktur zu entwickeln, wie wir mit unserem Content arbeiten, und sorgt zudem für einen hohen Wiedererkennungswert. Hier heißt es wieder mal: Fröhlich ausprobieren! Wir sollten uns nicht auf die Theorie verlassen und etwas Perfektes entwickeln, von dem wir glauben, dass es funktionieren sollte, sondern schnell in die Testphase gehen – in der wir uns sowieso beim Start befinden – und verschiedene Content-Formate testen, unseren Content immer wieder analysieren, bewerten und verbessern.

Keine Sorge: Auch eigene Formate müssen nicht zu Beginn deiner Brand-Reise vorhanden sein, sondern werden sich über die Zeit entwickeln und ergeben. Hier musst du also nichts überstürzen.

Überlegungen zu einem eigenen Format

Als Erstes stellt sich die Frage: Was ist der Benefit für den Konsumenten? Daran orientiert sich das grundlegende Format.

- Kurze Übungen oder Schritt-für-Schritt-Anleitungen zeigen, die man direkt nach- oder sogar mitmachen kann.
- Aktuelle Informationen vermitteln wie einen Newsflash, damit die Leute in wenigen Minuten informiert sind.
- Ein sehr interaktives Format etablieren, bei dem Fragen eingeschickt und beantwortet werden für den Dialog und/oder als individuelle Hilfestellung.
- Reportagen drehen, die etwas aufdecken und für Klarheit und Transparenz innerhalb einer Zielgruppe oder sogar der Gesellschaft sorgen.

Danach entwickeln wir den visuellen Rahmen: Können wir ein Szenario kreieren, in dem sich das Format abspielt, damit es sich bestmöglich einbrennt und sich ein Wiedererkennungswert entwickelt?

- Eine schwarze oder weiße Wand, vor der man steht und die sich für Einblendungen anbietet.
- Eine Wohnzimmeratmosphäre mit einer Couch in unserer Brand-Farbe, auf der die Gäste Platz nehmen.
- Ein Setup vor dem Rechner, an dem wir etwas zeigen und immer wieder zur Bildschirmansicht wechseln.

Danach geht es an die Struktur, sodass ein gleichbleibender Ablauf entsteht. Darauf können sich die Fans, Follower und Abonnenten dann immer verlassen.

- Dauert die Sequenz immer 18 Minuten wie ein Ted-Talk, weil das die optimale Aufnahmezeit für eine These und Content ist, oder länger beziehungsweise kürzer?
- Ist es ein reiner Monolog mit Einblendungen oder wechseln die Charaktere (Freundin, Hund, Praktikant, Gäste ...)?
- Gibt es Szenenwechsel, die das Format dynamischer machen, oder wird in einer festen Einstellung gefilmt?
- Wie sieht der Aufbau generell aus? Zum Beispiel Intro, einleitende Frage, Analyse/Informationsteil, Lösung und Fazit.

Bei der Ansprache haben wir die Möglichkeit, innerhalb der ersten Sekunden eine wiederkehrende Sequenz einzubauen oder unsere Community zu benennen:

- Immer dieselbe Begrüßungsformel mit derselben Intonation verwenden. Das erhöht den Wiedererkennungswert.
- Der eigenen Community einen Namen geben und sie damit zum Format begrüßen. Das verstärkt die Bindung im Inner Circle.
- Den Namen des Formats nennen und direkt danach das heutige Thema, sodass innerhalb der ersten 6 bis 10 Sekunden klar wird, worum es geht. Das erhöht die Wahrscheinlichkeit, dass auch neue Interessenten kleben bleiben.

Nachdem wir all diese Überlegungen durchlaufen haben, können wir aus unserem Content- und Wissens-Cluster entsprechende Inhalte identifizieren, die in das Format passen, und die ersten Episoden planen und gegebenenfalls vorzuproduzieren. Dabei gilt: Immer die Augen und Ohren nach aktuellen Aufhängern offen halten (Stichwort: Reichweite!).

Gerade anfangs gilt die Grundregel »So kurz wie möglich, so lang wie nötig«, denn Interessenten, die uns gerade in ihrem Feed oder bei ihrer Internetrecherche gefunden haben, müssen uns erst kennenlernen und Vertrauen aufbauen, damit sie uns langfristig folgen, zuhören beziehungsweise zusehen wollen. Damit dies wahrscheinlicher wird (und auch um die Algorithmen zu befriedigen), empfiehlt es sich, feste Zeiten zu kommunizieren, wann die neuen Episoden immer hochgeladen werden und sich gegebenenfalls sogar die Zeit blocken, um sie sich sofort anzusehen. Zu diesem Zweck können wir das Format auch passend benennen.

Vorsicht ist allerdings geboten, wenn die Namensgebung nicht direkt Rückschlüsse auf den Inhalt zulässt. Wenn wir Insider-Begriffe verwenden, die nur innerhalb der Community richtig verstanden wird, kann dies neue Interessenten abschrecken, weil sie sich ausgeschlossen fühlen. Das kann sich negativ auf unsere Reichweite und Relevanz auswirken. Bleib also anfangs lieber neutraler, was die Namensgebung deiner Formate angeht. Später, wenn du als Personal Brand schon ein gewisses Standing und Reichweite generiert hast, kannst du gerne damit ein bisschen spielen, dass nur deine Community dich versteht und sich dadurch noch persönlicher angesprochen fühlt. Gleichzeitig kann das bei (noch) Außenstehenden den Drang wecken, selbst in den Inner Circle zu kommen und ebenfalls ein Insider zu werden.

Vier Kriterien zur Bewertung des eigenen Contents

Sobald wir eigenen Content erstellen, ist es wichtig, regelmäßig zu reflektieren, die Inhalte zu analysieren und gegebenenfalls anzupassen. Sonst kann es passieren, dass wir zum sprichwörtlichen Propheten im eigenen Land werden, dem keiner mehr richtig zuhören mag, oder dass wir jegliche konstruktive Kritik ignorieren, weil wir von uns und unseren Inhalten dermaßen überzeugt sind, dass wir keine Widerrede zulassen und Feedback an uns abperlt wie Fett an der Teflonpfanne. Damit dir das erspart bleibt, gebe ich dir vier Kriterien aus unserer Agentur an die Hand, mit denen du deinen Content untersuchen, aber auch durch Außenstehende bewerten lassen kannst.

Bewerte deinen Content auf einer Skala von 1 (= absolut grottiger Mist) und 10 (= Bull's Eye!). Dein Durchschnittswert sollte mindestens bei 7 liegen, damit du langfristig an Markenbekanntheit gewinnst.

1. **Mehrwert:** Was haben Empfänger davon, wenn sie deinen Content konsumieren? Was können sie lernen oder erfahren? Ist dein Content besonders informativ und aktuell, übermittelt er erstrebenswerte Gefühle oder schafft Klarheit? Bewerte deinen Content auch in Bezug auf deine Mitbewerber am Markt. Wie hoch ist der Informationsgehalt deiner aktuellen Kommunikation?
2. **Seltenheit:** Sprichst du über Themen, die schon sehr oft behandelt worden sind und fasst Informationen zusammen, oder ist der Content selten anderswo zu finden? Du kannst auch in den Suchleisten nach deinen Themen Ausschau halten oder eine Keyword-Analyse machen, wie viele Treffer hier angezeigt werden. Eine spitze Positionierung kann die Seltenheit ebenfalls erhöhen, da man neue Ansätze vorstellt. Pionierarbeit oder Trittbrettfahrer?
3. **Einzigartigkeit:** Kann man dich und deinen Content kopieren? Oder kannst du bestimmte Aspekte aus deiner Brand-Story so in Relation zu den Themen setzen, dass sie einzigartig sind? Vielleicht verfügst du auch über Informationen und Wissen, das nur sehr wenige besitzen, oder warst bei einem Szenario dabei, an einem Ort, an dem der überwiegende Teil der Gesellschaft nie sein wird? Oder in einer bestimmten Lage, die nicht kopierbar ist? Funktioniert dein Content, auch wenn er von einer anderen Person gesendet wird?

4. **Personality:** Welche deiner Eigenschaften passen so gut zu deinem Content, dass er allein dadurch besonders wird? Kannst du beispielsweise Dinge gut erklären, hast Geduld und Zeit, den Leuten individuell zu helfen, oder eine so angenehme Stimme, dass sie deinen Podcast durch die Charts katapultiert, ganz egal worüber du sprichst? Wie sehr nutzt du deine persönlichen Eigenschaften in deinem Content oder inwiefern können sie dir helfen, ihn optimal rüberzubringen?

Wichtig ist aber vor allem, dass du den Spaß am Kreieren und Senden nicht verlierst, weil du dich zu sehr auf die Theorie fokussierst. Denk daran: Eine authentische Kommunikation wird immer besser aufgenommen als eine konstruierte. Deshalb sollen dir die Cluster vor allem als Orientierung dienen.

Drei grundlegende SEO-Regeln

Der Begriff SEO steht für die klassische Suchmaschinenoptimierung (engl. *search engine optimization*): Es geht darum, dass die eigene Website oder der Blog oder die YouTube-Mediathek von Suchmaschinen wie Google, Bing und Co. besser gefunden wird – je höher der Platz im Suchergebnis-Ranking, umso besser. Es gibt verschiedene Möglichkeiten, Content so aufzubereiten, dass er schneller und häufiger gefunden wird und so mehr Menschen auf ihn – und damit auf unsere Personal Brand – aufmerksam werden.

1. Keywords festlegen!

Als Erstes legen wir für unser Thema Keywords fest und unterziehen diese Liste einer Keyword-Analyse. Dazu suchen wir über Tools wie den Keyword-Planer von Google nach Begriffen, die von unserer Zielgruppe oft gesucht werden und definieren fünf bis zehn Schlagworte, die wir immer wieder verwenden, als Fundament sozusagen. Die Algorithmen machen eine ähnliche Analyse unseres Contents und weisen uns automatisch einige Keywords zu – im optimalen Fall sind sie deckungsgleich mit unseren.

Aktuelle Nachrichten, Infos und Trends sorgen für temporäre Keywords, die wir sofort gezielt nutzen können und die uns zusätzliche kurzfristige Ausspielung ermöglichen. Das bedeutet, wir sollten immer auf dem Laufenden sein, welche Schlagworte für unser Thema gerade die höchste Priorität und Relevanz genießen. Also, check das lieber öfter!

2. Relevante Keywords nach vorne!

Die stärksten Keywords gehören immer so weit es geht es nach vorne, egal ob in Profiltexten, Beschreibungen oder Titeln. Diese Regel können wir täglich anwenden, wenn wir Content posten: So ist beispielsweise der Titel »**Geld verdienen** durch Akquise« um einiges stärker als »Ich habe Akquise betrieben und **Geld verdient**«.

3. So kurz und präzise wie möglich!

Als Nächstes schmeißen wir jegliche Füllwörter raus, wenn es geht. So bringen wir direkt auf den Punkt, was die Leute von dem Content erwarten können. Je präziser wir unseren Content betiteln, desto besser wird er geklickt. Außerdem verwässern unnötige Wörter, besonders aus anderen Themenfeldern, die Zuordnung unseres Contents.

Cube 8: Reichweite und Community aufbauen

Unser Content ist das Werkzeug, um in den sozialen Medien Reichweite zu generieren und langfristig eine starke Community aufzubauen. Deswegen ist es wichtig, dass wir alle Strukturen und Routinen so integrieren, dass wir dauerhaft in guter Qualität senden können und diese stetig erhöhen, sodass wir eine fortlaufende Entwicklung haben, die wir wiederum über unseren Content zumindest zum Teil sichtbar machen können.

Konstantes Posten ist dafür die Basis. Daher müssen wir als Erstes herausfinden und am besten mithilfe eines Posting-Plans verschriftlichen, wie viel Content wir überhaupt kreieren können. Hier gilt: Immer realistisch bleiben! Ich werde ganz oft gefragt, wie viel man denn posten muss, um das optimale Ergebnis zu bekommen. Doch da muss ich dich – wie so viele Menschen vor dir – leider enttäuschen. Es gibt keine eindeutige Zahl, nur eine Regel: **Je mehr Content du konstant in angemessener Qualität bei stetiger Verbesserung erstellen kannst, desto besser.**

Viel wichtiger als die Frage nach der Häufigkeit ist die Konstanz, da sich deine Follower und auch die Algorithmen der Plattformen daran gewöhnen: Das heißt, lieber postest du immer zweimal pro Woche ein gutes Video, immer zur gleichen Uhrzeit und mit einem gut aufgebauten Spannungsbogen. Das wirkt sich positiv auf die Zuschauerbindung aus, weil es viel zuverlässiger ist, als wenn du eine Woche lang täglich ein kurzes Video raushaust und dir dann die Ideen ausgehen, du die Lust verlierst, dein Kameramann ausfällt oder du einen Urlaub brauchst vom stressigen Creator-Alltag und wochenlang gar nichts Neues von dir hören und sehen lässt.

Wenn du dich als ambitionierte Personenmarke etablieren willst, musst du raus aus der Hobbyecke und dich selbst eher als

Medienstation sehen, die eine Abmachung mit Fans, Followerrn und Abonnenten der jeweiligen Plattform hat: Du bekommst Reichweite, Feedback, Verbindung und Vertrauen – kurz: Relevanz – und lieferst dafür fristgerecht und ausnahmslos guten Content.

Auf jeder Social-Media-Plattform gibt es schon etablierte Medienstationen, die seit Jahren diesen Vertrag einhalten, weshalb sich bestimmte Gesetzmäßigkeiten ableiten lassen, die du auch für deinen Posting-Plan nutzen kannst. Kurzlebige Kanäle wie Instagram oder TikTok, bei denen Content in der Regel ein Ablaufdatum von 48 Stunden hat und danach kaum noch Reichweite erhält, müssen mit mehr Postings gefüttert werden. Aber dadurch, dass bei TikTok Kurzvideos und bei Instagram überwiegend Bilder mit kurzen Texten die nativen Formate sind, ist das auch eher machbar als beispielsweise bei Plattformen, bei denen über die Suchfunktion der Content dauerhaft Traffic erhält, wie bei YouTube oder Podcast-Hosts wie iTunes oder Spotify. Hier reichen dann auch ein bis zwei längere Formate, die man in der Woche an seine Community gibt, um Reichweite und Relevanz aufzubauen.

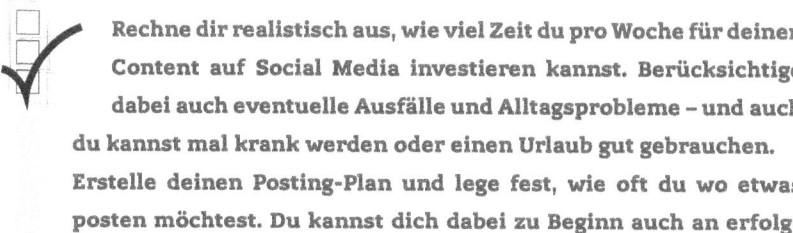

Rechne dir realistisch aus, wie viel Zeit du pro Woche für deinen Content auf Social Media investieren kannst. Berücksichtige dabei auch eventuelle Ausfälle und Alltagsprobleme – und auch du kannst mal krank werden oder einen Urlaub gut gebrauchen. Erstelle deinen Posting-Plan und lege fest, wie oft du wo etwas posten möchtest. Du kannst dich dabei zu Beginn auch an erfolgreichen Mitbewerbern und Global Playern orientieren.

Auswahl des Contents

Jetzt weißt du also, wann und wo du posten willst. Nun geht es um die Auswahl des Contents. Hierfür haben wir in den letzten Jahren bei TPA Media ein 75/25-Trichtersystem entwickelt, das sehr gut funktioniert und sich besonders für den Aufbau von Personal Brands eignet.

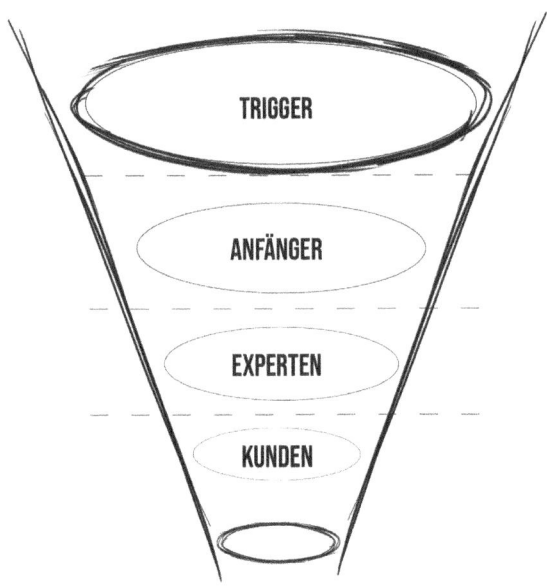

- **Zone 1:** Ganz oben am Trichter befindet sich die breite Masse: Trigger aufgrund von aktuellen gesellschaftlichen Ereignissen, neue Nachrichten oder Statistiken, die für Aufmerksamkeit sorgen können. Das sind Themen, die im Grunde jeden interessieren könnten, inhaltlich jedoch an der Oberfläche kratzen. Dabei wird innerhalb unseres Kernthemas das Was behandelt und wir haben die größte Chance, neue Leute anzulocken, die uns bisher noch nicht kennen. Einige werden wir begeistern können, aber viele werden vermutlich auch weiterziehen. Das ist aber kein Ding. Keine Sorge, es finden sich in den Weiten des Internets genügend Leute, die sich für dein Thema interessieren, wenn du dich clever anstellst und authentisch bleibst.

- **Zone 2:** Als Nächstes geht es schon etwas in die Tiefe, hier ist das Basis- oder Anfängerwissen unseres Kernthemas verortet. Es gibt erste Anhaltspunkte, wie etwas genau funktioniert, zum Beispiel durch kurze Anleitungen zum Nachmachen. Die ersten Diskussionen beginnen und Menschen entscheiden sich, mit uns gemeinsam den Weg zu gehen. Sie wollen uns besser kennenlernen, von uns lernen und werden zu Followern.
- **Zone 3:** Hier tummeln sind die Experten, also Menschen, die sich wirklich für unser Kernthema interessieren, sich damit auch außerhalb unseres Contents beschäftigen, sodass wir um ihre Aufmerksamkeit buhlen müssen und glaubwürdige Expertise brauchen, um wirklich zu glänzen. Nun kommt es zu einem intensiven Austausch und es bietet sich die Möglichkeit, eine treue und loyale Community aufzubauen, die unser Mission-Statement annimmt und verinnerlicht.
- **Zone 4:** Hier haben wir schon eine starke Verbindung aufgebaut, ein gutes Vertrauensverhältnis und langfristig eine gute Conversion in der Monetarisierung. Aus Interessenten werden Follower, aus Followern werden Kunden. Am besten Stammkunden.

Zu Beginn empfiehlt es sich erfahrungsgemäß, zu 75 Prozent Content im Basis- oder Anfängerbereich zu bringen (Zone 2) und 25 Prozent im Fortgeschrittenenbereich (Zone 3). Damit sorgen wir für die maximale Aufmerksamkeit und filtern aus der Masse die Menschen heraus, die sich wirklich für unser Kernthema interessieren. Expertenwissen sorgt dafür, dass wir als Autorität wahrgenommen werden von denen, die sich mehr Content von uns ansehen wollen, und wir haben gleichzeitig die Möglichkeit, die ersten Follower zu generieren und unsere eigene Community aufzubauen.

Auch beim Inhalt greift diese Aufteilung: 75 Prozent des Contents sollte aus unserem Cluster stammen und nur zu 25 Prozent Persönliches beinhalten. Gerade zu Beginn steht der Inhalt unserer Marke im Vordergrund, als Person sind wir noch komplett irrelevant. Unser Mittagessen, der Spaziergang mit dem Hund und das Pärchenfoto dürfen gerne einen Einblick hinter die Kulissen geben, aber so etwas sollte nicht überwiegen. Mit der Zeit verschiebt sich die prozentuale Verteilung des Contents, da unsere Reichweite steigt, sodass wir irgendwann als Global Player in unserem Feld eine 50:50-Verteilung für beide Bestandteile anstreben können.

Das Gute ist: Die Ideengeber sind nur einen Klick entfernt! Wir können jederzeit Feedback aus unserer Community einholen, was sie interessiert oder wovon sie gerne mehr sehen würden und was ihnen möglicherweise gar nicht gut gefällt. Du kommst mit deinen Fans, Followern und Abonnenten in Kontakt, du förderst den Austausch, entwickelst dich dadurch weiter und schaffst eine noch größere Identifikationsfläche, indem du den Leuten das bietest, was sie sich wirklich wünschen.

 ## Die acht wichtigsten Spielregeln für organische Reichweite

Organische Reichweite entsteht, wenn die Plattformen, oder besser: deren Algorithmen, merken, dass dein Content gut angenommen wird und sie so durch Werbeplatzierungen dich als Creator und verlässliche Medienstation monetarisieren können (siehe Kapitel 2). Um deine organische Reichweite zu pushen, spielst du am besten nach diesen acht Grundregeln.

1. Eindeutiges Profil: Die Visitenkarte, die in wenigen Sekunden überzeugen muss

Deine Profile und Biografien auf den Plattformen müssen eindeutig sein und innerhalb weniger Sekunden Aufschluss darüber geben, was man hier erwarten kann. Jegliche Verwirrung ist kontraproduktiv und sorgt eher dafür, dass die Menschen sich von dir entfernen. Bring also auf den Punkt, was du machst beziehungsweise vorhast und gib den Kanälen die Keywords und Daten, die sie brauchen, um dich an die passende Zielgruppe auszuspielen. Bitte mach hier keine falschen Angaben und aktiviere überall die Zwei-Stufen-Authentifizierung, sodass deine Zugänge geschützt sind.

2. Enge Bindung: Impressionen sammeln und Formate dauerhaft anpassen

Bei deinem Content geht es darum, dass du Impressionen setzt, um eine Verbindung aufzubauen und Markenbekanntheit zu schaffen. In den letzten Jahren haben sich dafür vor allem Kurzvideos etabliert, da sie mehr Eindrücke ermöglichen als ein Bild, aber trotzdem in wenigen Sekunden oder Minuten konsumiert werden können. Passe deinen Content dauerhaft so an, dass du eine maximale Zuschauerbindung erreichst. Je stärker deine Personenmarke wächst und je größer sie ist, desto länger werden Empfänger dir ihre Zeit widmen. Das solltest du wertschätzen und bestmöglich für dich und deine Personal Brand nutzen.

3. Vielfache Verteilung: Aus 1 mach 2, aus 2 mach 4 ...

Wenn man sich die Follower-Zahlen der Big Player auf Social Media anschaut, fragt man sich schon manchmal, wie diese riesigen Zahlen überhaupt zustande kommen und wie man es schaffen kann, jeden Einzelnen einmal selbst erreicht zu haben. Die Antwort lautet: Man kann es nicht. Social Media basiert auf exponentiellem Wachstum, da Menschen deinen Content mit anderen Personen teilen, an die du sonst womöglich nie herangekommen wärst. Man nennt das Social Sharing und es basiert auf dem Prinzip der Viralität (dazu gleich mehr).

4. Ideales Timing: Klingle, wenn jemand da ist

Das ist auch so eine Frage, die ich häufig zu hören bekomme: Wann ist die beste Zeit, um zu posten? Und wieder einmal gibt es darauf keine pauschale Antwort, sondern nur die Regel: **Poste immer dann, wenn möglichst viele deiner Fans, Follower und Abonnenten an ihrem Display oder vor dem Bildschirm sitzen, sodass sie sich deinen Content sofort ansehen und im Idealfall direkt interagieren.** Denn eine schnelle Interaktion erhöht die Reichweite.

Um die Uhrzeit für dich persönlich zu bestimmen, hast du drei Möglichkeiten:

1. Du fragst deine Community, wann sie am liebsten etwas von dir konsumieren möchte, und fügst dich der Mehrheit.
2. Du legst eine Zeit fest, die für dich am besten ist, aber kommunizierst sie dauerhaft, sodass Leute sich im Idealfall einen Wecker dafür stellen oder die Benachrichtigungsfunktion nutzen, und belohnst die Leute, die sofort kommentieren, mit etwas.
3. Du schaust nach einiger Zeit in deine Statistiken bei den Social-Media-Plattformen, in denen angezeigt wird, wann der überwiegende Teil deiner Zielgruppe online ist.

Natürlich kannst du auch eine Kombination der drei Möglichkeiten nutzen, das bleibt dir überlassen. Ändere deine kommunizierten Zeiten nur begründet und äußerst selten. Die Community soll dich als festen Termin im Kalender haben und als Konstante sehen.

5. Cross-Promotion: Lass deine Community wandern

Cross-Promotion sichert deine Reichweite ab, weil du mehr Zugangsmöglichkeiten zu und damit Kontaktpunkte mit deiner Community aufbaust. Daher sollst du auch mit einer Kombination aus mindestens zwei Social-Media-Kanälen starten (siehe Kapitel 2). Das Problem ist offensichtlich: Wenn du deine Reichweite nur auf einer Plattform aufgebaut hast und ausschließlich über diesen Kanal kommunizierst, machst du dich davon abhängig. Wirst du dort einmal eingeschränkt, ändern sich die Formate und sagen dir nicht mehr zu oder gibt es mal technische Probleme, kappt das deine Verbindung zu deinen Followern.

Via Cross-Promotion bringst du deine Community auch auf die anderen Plattformen, doch dabei ist Vorsicht geboten: Die Plattformen strafen die Promotion anderer sozialen Netzwerke oftmals mit Reichweiteneinbußen ab und auch deine Follower brauchen einen Anreiz, um dir auf einem weiteren Kanal zu folgen. Postest du dort den gleichen Content, indem du nur recycelst, ist das definitiv kein guter Anreiz, sondern eher ein Signal, alle Mitgliedschaften zu beenden. Jeder zusätzliche Kanal sollte daher nicht vom roten Faden deines Contents abweichen, aber auch eine sinnvolle Ergänzung sein.

6. Mehr Leben: Steigere die Interaktion durch die LIVE-Funktion

Rege Interaktion unserer Fans, Follower und Abonnenten aufgrund unseres Contents ist ein Zeichen von Wertschätzung und Support, denn sie ist ein Indikator für ein gesteigertes Interesse und Diskussionsfreude: Je früher sie sich einstellt, desto besser ist es für unsere Reichweite, denn sobald die Algorithmen bemerken, dass der Konsum unseres Contents in vielen Prioritätslisten weit oben steht, werden wir besser ausgespielt, weil die Wahrscheinlichkeit hoch ist, dass unser Content auch andere interessieren könnte. Hier kommt nun die LIVE-Funktion ins Spiel: Sie ist die beste Möglichkeit für eine direkte Interaktion. Du chattest in Echtzeit mit deinen Fans, Followern und Abonnenten, bekommst direktes Feedback und schaffst eine sehr persönliche Verbindung, was die Vertrauensbasis stärkt (Stichwort: parasoziale Interaktion).

Meine Empfehlung: Geh ein bis zweimal die Woche live. Dabei kannst du Fragerunden abhalten, dich unterhalten, von Ereignissen berichten oder deine Follower sogar direkt an den Ort des Geschehens mitnehmen. Ein großer Vorteil ist, dass noch vergleichsweise wenige Creator diese Möglichkeit nutzen. Live-Performance liegt eben für viele weit außerhalb der Komfortzone. Wenn es nicht dein Ding ist, probier es trotzdem aus. Vielleicht lernst du es zu lieben so wie ich und viele andere Creator.

7. Der Call to Action: Auf geht's!

Oftmals ist man als Empfänger in einer Art »Popcorn-Modus«, in dem man sich zurücklehnt, konsumiert und vergisst, dass man auf Social Media ja die Möglichkeit hat, selbst mit in die Kommunikation einzusteigen. Ein guter Call to Action, kurz CTA, hilft den Leuten, sich wieder aufrecht hinzusetzen und mitzumachen. Es ist eine Anweisung, was du von deinen Followern erwartest, und gleichzeitig eine Aufforderung zur Interaktion. Typische CTAs sind Fragen, die sich auf den Content beziehen, oder die Aufforderung, auf einen Link zu klicken, etwas zu liken oder zu abonnieren (auch wenn es gefühlt fast jeder macht). Ein Abo zu fordern ist allerdings mittlerweile eher verpönt, weil die Leute den Content schon von selbst bewerten und dir folgen, wenn sie dich irgendwie interessant finden. Das muss man eigentlich nicht forcieren.

Ein paar Beispiele:

- Lass deine Follower auswählen, welches Video als Nächstes kommen soll.
- Frag sie nach ihrer Meinung zu einem Thema.
- Rege durch gezielte Fragen eine Diskussion in den Kommentaren an.

8. Der Evergreen: Kreiere Dauerbrenner-Content

»I will always love you« von Whitney Houston oder »I want to hold your hand« von den Beetles – wer kennt sie nicht? Das sind absolute Klassiker unter den Popsongs, die auf keiner Hochzeit oder Oldie-Party fehlen. Es sind Evergreens, die gehen immer. Das gibt es auch bei Social-Media-Content. Als Evergreen bezeichnet man also Content, der kein Ablaufdatum hat und dauerhaft gesucht, gefunden und konsumiert wird. Das können Anleitungen und Erklärungen sein, Übungen oder auch Rezepte. Je mehr du davon auf deinen Kanälen hast, desto mehr Menschen finden dich jeden Tag und so einige davon bleiben hoffentlich dauerhaft bei dir hängen, weil sie dein Content überzeugt.

Such in deinem Feld gezielt nach Lücken, die noch keiner besetzt hat. Wenn das nicht mehr möglich ist (soll ja vorkommen), versuch dich anders abzugrenzen: Mach dein Video kürzer, knackiger oder spannender als das deines Mitbewerbers. Finde einen anderen Blickwinkel, einen interessanteren Dreh, ein besonderes Storytelling – egal ob Audio, Video oder Text.

Einmal um die Welt und zurück: Viraler Content als Booster

Wenn Content in kürzester Zeit Hunderttausende, Millionen oder sogar Milliarden von Impressionen bekommt, sprechen wir davon, dass der Content »viral geht«. Damit ist die schnelle Informationsweitergabe von Mensch zu Mensch gemeint, die einer Infektion gleicht.[*] Also, sehr viele User haben denselben Inhalt mit anderen sehr schnell und sehr oft geteilt. Tricky ist dabei: Obwohl man die einzelnen Zutaten für dieses Phänomen kennt, schaffen es nur sehr wenige, alle zusammenzubekommen. Logischerweise wäre es das absolute Highlight für jeden Creator, eines Tages mit seinem Content viral zu gehen, da es das Sinnbild für Relevanz ist. Doch wie gesagt: Kommt äußerst selten vor und in den meisten Fällen ist es total unbeabsichtigt. Ich wünsche dir natürlich, dass es dir gelingt, auch wenn es eher unwahrscheinlich ist, Nichtsdestotrotz bieten die einzelnen Zutaten für Viralität auch getrennt gute Orientierungspunkte für spannenden Content.

---

[*] Früher hat man mal gesagt, dass sich etwas »wie ein Lauffeuer verbreitet«, wenn sich etwas schnell herumsprach. Im Internetzeitalter ist das natürlich bei Highspeed-Geschwindigkeiten nicht mal ansatzweise angemessen.

Wenn wir den Content, der in den letzten Jahren viral gegangen ist, unter die Lupe nehmen, stellt sich heraus, dass ein Großteil davon von Menschen stammt, die bereits über eine riesige Reichweite verfügen und somit direkt auf viele Multiplikatoren zugreifen können. Die eigene Community und Fan-Base sorgen für die frühe Interaktion, was von den Algorithmen immer mit zusätzlicher Reichweite belohnt wird. Hinzu kommt, dass etablierte Personenmarken bereits Vertrauen genießen, als Autorität verankert sind und durch ihre Bekanntheit für allgemeines Interesse sorgen.

Eine weitere Zutat sind Triggerpunkte, die den Zahn der Zeit treffen: Insbesondere Karikaturen sowie leicht verständlicher, plakativer, ironischer oder sarkastischer Content haben großes Potenzial, zu einem Meme zu werden. Dabei ist das Timing enorm wichtig, denn der Content muss genau dann erscheinen, wenn gerade ein Ereignis stattfindet, das viele interessiert. Zudem gilt: viral geht, was unter die Haut geht. Emotionen müssen also nicht nur gezeigt, sondern vor allem beim Publikum getriggert werden. Je stärker diese sind, desto eher möchte man sie mit anderen teilen, weshalb man den Content weitersendet. Emotionen verbinden Menschen und wir lieben es, unsere Gefühle bestätigt zu bekommen. Der virale Content muss zudem die breite Öffentlichkeit, also die Mehrheit einer Gesellschaft, ansprechen, weshalb sich Wünsche, Probleme, Sehnsüchte oder Begierden besonders eignen: Je mehr Menschen in die Konversation einsteigen möchten, desto besser. Besonders spannend wird es aber, wenn der Content die Masse spaltet und dafür sorgt, dass sich zwei Lager bilden und hitzige Diskussionen entstehen. Denn Reibung bedeutet immer Reichweite. Last, but not least muss der Content eine Form des Storytellings beinhalten, oftmals heruntergebrochen auf nur eine einzige Sequenz, die dem Betrachter aber eine Vervollständigung ermöglicht.

Gemeinsam verbunden: eine Community aufbauen

Auch wenn viele Agenturen und Unternehmen beim Aufbau einer Community direkt die bessere Conversion bei der Monetarisierung der Marke im Blick haben (siehe Kapitel 6), muss dir klar sein, dass Community-Building in erster Linie Beziehungsmanagement bedeutet und keine Marketingmaßnahme ist. Alle Cubes sind darauf ausgerichtet, deine Anziehungskraft zu erhöhen und dich dauerhaft als Leitfigur in deinem Markt zu positionieren.

Eine starke Community ist das Fundament für potenziell viralen Content und hilft uns, unsere Reichweite zu stabilisieren und weiter auszubauen. Wenn jemand sich mit dir und deiner Brand-Story identifizieren kann, ist der nächste Schritt, ein Teil davon zu werden und gleichzeitig auch die eigene Geschichte weiterzuschreiben, da langfristig ein persönlicher Benefit lockt.

Das können persönliche Dinge sein, die der Einzelne verändern möchte, Probleme, bei denen die Gemeinschaft oder die Nähe zu Gleichgesinnten hilft und bei deren Bewältigung man Unterstützung benötigt, aber auch globale oder gesellschaftliche Veränderungen aufgrund von Missständen oder Geisteshaltungen, die man aufbrechen will. Creator und Community setzen sich gemeinsam für etwas ein und erweitern ihr soziales und virtuelles Umfeld mit Menschen, die dieselben Interessen, Wünsche, Vorstellungen et cetera haben. Eine Community schafft Wert, indem sie das Verhalten ihrer Zielgruppe ändert.

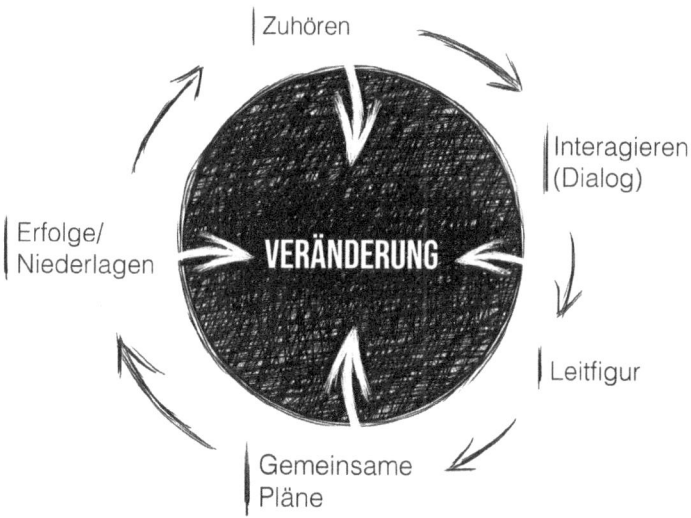

- Emotionen
- Mission-Statement
- Community-Sprache

Selbst wenn die Ziele deiner Fans, Follower und Abonnenten oftmals ähnlich sind, so möchte doch am liebsten jeder Einzelne gehört und verstanden werden. Als Personal Brand hast du ein offenes Ohr für deine Community und lässt die Leute ihre Probleme schildern, gibst – wenn möglich – Hilfestellung und gehst in den Dialog. Erst das sorgt für die Interaktionsbereitschaft, denn wenn die Menschen merken, dass du einen Monolog hältst und nicht auf Kommentare, Fragen und Nachrichten eingehst, werden sie mit der Zeit aufhören, dich zu kontaktieren. Sie werden zu stillen Empfängern oder wenden sich sogar von dir ab, weil sie keine Bindung aufbauen können. Je enger der Dialog ist, desto besser kannst du den Content anpassen, ihr könnt gemeinsam Pläne schmieden und die nächsten logischen Handlungsschritte festsetzen. Ihr fahrt also gemeinsam Achterbahn, feiert Erfolge, übersteht Rückschläge und Niederlagen – das volle Programm.

Die Konversation mit deiner Community kann später auch in einem separaten Raum geschehen, der euch von der breiten Öffentlichkeit abgrenzt: Offline wären das eigene Veranstaltungen, Seminare, Masterminds oder spontane Treffen. Online sind vor allem Facebook-Gruppen sehr beliebt oder der exklusive Content-Bereich bei den verschiedenen Plattformen.

Deine Community sollte dich als Leitfigur ansehen, gewissermaßen als Anführer der Community-Mission, der genau das hat, was es braucht, um das gemeinschaftliche Vorhaben umzusetzen. Deswegen ist es so wichtig, dass du dich immer weiterentwickelst und dazulernst und durch deinen Content deinen Fans die nötige Sicherheit vermittelst, dass die gesteckten Ziele auch wirklich realistisch sind, weil du es ja selbst vormachst. Dadurch liegt das Ziel für sie auch im Bereich des Möglichen, wenn sie sich deinetwegen aus ihrer Komfortzone heraustrauen.

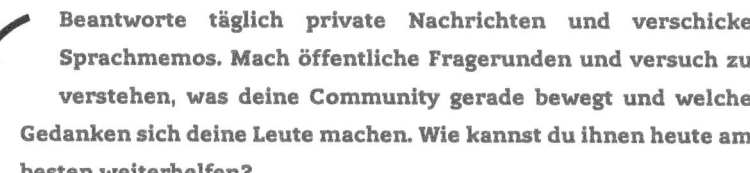

Beantworte täglich private Nachrichten und verschicke Sprachmemos. Mach öffentliche Fragerunden und versuch zu verstehen, was deine Community gerade bewegt und welche Gedanken sich deine Leute machen. Wie kannst du ihnen heute am besten weiterhelfen?

Interagiere täglich mit deinen Followern und beantworte Kommentare, Feedback und Rezensionen. Und schreib auch selbst Kommentare unter den Content deiner Community und zeig Präsenz.

Dokumentiere deinen eigenen Weg zur Veränderung und sei dabei transparent und nahbar: Gestehe Fehler ein, das macht dich menschlich und authentisch.

Leg von Zeit zu Zeit gemeinsame Etappenziele fest, frag aktiv nach, in welchem Bereich du Content produzieren sollst und was die Community gerne von dir sehen möchte. Du arbeitest so automatisch mit einer Form der »Ja-Kette« und bringst deine Follower in eine positive Ausgangssituation, um den Content dann auch zu konsumieren und sich damit zu beschäftigen.

Die wundersame Ja-Kette

Die Ja-Kette ist ein Begriff aus der Gesprächsführung. Dabei beginnt man eine Unterhaltung mit Fragen, auf die unser Gegenüber mit einem Ja antworten muss. Üblicherweise wiederholt man das Ganze drei Mal und sorgt so für eine positive Ausgangssituation, um dann das eigentliche Anliegen zu nennen und erhöht damit die Chance, auch diesmal auf Zustimmung zu treffen.

In der Kommunikation in den sozialen Medien können wir diese Gesprächstechnik in abgewandelter Form nutzen, indem wir zum Beispiel unsere Follower und die Community fragen, was sie gerne als Nächstes an Content von uns sehen wollen. Anschließend lassen wir die Antworten dann noch gegeneinander laufen durch eine Abstimmung und so bekommt das favorisierte Thema direkt zwei

Mal hintereinander eine indirekte Zustimmung. Bei der Erstellung des Contents können wir weiter Spannung aufbauen, indem wir einen kleinen Ausschnitt bereits vorab zeigen oder ansprechen, dass demnächst der ausgewählte Content online gestellt wird, was die Vorfreude in der Followerschaft weiter erhöht. Damit haben wir die beste Voraussetzung geschaffen, dass der Content, nachdem wir ihn gepostet haben, ein weiteres Ja bekommt, weil die Leute ihn sich anschauen und im Idealfall auch interagieren.

Cube 9: Mitspieler und Gegenspieler checken

Auch wenn wir beim Aufbau unserer Personenmarke den Fokus vor allem auf uns selbst und unseren Content legen, ist es sinnvoll, Mitspieler und Gegenspieler ausfindig zu machen, um sowohl lohnende Kollaborationen anzubahnen als auch zu polarisieren und Stellung zu beziehen. Beides erhöht unsere Reichweite und unsere Sichtbarkeit.

Einige Creator haben nicht nur in ihrer Nische, sondern auch innerhalb größerer gesellschaftlicher Gruppen eine enorme Reichweite aufgebaut und genießen das Vertrauen vieler Menschen, sodass jede Message von ihnen meinungsbildend ist. Sie können Missstände in großen Unternehmen anprangern, politische Fehltritte analysieren und damit sogar Wahlergebnisse beeinflussen. Bestes aktuelles Beispiel: Rezo, der für seine CDU- Zerstörungs-Videos mehrere Millionen Impressionen bekam, die in ganz Deutschland geteilt wurden, und damit eine Partei ins Aus schoss.[91] Natürlich kann eine große Reichweite auch dazu benutzt werden, um eine Einzelperson in ein positives Licht zu rücken und zu pushen, wie im Falle von Florian »Varion« Kiesow, der seit 2014 auf YouTube Comedy-Videos hochlädt (durchschnittlich immerhin stattliche 300.000 Views). Im Oktober 2019 verzehnfachten sich die Views innerhalb von zwei Monaten, weil einer der größten YouTuber im deutschsprachigen Raum, Simon »Unge« auf seine Videos reagierte und ihn seiner Community vorstellte.[92] Manchmal kommen die Türöffner von ganz unerwarteter Seite!

Je mehr Menschen über uns reden, desto höher ist unsere Relevanz. Allerdings trifft der Spruch »Jede PR ist gute PR« nicht auf den Aufbau einer Personenmarke zu, da wir unsere Wahrnehmung ja gezielt steuern wollen und nicht Reichweite um jeden Preis. Wir wünschen uns die größtmögliche Reichweite in der von uns ausgewählten Zielgruppe. Daher sollten wir jegliche Multiplikationsmöglichkeiten genau unter die Lupe nehmen: Eine Kollaboration mit einer Person oder einem Unternehmen, das keinen sonderlich guten Ruf genießt, vor Kurzem überwiegend negative Schlagzeilen produziert hat oder allgemein eine Wahrnehmung aufgebaut hat, die nicht zu unserer Markenidentität passt, gilt es abzulehnen.

Bündnisse sollten einen Zweck haben, der für alle Parteien einen Benefit darstellt – und dabei dürfen die Follower nicht aus dem Blick geraten. So kann man beispielsweise zusammenkommen, um über ein Thema zu diskutieren, gezielt Expertenmeinungen einholen und so neue Perspektiven beleuchten oder gemeinsam etwas veranstalten, wo zwei Themenschwerpunkte zusammenkommen und sich ergänzen. Am stärksten sind die Synergien, die auch außerhalb der Kamera anhalten, echte Kollegialität oder sogar Freundschaften, bei denen man als Zuschauer nicht das Gefühl hat, dass die Beteiligten nur für die 30 gemeinsamen Minuten in die Kamera lächeln, danach die Verträge unterzeichnen, aber anschließend wieder getrennte Wege gehen, sondern sich grundsätzlich gut verstehen und ihre Reichweite bündeln, um einen wirklichen Mehrwert für die jeweiligen Communities zu schaffen. So können Fans, Follower und Abonnenten dazu bewegt werden, beiden Personenmarken zu folgen und deren Content zu konsumieren und sich früher oder später beiden Communities zugehörig zu fühlen.

Das ist übrigens nicht nur für die großen Personenmarken und Influencer sinnvoll, sondern kann auch schon innerhalb kleinerer Communitys stattfinden. Dabei sollte man jedoch anfangs nur maximal 5 Prozent seines Contents mit anderen teilen, da der Fokus auf dem Vertrauensverhältnis zwischen den Followern und der Personal Brand liegt. Überstürze derartige öffentliche Kooperationen nicht, sondern konzentriere dich auf den organischen Aufbau deiner Reichweite über Content, den du selbst erschaffst. Keine Sorge, du verpasst erst einmal kaum etwas, selbst wenn du die große Chance eines riesigen Reichweitensprungs darin vermutest. Bündnisse sind zu einem späteren Zeitpunkt möglich und entfalten in der Regel sogar eine viel stärkere Wirkung, weil du dann bereits eine etablierte Marke bist. Du verlierst also nichts, wenn du anfangs alleine kommunizierst.

Dennoch empfiehlt es sich, mit interessanten Leuten in Kontakt zu kommen. Der Austausch mit Menschen, die ebenfalls Content kreieren und vor den gleichen Problemen und Hürden stehen wie man selbst, kann eine große Hilfestellung sein und auch bei der Reflexion helfen. Meist bieten sich hier Personenmarken an, die eine ähnlich große Reichweite haben, da man sich etwa auf demselben Niveau befindet und der Kontakt so für beide Parteien gleichermaßen sinnvoll ist.

Auf der anderen Seite sollte man aber auch seine Gegenspieler kennen und ein Auge auf deren Kommunikation haben. Hier ist allerdings Vorsicht geboten: Diese öffentlich anzugehen, zu benennen oder gar eine Diskussion anzuzetteln, sorgt nicht nur für ein Spotlight auf uns, sondern kann auch dazu führen, dass ein regelrechter Kampf der Communities entbrennt, in dem wir die Emotionen nicht steuern können. Gezielt zu polarisieren kann ein gutes Instrument sein, um die eigene Relevanz zu vergrößern, jedoch sollte man die Ausmaße ungefähr errechnen können. Ich rate grundsätzlich davon ab, dabei konkrete Namen zu nennen, sondern plädiere eher dafür, die eigenen Statements neutral zu halten und sich auf den Sachverhalt zu fokussieren – vor allem in den ersten sechs bis zwölf Monaten des Markenaufbaus. Das zeugt nicht nur von Vernunft und Respekt, sondern erhöht auch den Wert unserer Marke, wenn das Publikum merkt, dass wir sachlich argumentieren, unseren Werten treu bleiben und für etwas einstehen. Emotionale, überhastete Wortgefechte und den virtuellen Finger auf andere zu richten? Totales No-go!

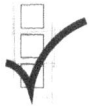

Identifiziere die Mitspieler und Gegenspieler in deinem Markt und mach dir ein Bild von ihnen. Nimm bei Bedarf oder Interesse Kontakt auf und tausch dich aus, aber übereile keine gemeinsamen öffentlichen Auftritte.

5.
ALLE CUBES IN POSITION

Ich liebe es, mich an meinen eigenen Tag eins zurückzuerinnern, als ich mich auf Facebook angemeldet hatte, weil meine Freundin ein Auslandssemester in England machte und meinte, wir könnten so am besten miteinander kommunizieren. Anfangs war ich nicht gerade begeistert. Ich hatte ein komisches Gefühl dabei, meinen echten Namen und mein Geburtsdatum einzutragen – hatte ich doch sonst immer nur Nicknames benutzt, also Internet-Pseudonyme oder Spitznamen für die Computerspiele, die ich regelmäßig zockte. Als Torben Platzer wurden mir von der neuen Social-Media-Plattform plötzlich Menschen vorgeschlagen, die ich noch aus meiner Schulzeit oder sogar aus dem Kindergarten kannte, man fügte sich hinzu und irgendwie war es normal, hier das zu posten, was man gerade machte. Ich dachte bald gar nicht mehr viel darüber nach. Ich teilte, was ich aß, knipste meinen mit Steuerbelegen zugekleisterten Schreibtisch, Details über mein Start-up, das ich neben meinem Studium gegründet hatte. Und ich bekam auf einmal Reaktionen von außen: das erste »Gefällt mir«, der erste Kommentar, die erste private Nachricht von jemanden, den ich gar nicht kannte, aber meine Interessen teilte. Er kam aus einer ganz anderen Ecke von Deutschland und ich hätte ihn sonst womöglich nie im Leben kennengelernt. Aus dem virtuellen Chat wurden irgendwann persönliche Treffen – und nur wenige Monate später gründeten wir zusammen eine Firma und er wurde zu einem meiner besten Freunde und ein jahrelanger Geschäftspartner.

Ich könnte stundenlang in Erinnerungen schwelgen und von tollen Begegnungen im virtuellen Raum und im wahren Leben berichten, aber ich freue mich gerade vor allem für dich, weil du nun alle Elemente kennengelernt hast, um gezielt in den digitalen Markenaufbau einzusteigen und eigene Erfahrungen zu machen und Erfolgserlebnisse zu feiern. Etwas zu »launchen« ja heißt nichts anderes als zu starten, etwas Neues anzustoßen. Und das wird in deinem Fall hoffentlich eine lange Reise mit vielen Etappen, Höhen und Tiefen und vielen Emotionen sein. Irgendwann schaust du auf diesen ersten Tag zurück und nickst wohlwollend, weil du die unglaubliche Chance genutzt hast, deine Personal Brand in den sozialen Medien aufzubauen. Weil du Menschen erreicht hast, die sich wirklich für dich als Person, deine Mission und deine Angebote interessieren.

Der Launch deiner Personal Brand

Der Launch deiner Marke ist kein Zeitpunkt, kein festes Datum, das du im Kalender dick und rot ankreuzt, und wenn du es erreicht hast, ändert sich schlagartig alles. Wie schon gesagt: Es ist ein Prozess. Und genau das sollte dir jegliche Zweifel und Ängste nehmen, die du vielleicht an dieser Stelle noch hast. Denn es geht nicht darum, dass du sofort Unmengen an Content produzierst, der in deinen Augen »perfekt« ist, und dass du alle Punkte aus jedem Cube abgehakt hast, sondern um einen Prototypen, der Weiterentwicklung ermöglicht. Entwicklung ist authentisch und menschlich, der Grund, wieso du dich für den Aufbau einer Personenmarke entschieden hast. Und nur wenn du etwas öffentlich gepostet hast und Feedback dafür bekommst, kannst du dieses umsetzen und dich stetig verbessern. Unzählige Menschen überlegen monate- und jahrelang, ob sie eventuell auch einen Internetauftritt brauchen, ob Instagram oder YouTube oder ein anderer Social-Media-Kanal vielleicht für ihr Businessmodell Sinn ergibt, doch sie wollen die absolute Erfolgsgarantie unterschrieben sehen, bevor sie starten. Aber die gibt es nicht. Und genau deshalb ziehst du bereits mit deinem ersten Posting mutig an all den Unentschlossenen vorbei.

Ich kann dir jetzt schon prophezeien: Du wirst immer wieder einzelne Cubes wiederholen, weil sich die Rahmenbedingungen geändert haben oder du deinen Fokus auf etwas Neues richten willst. Das ist eben so, wenn man sich als Personenmarke weiterentwickelt.

Es ist ein Prozess, der niemals endet. Nutze die Aufgaben, um deine Markenpersönlichkeit zu schärfen, richtig herauszuarbeiten und dich stetig zu verbessern. Stell dich regelmäßig infrage, gönn dir Timeouts, Zoom-outs und Detox-Zeiten, um den Kopf wieder freizukriegen und dich gegebenenfalls neu zu orientieren. Und hol dir Meinungen von außen ein, damit du dir nicht selbst Scheuklappen aufsetzt und am Bedarf vorbeiproduzierst. Bleib beweglich und zugänglich.

Damit der Launch deiner Personenmarke noch besser gelingt, gebe ich dir gerne noch ein paar Tipps als Starthilfe und Booster mit auf den Weg.

Tipps für einen guten Start beim Social-Media-Branding

Vorbereitung ist das A und O

Bevor du das erste Mal sendest, solltest du sicherstellen, dass die Accounts auf deinen bevorzugten Plattformen erstellt und die Biografien ausgefüllt sind. Jetzt ist es auch an der Zeit, jeweils plattformspezifischen Content vorzuproduzieren.

Nutze die Vorbereitungsphase außerdem dazu, deine Social-Media-Mitgliedschaften aufzuräumen. Solltest du noch ältere Accounts haben, die du vor Jahren mal für andere Zwecke benutzt hast, würde ich dir empfehlen, diese zu löschen und ganz neue zu kreieren für einen frischen Start, sodass man ab sofort nur die aktuellen Profile von dir findet. Inaktivität auf ungenutzten Accounts kann nämlich dazu führen, dass du nicht die beste Ausspielung erhältst.

Gleiches gilt für abweichende Themen. Doch in dem Fall kannst du Folgendes versuchen: Wenn du in einem anderen Feld schon Reichweite aufgebaut hast, dich aber nun aus welchem Grund auch immer umorientierst, kannst du in diesen Accounts Hinweise auf deine neue Ausrichtung geben und die Profile verlinken. So kannst du vielleicht einige aktive Follower direkt mitnehmen, die sich auch für deine neue Ausrichtung interessieren. Manche wirst du aber auch verlieren, doch das ist kein großes Drama.

Unter dem Strich gilt: Wir wollen lieber wenige Menschen, die mit uns interagieren, als viele Leute, die sich unsere Postings nicht wirklich ansehen und einfach nur die Abonnentenzahl unseres Accounts erhöhen. Denn diese Karteileichen sorgen dafür, dass wir von den Algorithmen schlechter ausgespielt werden und unsere organische Reichweite nicht richtig anläuft. Das ist ein weiteres Argument, wieso es total sinnlos ist, Follower und Abonnenten zu kaufen, da es sich hier nur um »tote« Accounts handelt, die teilweise sogar maschinell erstellt sind, auch »Bots« genannt.

Werde nun für mindestens 24 Stunden zum Empfänger: Füge deine Freunde, Bekannte und Creator, die ein ähnliches Thema behandeln wie du, zu deinen Freundeslisten hinzu, abonniere ihre Kanäle und interagiere mit ihnen. So gibst du den Plattformen weitere Indikatoren, worum es sich bei dir drehen wird, welche Interessen du hast und wer dir bereits nahesteht, und du kannst von den Algorithmen besser eingeordnet werden und dein Content wird zielgerichtet ausgespielt.

Das erste Posting muss sitzen – und du musst mehr in petto haben

Dein erster Post könnte davon handeln, was du auf diesem Kanal vorhast, das Thema umreißen, das du hier behandeln wirst, oder auch einfach nur ein freundliches »Hallo« sein. Wichtig ist, dass du die nächsten Postings zumindest bereits fest geplant oder im besten Fall vorproduziert hast, um die Plattformen ab sofort regelmäßig nach deinem Posting-Plan mit Content zu füttern.

Ganz wichtig: Bevor du etwas postest, überprüfe sowohl inhaltlich, ob die Aussage gerade beispielsweise durch eine spontane Emotion entstanden ist und du sie später vielleicht bereust, als auch formal, das heißt die Rechtschreibung und Grammatik. Das sollte eine fest verankerte Routine sein. Achte zudem darauf, bei den Features der einzelnen Plattformen immer das richtige Format zu benutzen. Ansonsten werden Leerräume einfach schwarz gefüllt oder Dinge abgeschnitten.

Gerade zu Beginn tendiert man oft dazu, Texte länger als nötig zu schreiben, mit vielen Füllwörtern anzureichern oder viele verschiedene Beispiele zu bringen, weil man nicht einschätzen kann, ob der Leser es auch wirklich versteht. Das ist aber oft ziemlich öde und unsere Aufmerksamkeitsspanne ist eben nicht unendlich. Versuche daher, möglichst schnell auf den Punkt zu kommen und eine Message rüberzubringen, die im Idealfall eine Diskussion anregt.

Für dich als Personenmarke ist Social Media ein Werkzeug, das du richtig benutzen musst. Dafür ist es wichtig, Strukturen und Posting-Pläne einzuhalten. Es bringt nichts, wenn du an einem Tag bis in die Nacht auf Instagram chattest, dafür aber am nächsten Morgen dein angekündigter LIVE-Call ausfällt. Auch ergänzende oder neue Plattformen kannst du nur austesten und dazunehmen, wenn du dafür überhaupt noch freie Kapazitäten hast. Setz dir feste Zeiten und verlängere und erweitere deinen Markenauftritt nur, wenn du es dir erlauben kannst und nichts darunter leidet. Weniger ist vor allem zu Beginn mehr.

Wer interessant sein will, muss interessiert sein!

Nachdem du deinen ersten Content veröffentlicht hast, beginnen die Interaktion und die dauerhafte Kommunikation mit deinen Fans, Followern und Abonnenten. Hier gilt es proaktiv zu sein: Du vergibst Likes und Kommentare für alles, was dir gefällt, und versuchst über Fragen in den Dialog mit anderen zu treten, du nimmst aktiv an öffentlichen Diskursen teil. Wenn du möchtest, dass andere bei dir interagieren und sich für dich interessieren, dann solltest du das im Gegenzug auch bei ihnen tun: Schau bei anderen Profilen vorbei, konsumiere, was andere teilen, und klink dich in Diskussionen ein, auch und gerade wenn sie nicht auf deinem Profil stattfinden. Und wenn jemand mit dir einen direkten Kontakt aufbauen möchte, solltest du in den Dialog gehen, nahbar sein und vor allem auch zeitnah antworten.

Gute inhaltliche oder auch lustige Kommentare oder Bilderreihen, die wir mit »Gefällt mir« markieren, sodass unser Profilbild immer wieder in der Übersicht zu sehen ist, und private Konversationen sind der Schlüssel zu mehr Reichweite. Die meisten bauen genau deshalb nie welche auf, weil sie denken, dass sie ja der Sender sind, der empfangen wird. Das Problem daran ist: Wenn niemand die Frequenz kennt, kann auch keiner einschalten.

Dabei sollte Interaktion möglichst nicht nur als Strategie genutzt werden, sondern ehrliches Interesse am Austausch beinhalten, da es sonst nach kurzer Zeit schon keine Freude mehr machen wird. Vermeide unbedingt kopierte Massennachrichten oder plumpe Werbung, die du unter andere Profile pinnst. Von derartigen Methoden, die zu nichts führen, wollen wir uns abgrenzen und stattdessen eine positive Wahrnehmung erzeugen. Nimm dir immer wieder Zeit und schau gezielt, ob du etwas beitragen kannst und damit Mehrwert erschaffst. Dieses passive Marketing hat eine weitaus bessere Conversion als jede plakative Reklame. Dabei gilt: je mehr, desto besser und das konstant. Du kannst dir hierfür feste Zeiten täglich setzen, sodass es in deinen Alltag passt, damit kleinere Pausen und Lücken füllen, solltest aber mindestens 20 bis 30 Minuten täglich aktiv sein.

Konstruktives Feedback bringt dich voran

Nach den ersten Wochen wirst du merken, dass du die Plattformen nun so langsam kennst. Es fühlt sich alles viel natürlicher an, man klinkt sich schneller in Konversationen ein und hat vielleicht auch schon einige Nutzer als Favorit markiert, mit denen man täglich kommuniziert. Auch werden die ersten Personen anfangen, dir zu folgen, und vielleicht entstehen schon Dialoge unter deinen Postings.

Nun ist es an der Zeit, das erste Feedback einzuholen und Fragen zu stellen, welcher Content als Nächstes von Interesse wäre, was andere gut oder auch eher nicht so gut finden, damit du dich verbessern und Inhalte adaptieren kannst. Das funktioniert sehr direkt in Dialogen oder privaten Nachrichten, aber du kannst solche Fragen auch im Textfeld oder in den Kommentaren stellen.

Befrage auch dein direktes soziales Umfeld, Freunde oder Geschäftspartner, wie sie deinen Auftritt wahrnehmen und deinen Content finden. Hier ist allerdings Vorsicht geboten: Besonders wenn die Leute selbst nicht auf den sozialen Medien aktiv sind, möglicherweise sogar eine negative Meinung davon haben, aus einem ganz anderen Feld kommen oder einer anderen Generation angehören, ist deren Rückmeldung natürlich entsprechend »gefärbt«. Man unterscheidet daher grundsätzlich zwischen unqualifiziertem und qualifiziertem Feedback: Du brauchst als Personenmarke qualifizierte Meinungen. Das ist wichtig für deinen Content und darf neben Lob (das natürlich immer gern gesehen ist) auch gerne konstruktive Kritik beinhalten. Deine Follower, die enge Community und andere Creator im Feld sind hierfür die erste Wahl. Es wird zunehmend schwerer, eine objektive Perspektive einzunehmen, je mehr wir in unsere Marke und deren Inhalte eintauchen. Deshalb ist es wichtig, uns auch mal Feedback von Menschen anzuhören, bei denen wir uns normalerweise keinen Rat holen würden. Wir müssen den Vorschlägen ja nicht folgen, aber eine Sichtweise von außen kann für die eigene Reflexion hilfreich sein.

Neue Ideen entwickeln durch Reflexion

Das Feedback von außen sollten wir für uns selbst verschriftlichen und zudem beim wöchentlichen Time-out eigene Notizen machen. Erst danach sind wir in der Lage, ein effektives Brainstorming durchzuführen, das wichtig ist, um neue Ideen zu entwickeln und eine konstante Entwicklung zu gewährleisten.

Mindestens einmal im Monat nehme ich zum Beispiel alle meine Notizen zur Hand und lese sie mir mit frischem Blick und etwas Abstand durch. Ich schaue, welches Feedback ich häufiger erhalten habe und ob sich das mit meinen eigenen Erkenntnissen deckt. Anschließend nehme ich mir für die nächsten vier Wochen eine Sache vor, die ich an mir persönlich verbessern möchte, und eine Sache, die ich an meinem Content optimieren kann, und formuliere daraus konkrete Ziele. Das kann meine Rhetorik sein, das Weglassen von Füllwörtern, die Sprache, der Blickkontakt mit der Kameralinse, sodass ich den Zuschauern in die Augen sehe, ein Reminder für konstanteres Posten, wenn ich in letzter Zeit ein bisschen nachlässig war, und vieles mehr. Hinsichtlich des Contents könnte das die Bild- oder Videobearbeitung sein, die ich sauberer machen möchte, eine Animation, die ich erlernt habe, oder ein neues Programm, in dem ich die ersten Schritte machen möchte, oder auch ein stringenteres Storytelling, um die Zuschauerbindung zu erhöhen.

Um das gewünschte Resultat auch wirklich zu erzielen, breche ich meine Ziele in einzelne Aktionen herunter, räume eine bestimmte Zeit dafür frei oder lenke meinen Fokus gezielt darauf, wenn ich neuen Content produziere und prüfe direkt immer, ob ich mein Vorhaben auch wirklich umgesetzt habe.

6. ERWEITERUNG UND MONETARISIERUNG DEINER PERSONAL BRAND

Achtung! Setze die Vorschläge aus diesem Kapitel bitte erst um, wenn du deinen Markenaufbau sechs bis zwölf Monate durchgezogen hast. Du kannst das Kapitel auch einfach bis dahin überspringen. Wenn du es unbedingt gleich lesen musst, weil dein innerer Monk das von dir verlangt oder du einfach zu neugierig bist – nur zu. Aber nimm dir die Warnung zu Herzen und lass dich auf keinen Fall zu früh dazu verleiten, denn eine zu schnelle Erweiterung oder der Drang, Reichweite möglichst sofort zu barem Geld zu machen, kann den Tod deiner Personenmarke bedeuten. Warum? Ganz einfach: Jede Erweiterung bedeutet Veränderung – und diese kann man sich erst erlauben, wenn die Basis solide zementiert und nahezu unkaputtbar ist. Das bedeutet: Deine Content-Produktion und deine Markenkommunikation müssen schnurren wie ein Schweizer Uhrwerk.

Luft nach oben

Markenerweiterungen ermöglichen es, unsere Markenbekanntheit durch Verlängerungen wie neue Plattformen oder monetarisierte Formen wie den Verkauf von Merchandise oder anderen Produkten zu steigern. Wir erinnern uns an die unzähligen Starbucks-Becher, die über Social Media gepostet werden und so völlig kostenlos Werbung für das Unternehmen machen. Oder High-Fashion-Brands, die dafür sorgen, dass Millionen von Menschen für ihr Unternehmen jeden Tag kostenlos Werbung laufen und dafür sogar noch bezahlen: Jeder, der sich einen Hoodie mit dickem Print vorne drauf anzieht und lässig durch die Innenstadt flaniert, hat dafür

Geld ausgegeben – also die Unternehmenskasse hat geklingelt – und jeder Passant bekommt das Logo oder den Schriftzug präsentiert, allerdings mitsamt dem Lebensgefühl, das der Träger ausstrahlt. Das passiert in kleinerer Form auch, wenn Menschen unser Mission-Logo auf ihrer Cap oder dem Shirt stehen haben, wenn sie Produkte von uns kaufen und Mundpropaganda machen, weil sie zufriedene Kunden sind, uns auf neuen Plattformen folgen oder auf Veranstaltungen kommen, um nur einige Beispiele zu nennen.

Jede Verlängerung deiner Personal Brand sollte ein Angebot sein, das jeder annehmen oder auch ablehnen darf. Ansonsten kann es passieren, dass deine Fans, Follower und Abonnenten deine Intentionen und deine Markenidentität infrage stellen, wenn du mit zu großem Druck etwas Neues promotest, das es anfangs gar nicht gab oder nicht Teil deiner Kommunikation war. Eine Markenverlängerung ist wie ein Buffet, das sich mit jedem Gang erweitert und schön angerichtet ist. Jeder darf das probieren, was er möchte und was ihm zusagt. Niemand häuft ungefragt den Gästen den Teller voll mit dem Hinweis, sie müssten alles aufessen, sonst gäbe es eine Strafe (oder sieben Tage Regenwetter). Ein heißer Tipp aus der Küche: Frag doch deine Gäste am besten im Vorfeld, worauf sie so richtig Appetit hätten, und lass dich davon inspirieren und leiten, wenn du über die Erweiterung deiner Personal Brand nachdenkst.

> **JEDE VERLÄNGERUNG DEINER PERSONAL BRAND SOLLTE EIN ANGEBOT SEIN, DAS JEDER ANNEHMEN ODER AUCH ABLEHNEN DARF.**

Promotion von Erweiterungen – punktueller Launch

Wenn es darum geht, deine Personal Brand sinnvoll zu erweitern, müssen wir aus der Perspektive der Menschen denken, die uns das überhaupt ermöglichen können. Wir müssen ihre Wünsche und Probleme kennen und nicht nur aus unserer Intention heraus handeln und etwas festlegen. Es ist außerdem wichtig, Trends und Tendenzen zu erkennen, um günstige Zeitpunkte auszumachen. Hierbei hilft uns der tägliche Wissens-Cluster, den wir im Hinblick auf neue Möglichkeiten im Auge behalten sollten. Dann erst können wir eine strukturierte Promotion planen, keine Schnellschüsse.

Ich empfehle die erste Erweiterung – ich weiß, ich wiederhole mich, aber es ist eben so extrem wichtig – frühestens nach sechs bis zwölf Monaten Markenaufbau und mit einem Zeitraum von ein bis vier Wochen: **je kleiner die Reichweite und Relevanz, desto kürzer die Promotion-Phase**. Zudem sollte man innerhalb eines Jahres nicht mehr als drei Markenerweiterungen anstreben, da sonst die Kommunikation verwässert und man den Spannungsbogen kaum noch oben halten kann. Die Community soll sich schließlich darauf freuen, dass etwas ganz Neues kommt, und gespannt darauf warten. Punktuell funktioniert das besser als Neues vom Fließband.

Vorher: emotionale Aufladung

Als Erstes geht es darum zu erfassen, was überhaupt eine sinnvolle Ergänzung und Erweiterung sein könnte. Natürlich kann hier auch eine Monetarisierung angestrebt werden, jedoch musst du verstehen, was deine Follower und die Community überhaupt brauchen und wollen (Probleme, Wünsche, Begierden).

Achte auf die Nachrichten und Anfragen, die du bekommst, hoste Fragerunden, die dir helfen, den Bedarf deiner Zielgruppe auszuloten. Wenn du konkrete Ideen hast, mach eine Umfrage. Du brauchst keine Angst davor zu haben, dass jemand dir eine Idee stiehlt oder du zu viel verrätst. Das Beste, was du machen kannst, ist deine Community in den kompletten Prozess miteinzubeziehen: vom ersten Impuls über die Konkretisierung bis hin zur Umsetzung. Wenn das Gefühl entsteht, dass es sich dabei um ein gemeinsames Projekt handelt, ist das die stärkste Ja-Kette, die du vorab aufbauen kannst, und das hilft dir enorm, den potenziellen Erfolg deiner geplanten Erweiterung einzuschätzen. Du kannst darauf aufbauen und die Themenschwerpunkte deines Contents so anpassen, dass sie den Fokus auf das legen, was demnächst bei dir kommt, und deine Follower darauf vorbereiten.

Mach dir schon mal Gedanken über ein passendes Storytelling: Was ist die Geschichte hinter der Markenerweiterung? Welcher Zweck und welche Intention verbergen sich dahinter? Wie lässt sich die Story emotional erzählen? So schaffst du ein Bewusstsein dafür, was demnächst kommen wird, teaserst aber nur an, sodass sich eine Spannung aufbaut.

Diese Phase ist zeitlich nicht begrenzt und du solltest sie so lange fortsetzen, bis du dir sicher bist, was die nächste Erweiterung sein wird und du alle Vorbereitungen für diese getroffen hast. Dies kann auch den Herstellungsprozess miteinschließen, falls dieser vonnöten ist, oder weitere Handlungsschritte, die vorab stattfinden müssen. Der Prototyp eines Produkts kann hier schon vorgestellt werden für weiteres Feedback, du solltest auch eine kleine kommunikative Pause von wenigen Tagen einlegen – die Gerüchteküche wird dir vermutlich in die Hände spielen.

Allmählich: Konkretisierung

Nach einigen Tagen kannst du dann den weiteren Plan konkretisieren und mehr Licht ins Dunkel bringen. Zwischenzeitlich dürfte reichlich spekuliert worden sein, die Follower haben Fragen gestellt und konnten sich in die Situation hineinfühlen.

Diese Phase sorgt dafür, dass immer mehr Leute ins Boot kommen, sie thematisch gefärbt sind, sodass die Konkretisierung nun im besten Fall für viele die Lösung und das Objekt der Begierde darstellt.

Definitiv: Datum, Uhrzeit und Ort

Nun legst du ein genaues Datum, eine Uhrzeit und auch einen Ort – also eine Plattform – fest, über die man auf dein Produkt oder deine Dienstleistung zugreifen kann beziehungsweise wo dein Event stattfindet. Hier sollten keine Unklarheiten aufkommen können und jegliche Umwege und Irrwege vermieden werden: Je simpler es für den Einzelnen ist, desto weniger Hürden haben deine Interessenten.

Achte zudem darauf, dass der Zeitpunkt sich nicht mit anderen wichtigen Ereignissen für deine Zielgruppe überschneidet, etwa Fußball-WM, Bachelor-Finale, Netflix-Special oder Apple-Keynote, da sich die Leute dann entscheiden müssen. Prüfe am besten im Vorfeld auch, ob dein Launch mit dem von Mitbewerbern kollidieren könnte. Wenn ja, verleg besser deinen Termin, sonst musst du im Zweifelsfall die Aufmerksamkeit der User teilen. Wenn du dich entschieden hast, bleib dabei. Steh zu deinem Wort und setz Himmel und Hölle in Bewegung, um deine selbst gesetzte Deadline zu halten.

Durchgehend: Spannung, Spannung, Spannung!

Ich persönlich halte nichts von künstlicher Verknappung und Dringlichkeit, die sich logischer Schlüsse entzieht: Eine Online-Videoserie, die nur zehn Mal verfügbar sein soll, oder ein blinkender Countdown, der auf einer Webseite herunterläuft und danach wieder von vorne zu zählen beginnt, zeugen eher von einem unseriösen Angebot. Eine Limitierung ist nur stark, wenn sie nachvollziehbar ist. Darunter fallen zum Beispiel begrenzte Hallenkapazität, Stückzahlen oder ein punktuelles Ereignis, das nicht wiederholt werden kann.

Den Spannungsbogen zu halten ist der Schlüssel jedes Launchs: Denn auch wenn ein Zeitpunkt definiert ist, handelt es sich hierbei um einen durchgängigen kommunikativen Prozess, der für tägliche Impressionen in den Köpfen der Empfänger sorgen muss, damit überhaupt die finale Message angehört oder angesehen wird. Dafür sollte man verschiedene Zugänge und Plattformen oder sogar direktere Wege der Kommunikation wählen, zum Beispiel einen Newsletter, interne Gruppen oder Ähnliches etablieren, damit man an die enge Community in seinen eigenen Räumen ohne fremden Einfluss wirken kann.

Beispiele für Content, der den Spannungsbogen weiterhin hoch halten kann:

- Geschichten (von anderen Parteien), die emotional aufgeladen sind, die hinter dem Launch stehen und ihren Teil dazu beitragen (man erinnere sich an eine Apple-Keynote, in der verschiedene Entwickler ihre Expertise und Vorfreude teilen),
- weiterführende Details und Informationen, die eine emotionale Kaufentscheidung bereits im Vorfeld legitimieren,
- Ausblick auf die Benefits für den Empfänger (und Käufer) und die Ansprache der Probleme und Wünsche über verschiedene Zugänge (Hooks).

Am stärksten ist der Launch-Prozess, wenn nicht der Sender anfangs ein fertiges Produkt in die Kamera hält, sondern der Empfänger sich seine individuelle Kaufentscheidung aus verschiedenen Aspekten zusammensetzt, sodass er das Produkt in Gedanken eigentlich schon besitzt, bevor wir es ihm überhaupt angeboten haben.

Optional: offline für 24 bis 48 Stunden

Bevor der finale Launch stattfindet, kannst du dich für eine kurze Zeitspanne rar machen und nicht kommunizieren, oder beispielsweise dein Gesicht nicht zeigen und nur in Textform senden. Das kann gerade bei größeren Communities dafür sorgen, dass die Spannung noch einmal erhöht wird, alle darauf warten und spekulieren, wieso nichts von dir kommt. Begründet werden kann eine temporäre Abwesenheit mit der Vorbereitung für den Launch, was gleichzeitig auch zeigt, dass man hier Zeit und Arbeit investiert, damit alles reibungslos verläuft. Gleichzeitig sorgt man für einen kleinen Reset auf den Social-Media-Kanälen, was oftmals bewirkt, dass der nächste Post etwas mehr Reichweite erhält. Dies funktioniert allerdings nur, wenn man ansonsten als konstanter Creator von den Algorithmen erfasst und abgespeichert wurde.

Endlich: finaler Launch – am besten live

Wenn der Zeitpunkt gekommen ist, stell unbedingt sicher, dass die Technik und alles Wichtige reibungslos funktioniert: stabiles Internet, eine Backup-Möglichkeit – und alles sollte im Vorfeld einmal durchgespielt worden sein.

Dein Launch findet gebündelt auf einer Plattform statt. Aber kurz danach werden direkt weitere Kanäle bespielt. Beispielsweise machst du auf Instagram ein LIVE-Video und parallel gehen E-

Mail-Newsletter und Posts auf anderen Plattformen raus mit allen Informationen und notwendigen Links. Je näher der Sender dem Empfänger ist, desto stärker ist der Impact, weshalb LIVE-Calls sich besonders gut eignen, Videos auch noch gut sind, aber Bilder und Text eher für eine schwache Verbindung sorgen. Irgendwie logisch, oder?

Benutze bei deinem LIVE-Auftritt keine vorgefertigten, komplett ausformulierten Skripte, sondern notier dir nur Stichworte, damit du nichts vergisst, und genieße den Moment mit deiner Community, der eine Veränderung einleitet.

Folgende Aspekte können dir in der Kommunikation helfen, die Reichweite und Conversion zu steigern:

- Nutze die sofortige Interaktion mit den Leuten, die live mit dabei sind: Du kannst ihre Namen vorlesen, kurzen Smalltalk machen und vor allem auch deine Emotionen rauslassen und damit die Identifikation stärken und die Leute in eine positive Stimmung versetzen.
- Zeitlich begrenzte Gewinnspiele können einen zusätzlichen Benefit darstellen, den Launch wahrzunehmen, zum Beispiel eine Verlosung unter allen Rezensionen des Podcasts, die ersten 100 Bestellungen bekommen etwas gratis dazu et cetera.
- Versuche über Storytelling zu launchen, nicht über Informationen. Letztere kann jeder nachlesen, muss sie jetzt nicht von dir vorgetragen bekommen. Nutze dabei verschiedene Hooks, die unterschiedlichen Menschen Zugang gewähren.

Auch wenn der punktuelle Launch einen bestimmten Zeitpunkt fokussiert, ist es wichtig, dauerhafte Veränderungen auch über die Kommunikation als festen Bestandteil der Brand-Reise zu verankern und konstant Impressionen zu setzen. Es reicht beispielsweise nicht, einen neuen Podcast zu launchen. Du musst logischerweise jede neue Folge crosspromoten, um die maximale Reichweite zu erhalten. Gleichzeitig sollte dies aber auch den Druck verringern, da du immer wieder neue Chancen und Möglichkeiten hast, Leute für dich zu gewinnen. Es kommt also nicht nur auf den einen Moment an, dieser ist eher als Startschuss für Veränderung zu sehen. Genauso wie die Erweiterung einen Prototypen darstellen darf: Halte immer Ausschau nach Feedback, Verbesserungsmöglichkeiten und zukünftiger Innovation.

Trommelwirbel!

Der Weg zu einer Personal Brand ist eine Reise, die nie wirklich endet, aber unterwegs viele schöne Aussichtspunkte, spannende Weggefährten und jede Menge Opportunities bereithält, die du jetzt bestmöglich und gewinnbringend für dich und dein Unternehmen nutzen kannst. Doch Veränderung geschieht nur, wenn wir in Aktion treten und theoretisches Wissen – wie in diesem Buch – in die Praxis umsetzen. In *SELFMADE BRANDING* stecken mehr als zehn Jahre Erfahrung mit Social Media und Branding sowie meine persönlichen Erlebnisse und Schlussfolgerungen. Das alles ist in diese Schritt-für-Schritt-Anleitung geflossen, mit deren Hilfe auch wir bei TPA Media für große Personenmarken und Unternehmen unverwechselbare Brands aufbauen. Nun liegt es an dir, den ersten Schritt zu machen.

Den Kompass zum Irrgarten der sozialen Medien hast du in der Tasche und deine Cubes sind in Position. Mit diesem Rüstzeug kannst du richtig PS auf die Straße der sozialen Netzwerke bringen – und das am besten sofort, noch heute. Denn es gibt keinen Grund mehr zu warten: Du bist nur einen Griff zum Smartphone davon entfernt, dein erstes kleines Video aufzunehmen, den ersten Post zu schreiben oder die erste Audio-Nachricht abzuschicken und mit der Welt zu teilen, weshalb ich die letzten Sätze nicht mehr allzu sehr in die Länge ziehen möchte, denn ich will, dass du loslegst! Aber ein paar Dinge möchte ich doch noch loswerden.

So viele Ideen und Innovationen kommen nie ans Tageslicht, weil sie nur in kleinen Kreisen kommuniziert werden und die Öffentlichkeit sie daher nie zu sehen oder zu hören bekommt. Viele mittelständische Unternehmen könnten Weltmarktführer sein, aber sie verpassen es nach wie vor, auf den sozialen Medien zu kommunizieren und richtig clever zu netzwerken. Dabei haben wir es alle in der Hand. Auch du! Mit dem Aufbau deiner Personenmarke kannst du deine Message an genau die Menschen bringen, die sie hören müssen und damit wirklich etwas verändern. Trau dich!

Doch Personal Branding bedeutet auch, sich zu entwickeln, sich selbst kritisch zu hinterfragen und unter Umständen sogar immer wieder neu zu erfinden. Darum können dich die Aufgaben und Time-outs aus diesem Buch ständig begleiten und bei der Reflexion unterstützen. Denn es ist enorm wichtig, jederzeit auf dem neuesten Stand zu sein und Innovation und Wandel zuzulassen. Dabei wollen wir von TPA Media dich unterstützen, mit einem Extra-Boost für deinen Markenaufbau.

Scanne diesen QR-Code mit deinem Smartphone oder Tablet ein und du kommst direkt auf eine Website, über die du exklusiven Zugang zu unseren aktuellen News und Hacks rund um Social Media erhältst. Trag deine E-Mail-Adresse ein und du bekommst von uns eine Anleitung, wie das Ganze funktioniert. Geht alles schnell und ist total simpel, versprochen!

Das ist das Bonusmaterial von *SELFMADE BRANDING*. Denn in den sozialen Medien ist Veränderung so gegenwärtig wie kaum sonst irgendwo. Deshalb versorgen wir dich mit wöchentlichen News und Videos, mit Tipps und Tricks rund um Social Media und Personal Branding. Außerdem findest du dort eine Liste aller von uns als hilfreich eingestuften Apps, die dich beim Aufbau deiner Social-Media-Präsenz unterstützen können, die wir auch regelmäßig aktualisieren. Solche Videos waren bisher ausschließlich den Kunden und Mitarbeitern von TPA Media vorbehalten, aber da *SELFMADE BRANDING* mehr als ein reiner Ratgeber sein soll, begleiten wir dich auf diese Weise über die Lektüre hinaus, können miteinander in Kontakt treten und im Austausch bleiben. Wir freuen uns darauf!

Ich wünsche dir viel Spaß und Adrenalin beim Aufbau deiner Marke und würde mich freuen, bald von dir zu hören: Du findest mich unter *@torbenplatzer* auf allen sozialen Netzwerken und vor allem bei Instagram versuche ich auch immer zu antworten, wenn du mal eine kleine Frage haben solltest. Auch bei TPA Media haben wir eine E-Mail-Adresse für dich eingerichtet, wenn du uns als Leser von *SELFMADE BRANDING* kontaktieren möchtest: *SELFMADE@TPA-Media.com*.

Aber jetzt halte ich die Klappe und überlasse dir das Zepter. Es ist an der Zeit für dich, deine eigene Social-Media-Geschichte zu schreiben!

Glossar

1:1-Format: So nennt man quadratische Videos, zum Beispiel bei Instagram.
Blog: öffentliches Tagebuch, auf einer Webseite geführt.
Bot: durch einen Computer automatisch erstellter Account.
Call to Action (CTA): direkte Aufforderung zur Interaktion bei einem Social-Media-Beitrag.
Click-Bait: dramatisierte und überspitzte Überschrift, wobei der Inhalt dieser nicht gerecht wird.
Conversion: Online-Marketing-Begriff, der die Umwandlung beziehungsweise den Status einer Zielperson meint: Interessent wird Kunde.
Corporate Identity: optisches Gesamterscheinungsbild eines Unternehmens (Design).
Creator-Fonds: für Creator bereitgestellte Gelder, die direkt von den Betreibern der Social-Media-Plattformen ausgeschüttet werden.
Cross-Promotion: Die Bewerbung der Social-Media-Plattformen untereinander und innerhalb dieser.
DM: Abkürzung für »Direct Message«, also eine private Direktnachricht an jemanden.
Document the journey: ein Konzept, welches das Dokumentieren der eigenen Entwicklung ohne feste Strukturen und Skripte beschreibt.
Evergreen-Video: Ein Video, das zeitlich unabhängig gesucht und angesehen wird.
Fake News: Unwahrheiten, die als echte News im Internet verbreitet werden.
FAQ: häufig gestellte Fragen (engl. *frequently asked questions*).
Feed: die eigene Pinnwand auf dem Social-Media-Profil.
Following: das Verhältnis zwischen Creator und Follower.
Fragesticker: ein Feature von Instagram, das Fragerunden in der Instagram Story ermöglicht.

Hashtag: ein mit Doppelkreuz (#) versehenes Schlagwort, dem der eigene Content zugeordnet werden kann.

Hook: ein Haken, mit dem man jemanden ködert, den eigenen Content anzusehen oder auch ein Produkt zu kaufen.

Impression: ein Sinneseindruck, eine Wahrnehmung, die jemand von einem bekommt.

Influencer: ein Content-Creator mit starker Präsenz und hoher Reichweite in den sozialen Netzwerken.

Influencer-Marketing: das Engagieren von Influencern auf den sozialen Netzwerken, um Produkte von Unternehmen mit ihnen zu bewerben.

Instagram Story: eine 15-sekündige Hochkant-Videobotschaft, die nur 24 Stunden online bleibt und danach automatisch gelöscht wird.

Interaktion, parasoziale: der Lieblings-Influencer wird gewissermaßen zum besten Freund oder gehört zumindest zu den Personen, mit denen man am meisten Zeit online verbringt. Das sorgt für eine enge Bindung und großes Vertrauen – obwohl man die Person noch nie live, also von Angesicht zu Angesicht, kennengelernt hat.

Internet-Troll: eine Person, die im Internet mit Mobbing oder Hassrede andere ärgern oder provozieren will.

Internetstar: *siehe Influencer*

Leads: Daten von einer Person, die möglicherweise zum Kunden wird.

LIVE-Stream: eine Videobild-Echtzeitübertragung, auf den sozialen Plattformen oftmals ein interaktives Format.

Markenbotschafter: Eine Person, die dafür bezahlt wird, ein Unternehmen in einem positiven Licht darzustellen.

Meme: spezieller, kreativ geschaffener Bewusstseinsinhalt, der sich unter Menschen viral verbreitet.

Micro-Influencer: Ein Content-Creator in den sozialen Netzwerken mit geringer Reichweite.

Moodboard: ein »Stimmungsbrett«; oftmals eine Tafel, auf der man verschiedene Impressionen sammelt.

Nickname: selbst gewähltes Pseudonym im Internet, oftmals in Chaträumen.
Podcast: eine Serie von abonnierbaren Audioinhalten im Internet.
Pop-up: ein sich automatisch öffnendes Fenster am Smartphone oder am Computer mit einer Neuigkeit.
Reel: Ein Kurzvideo-Format auf Instagram.
Reichweite: In Bezug auf Social Media und Branding bedeutet das, dass ein Creator möglichst viele Leute erreichen will: Je mehr Follower, Fans und Abonnenten, desto besser.
Release: der Zeitpunkt, an dem man etwas konsumieren oder kaufen kann.
Relevanz: In Bezug auf Social Media und Branding bedeutet das, dass der Content eines Creators möglichst viele Likes, Kommentare et cetera bekommt und fleißig geteilt wird.
Retargeting: einer Zielgruppe, die man bereits mit dem Angebot angesprochen hat, weitere Impressionen liefern (die zum Kauf führen sollen).
Screenshot: Momentaufnahme von dem, was auf dem Bildschirm zu sehen ist und als Bild gespeichert wird.
SEO: Maßnahmen, die zur Suchmaschinenoptimierung beitragen (engl. *search engine optimization*).
Shoutout: Eine informelle Würdigung oder ein Gruß einer Person, wodurch Menschen auf etwas (meist auf eine Person) aufmerksam gemacht werden.
Slideshow: Eine Abfolge von mehreren Bildern (Diashow) in einem Post.
Snippet: Ein kurzer Ausschnitt, der einen kleinen Einblick gewährt.
Social Sharing: Inhalte, die auf sozialen Plattformen geteilt werden (Viralität).
Storytelling: einen Inhalt über den Einsatz von Geschichten und Erfahrungsberichten rüberbringen.
Swipe-up-Funktion: Cross-Promotion auf Instagram in Form eines Stickers, hinter dem man einen Link platzieren kann.

Targeting: eine genaue Zielgruppenansprache, welche eine erhöhte Identifikation ermöglicht.

Tracking: das Protokollieren und Speichern des Nutzerverhaltens, um Daten zu sammeln, auf die man dann bei der Ausspielung von Content oder Werbung zurückgreifen kann.

Traffic: Zugriffe auf eine Website oder einen Social-Media-Kanal.

Tweet: eine Kurzbotschaft (mit oder ohne Bild) auf Twitter.

User-Generated Content: Medieninhalte, die vom Nutzer selbst erstellt werden und nicht von den Plattformen.

Viralität: die schnelle Informationsweitergabe von Mensch zu Mensch.

Vlog: ein Video-Blog, auf dem man visuell und auditiv tagebuchartig zeigt, was man erlebt.

Voice-over: Über bewegte Bilder wird im Nachhinein etwas eingesprochen, das diese erklärt oder kommentiert.

Dank

Ich danke meinen Freunden, Geschäftspartnern und besonders Matthias, der mir in den letzten Monaten den Rücken freigehalten hat, damit ich dieses Buch verfassen konnte. Außerdem allen Kunden von TPA Media, auf deren Erfahrungen die Inhalte dieses Buchs zum Teil gründen.

Ich möchte mich außerdem bei meiner großartigen Community bedanken, die mich mit ihren täglichen Nachrichten und Rezensionen immer wieder bestärkt in dem, was ich tue, und mich nie daran zweifeln lässt, wieso ich selbst den Weg der Personenmarke eingeschlagen habe.

Mein spezieller Dank gilt Kristina Konradi (@*kristina.krd* auf Instagram), die meinen Content visuell durch ihre unglaublich anschaulichen Zeichnungen und Skizzen inszeniert und das Buch dadurch zu einem echten Hingucker gemacht hat.

Last, but not least danke ich allen Trollen im Internet, die in den letzten Jahren immer wieder versucht haben, die Dinge, die ich so mache, schlecht zu reden. Daraus habe ich die Extraportion Motivation schöpfen können, um ihnen das Gegenteil zu beweisen.

Über den Autor

In seiner Biografie *LIVING A SELFMADE LIFE* beschrieb Bestseller-Autor Torben Platzer soziale Medien und den eigenen Markenaufbau nicht nur als Chance, sondern vor allem als Grund für den Durchbruch seiner Karriere. Er erinnert sich lebhaft an das Internet und die sozialen Medien, als diese noch in den Kinderschuhen steckten, und hat heute noch den Nachrichten-Sound von ICQ und das Scheppern seines 56K-Modems in den Ohren. Auf StudiVZ erstellte er seine erste eigene Gruppe und war von Tag eins an auf Facebook mit LIVE-Streams am Start. In *SELFMADE BRANDING* teilt er nun sein Wissen und seine Erfahrungen rund um Social Media Branding, sodass jeder, der möchte, die Kommunikationsmittel des 21. Jahrhunderts für sich und sein Unternehmen nutzen und dabei den einen oder anderen Stolperstein umgehen kann.

Quellen

1. https://www.tiktok.com/@youneszarou (zugegriffen am 15.10.2021), Theile, Gustav: »Younes Zarou: Das ist Deutschlands neuer Tiktok-König«, *Frankfurter Allgemeine Zeitung Online*, 05.08.2020, https://www.faz.net/aktuell/wirtschaft/digitec/younes-zarou-das-ist-deutschlands-neuer-tiktok-koenig-16891635.html (zugegriffen am 13.10.2021); ZDF: »Younes Zarou – Deutschlands bekanntester Tik-Toker«, *Forum am Freitag*, 18.09.2020, https://www.zdf.de/uri/70e3b791-d65f-4595-968a-797222d72421 (zugegriffen am 13.10.2021);
2. »Influencer Marketing: Steigende Bedeutung«, *markenartikel-magazin.de* (29.04.2021), https://www.markenartikel-magazin.de/_rubric/detail.php?rubric=marke-marketing&nr=39874 (zugegriffen am 15.10.2021).
3. Techniker Krankenkasse: »Entspann dich, Deutschland – TK-Stressstudie 2016« (10.2016).
4. »Online-Shopping – Nutzungshäufigkeit in Deutschland 2020«, *Statista*, 16.06.2021, https://de.statista.com/statistik/daten/studie/800752/umfrage/haeufigkeit-des-online-shoppings-in-deutschland/ (zugegriffen am 13.10.2021).
5. »Erwerbstätige, die von zu Hause aus arbeiten«, *Statistisches Bundesamt*, 2021, https://www.destatis.de/DE/Themen/Arbeit/Arbeitsmarkt/Qualitaet-Arbeit/Dimension-3/home-office.html (zugegriffen am 13.10.2021).
6. »Digital 2021 Report: 1,3 Millionen neue Social-Media-Nutzer täglich – Social Media Marketing & Management Dashboard«, *Hootsuite*, 27.01.2021, https://www.hootsuite.com/de/newsroom/press-releases/digital-2021-report-1-millionen-neue-social-media-nutzer-taeglich (zugegriffen am 13.10.2021).
7. »Speedtest Global Index – Internet Speed around the world«, *Speedtest Global Index*, 08.2021, https://www.speedtest.net/global-index (zugegriffen am 14.10.2021).
8. Vienazindyte, Ilma: »Deutsche fast 25 Jahre ihres Lebens online | NordVPN«, *NordVPN*, 13.08.2021, https://nordvpn.com/de/blog/studie-online-lebenszeit/ (zugegriffen am 15.10.2021).
9. Sperling, Sara: »News: Die große Bewegtbildstudie 2020: Jeder zweite Deutsche nutzt Streaming-Abos«, *Hubert Burda Media*, 27.08.2020, https://www.burda.com/de/news/die-grosse-bewegtbildstudie-2020-jeder-zweite-deut/ (zugegriffen am 15.10.2021).
10. »Fernsehkonsum: Entwicklung der Sehdauer bis 2020«, *Statista*, 05.01.2021, https://de.statista.com/statistik/daten/studie/118/umfrage/fernsehkonsum-entwicklung-der-sehdauer-seit-1997/ (zugegriffen am 13.10.2021).
11. Peters, Tom: »The Brand Called You«, *Fast Company*, 31.08.1997, https://www.fastcompany.com/28905/brand-called-you (zugegriffen am 16.10.2021); Marx, Wendy: »A personal branding expert shares what it takes to build a successful reputation«, *Fast Company*, 03.02.2021, https://www.fastcompany.

com/90600522/a-personal-branding-expert-shares-what-it-takes-to-build-a-successful-reputation (zugegriffen am 16.10.2021).
12 Schawbel, Dan: Me 2.0: Build a Powerful Brand to Achieve Career Success, Original Edition Aufl., New York: Kaplan Publishing 2009.
13 https://www.goodreads.com/quotes/7383200-your-brand-is-what-other-people-say-about-you-when
14 »Confirmation bias – Online Lexikon für Psychologie und Pädagogik«, 2021, https://lexikon.stangl.eu/10640/confirmation-bias-bestaetigungsfehler-bestaetigungstendenz (zugegriffen am 13.10.2021).
15 »Selektive Wahrnehmung – Online Lexikon für Psychologie und Pädagogik«, 2021, https://lexikon.stangl.eu/1708/selektive-wahrnehmung (zugegriffen am 13.10.2021).
16 »Parasoziale Interaktion – Online Lexikon für Psychologie und Pädagogik«, 2021, https://lexikon.stangl.eu/28634/parasoziale-interaktion (zugegriffen am 13.10.2021).
17 Esche, Benjamin: »Das bringt Dopamin-Fasten wirklich«, *Quarks.de*, 31.01.2020, https://www.quarks.de/gesellschaft/wissenschaft/das-bringt-dopamin-fasten-wirklich/ (zugegriffen am 14.10.2021).
18 Oerding, Henrik: »Clubhouse: Willkommen im Club«, *Die Zeit Online*, 18.01.2021, https://www.zeit.de/digital/mobil/2021-01/clubhouse-social-media-app-audio-iphone-faq (zugegriffen am 13.10.2021).
19 »Chinesische Video-App: TikTok übertrumpft Facebook«, *Frankfurter Allgemeine Zeitung Online*, 11.08.20201, https://www.faz.net/aktuell/wirtschaft/digitec/tiktok-am-haeufigsten-heruntergeladene-app-des-jahres-2020-17479956.html (zugegriffen am 16.10.2021).
20 Rabe, L.: »Themenseite: Facebook«, *Statista*, 11.10.2021, https://de.statista.com/themen/138/facebook/ (zugegriffen am 15.10.2021).
21 Rabe, L.: »Themenseite: Instagram«, *Statista*, 12.07.2021, https://de.statista.com/themen/2506/instagram/ (zugegriffen am 15.10.2021).
22 Ebd.
23 Haase, Julia: »Instagram: Ein Ei schlägt den Weltrekord von Kylie Jenner«, *Die Welt Online*, 14.01.2019, https://www.welt.de/kmpkt/article187019260/Instagram-Ein-Ei-schlaegt-den-Weltrekord-von-Kylie-Jenner.html (zugegriffen am 13.10.2021).
24 https://www.instagram.com/mosseri/ (zugegriffen am 15.10.2021).
25 »Themenseite: YouTube«, *Statista*, 12.07.2021, https://de.statista.com/themen/162/youtube/ (zugegriffen am 15.10.2021).
26 Lipinski, Yannick: »Julien Bam bekommt eine Netflix-Serie«, *Dasding*, 23.09.2021, https://www.dasding.de/update/julien-bam-serie-auf-netflix-100.html (zugegriffen am 13.10.2021); https://www.julienbam.de (zugegriffen am 13.10.2021).

27 »Krass Klassenfahrt«, https://www.youtube.com/channel/UC33oOduUNUnpKqb4tgAijlg (zugegriffen am 13.10.2021).

28 »YouTube-Partnerprogramm: Überblick und Voraussetzungen – YouTube-Hilfe«, 08.2021, https://support.google.com/youtube/answer/72851?hl=de (zugegriffen am 15.10.2021).

29 »Musical.ly an Chinesen verkauft«, W&V online (10.11.2017), https://www.wuv.de/tech/musical_ly_wurde_verkauft (zugegriffen am 15.10.2021).

30 Rabe, L.: »Themenseite: TikTok«, Statista, 28.09.2021, https://de.statista.com/themen/5975/tiktok/ (zugegriffen am 16.10.2021); Rabe, L.: »TikTok – Anzahl der Downloads im Apple App Store weltweit 2021«, Statista, 04.10.2021, https://de.statista.com/statistik/daten/studie/1028358/umfrage/anzahl-der-downloads-von-tiktok-ueber-den-apple-app-store-weltweit/ (zugegriffen am 16.10.2021).

31 »#EduTok, TikTok's Latest In-App Challenge, Empowers Users to Create Meaningful Content that Matters«, Newsroom | TikTok, 25.09.2019, https://newsroom.tiktok.com/en-in/edutok-tiktoks-latest-in-app-challenge-empowers-users-to-create-meaningful-content-that-matters/ (zugegriffen am 16.10.2021).

32 »TikTok gibt die ersten Empfänger*innen des Kreativitäts-Fonds bekannt«, Newsroom | TikTok, 16.08.2019, https://newsroom.tiktok.com/de-de/tiktok-gibt-die-ersten-empfaengerinnen-des-kreativitaets-fonds-bekannt (zugegriffen am 13.10.2021).

33 Rampe, Henrik: »Influencer Marketing: BMW startet erste Werbekampagne auf TikTok«, Horizont Online (11.07.2019), https://www.horizont.net/marketing/nachrichten/influencer-marketing-bmw-startet-erste-werbekampagne-auf-tiktok-176087 (zugegriffen am 15.10.2021).

34 Rabe, L.: »Themenseite: Pinterest«, Statista, 04.08.2021, https://de.statista.com/themen/1996/pinterest/ (zugegriffen am 15.10.2021).

35 »Themenseite: Twitter«, Statista, 05.10.2021, https://de.statista.com/themen/99/twitter/ (zugegriffen am 15.10.2021).

36 »Twitter sperrt Trump-Account ›dauerhaft‹«, Tagesschau, 09.01.2021, https://www.tagesschau.de/ausland/amerika/twitter-sperrt-trump-101.html (zugegriffen am 16.10.2021).

37 »Facebook – Anzahl der Mitarbeiter weltweit 2020«, Statista, 26.02.2021, https://de.statista.com/statistik/daten/studie/193372/umfrage/anzahl-der-mitarbeiter-von-facebook-weltweit/ (zugegriffen am 15.10.2021).

38 Smith, Kit: »57 interessante Zahlen und Statistiken rund um YouTube«, Brandwatch, 03.05.2020, https://www.brandwatch.com/de/blog/statistiken-youtube/ (zugegriffen am 15.10.2021).

39 »YouTube – Umsatz mit Werbung 2020«, Statista, 08.02.2021, https://de.statista.com/statistik/daten/studie/1093265/umfrage/werbeumsatz-von-youtube/ (zugegriffen am 15.10.2021).

40 Maier, Hanna: »Bibis Beauty Palace: So viel Umsatz macht sie mit Bilou!«, STARZIP, 17.07.2019, https://www.starzip.de/bibis-beauty-palace-so-viel-um-

satz-macht-sie-mit-bilou (zugegriffen am 15.10.2021), https://www.youtube.com/user/BibisBeautyPalace/about (zugegriffen am 15.10.2021).

41 https://www.youtube.com/c/PamelaRf1/about (zugegriffen am 15.10.2021).

42 »Neues Foodbrand auf dem Markt«, *ShapeUp Business*, 11.01.2021, https://shapeup-business.de/news/2021/01/neues-foodbrand-auf-dem-markt/ (zugegriffen am 17.10.2021); »Clean & Organic: Naturally PAM jetzt exklusiv bei dm-drogerie markt«, *Newsroom | DM*, 16.04.2021, https://newsroom.dm.de/news/clean-and-organic-naturally-pam-jetzt-exklusiv-bei-dm-drogerie-markt-425461 (zugegriffen am 17.10.2021).

43 »›Schnellste Insta-Million‹: Jennifer Aniston stellt Instagram-Rekord auf«, *Frankfurter Allgemeine Zeitung Online*, 16.10.2019, https://www.faz.net/aktuell/stil/mode-design/schnellste-insta-million-jennifer-aniston-stellt-instagram-rekord-auf-16436671.html (zugegriffen am 15.10.2021).

44 »Themenseite: Blog«, *Statista*, 20.08.2019, https://de.statista.com/themen/248/blog/ (zugegriffen am 15.10.2021).

45 »Social Media Advertising – Worldwide | Statista Market Forecast«, *Statista*, 2021, https://www.statista.com/outlook/dmo/digital-advertising/social-media-advertising/worldwide (zugegriffen am 15.10.2021).

46 »Spotify kauft Joe Rogans Show – Ist das der Anfang vom Ende des freien Podcast-Markts?«, *Schweizer Radio und Fernsehen (SRF)*, 09.06.2020, https://www.srf.ch/kultur/gesellschaft-religion/spotify-kauft-joe-rogans-show-ist-das-der-anfang-vom-ende-des-freien-podcast-markts (zugegriffen am 15.10.2021).

47 »Amazon – Ausgaben für das Marketing 2020«, *Statista*, 05.02.2021, https://de.statista.com/statistik/daten/studie/297916/umfrage/entwicklung-der-ausgaben-von-amazon-fuer-das-marketing/ (zugegriffen am 15.10.2021).

48 »Netflix – Ausgaben für das Marketing weltweit 2020«, *Statista*, 10.03.2021, https://de.statista.com/statistik/daten/studie/802425/umfrage/ausgaben-fuer-das-marketing-von-netflix/ (zugegriffen am 15.10.2021).

49 »Die Geschichte des Starbucks-Logos«, *FreeLogoDesign*, 27.06.2019, https://de.freelogodesign.org/blog/2019/06/27/die-geschichte-des-starbuckslogos (zugegriffen am 15.10.2021).

50 Graefe, Lena: »Starbucks: Umsatz in Deutschland bis 2020«, *Statista*, 11.08.2021, https://de.statista.com/statistik/daten/studie/184177/umfrage/umsatz-der-starbucks-coffee-deutschland-gmbh-seit-2005/ (zugegriffen am 15.10.2021).

51 Joyce, Gemma: »Finding the ROI on Starbucks Spelling Your Name Wrong«, *Brandwatch*, 21.07.2017, https://www.brandwatch.com/blog/react-starbucks-spelling-your-name-wrong/ (zugegriffen am 13.10.2021); Buller, Inga: »Warum Starbucks deinen Namen absichtlich falsch auf den Becher schreibt«, *CHIP Online*, 16.08.2021, https://www.chip.de/news/Deshalb-schreiben-Starbucks-Mitarbeiter-Namen-absichtlich-falsch_128869843.html (zugegriffen am 13.10.2021); Mayer, Jeanette: »Aha! Das ist also der Grund, warum Starbucks-Baristas unsere Namen falsch schreiben«, *InStyle Online* (19.12.2016), https://www.instyle.

de/lifestyle/starbucks-name-absichtlich-falsch (zugegriffen am 13.10.2021); »Schreibt Starbucks wirklich absichtlich falsche Namen auf Kaffeebecher?«, *Merkur Online* (27.06.2018), https://www.merkur.de/leben/genuss/schreibt-starbucks-wirklich-absichtlich-falsche-namen-kaffeebecher-zr-9752332.html (zugegriffen am 13.10.2021).

52 Schwartz, Barry: »The paradox of choice«, 2005, https://www.ted.com/talks/barry_schwartz_the_paradox_of_choice (zugegriffen am 23.04.2021).

53 Graefe, Lena: »McDonald's: Umsatz weltweit bis 2020«, *Statista*, 15.03.2021, https://de.statista.com/statistik/daten/studie/244228/umfrage/entwicklung-des-umsatzes-von-mcdonalds/ (zugegriffen am 15.10.2021).

54 Pawlik, V.: »Besuchshäufigkeit McDonald's in Deutschland 2020«, *Statista*, 01.02.2021, https://de.statista.com/statistik/daten/studie/172245/umfrage/haeufigkeit-besuch-bei-mcdonalds/ (zugegriffen am 15.10.2021).

55 »Consumer & Marketing Perspectives on Content in the Digital Age«, *Stackla*, 20.02.2019, https://stackla.com/resources/reports/bridging-the-gap-consumer-marketing-perspectives-on-content-in-the-digital-age/ (zugegriffen am 16.10.2021).

56 Chamat, Ramzi: »Visual Design: Why First Impressions Matter«, 06.05.2019, https://www.8ways.ch/en/digital-news/visual-design-why-first-impressions-matter (zugegriffen am 16.10.2021).

57 Lucidpress: »2021 Brand Consistency Report«, 2021, https://info.lucidpress.com/resources/report/brand-consistency (zugegriffen am 16.10.2021).

58 »Experience is everything: Here's how to get it right«, *PwC* (2018). https://www.pwc.de/de/consulting/pwc-consumer-intelligence-series-customer-experience.pdf (zugegriffen am 16.10.2021).

59 »Meaningful Brands 2019«, *Havasgroup*, 2019, https://www.havasgroup.com/press_release/meaningful-brands-2019-press-release/ (zugegriffen am 16.10.2021).

60 »What is User-Generated Content? The Ultimate Guide to UGC«, *Stackla*, 27.01.2021, https://stackla.com/resources/blog/what-is-user-generated-content-the-ultimate-guide-to-ugc-marketing/ (zugegriffen am 16.10.2021).

61 »2019 Edelman Trust Barometer Special Report: In Brands We Trust?«, Edelman 2019, https://www.edelman.com/sites/g/files/aatuss191/files/2019-06/2019_edelman_trust_barometer_special_report_in_brands_we_trust.pdf (zugegriffen am 15.10.2021).

62 »To affinity and beyond – from me to we, the rise of the purpose-led brand«, Accenture 2018, https://www.accenture.com/t20181205t121039z__w__/us-en/_acnmedia/thought-leadership-assets/pdf/accenture-competitiveagility-gcpr-pov.pdf (zugegriffen am 15.10.2021)

63 »2019 Edelman Trust Barometer Special Report: In Brands We Trust?«.

64 »Themenseite: Influencer Marketing«, *Statista*, 27.08.2019, https://de.statista.com/themen/3754/influencer-marketing/ (zugegriffen am 16.10.2021).

65 Geyser, Werner: »80 Influencer-Marketing-Statistiken für 2021«, *Influencer Marketing Hub*, 12.07.2020, https://influencermarketinghub.com/de/influencer-marketing-statistiken/ (zugegriffen am 13.10.2021).

66 »Themenseite: Influencer Marketing«.

67 »George Clooney: Vermögen, Einkommen und Verdienst 2021«, *VermögenMagazin*, 28.02.2014, https://www.vermoegenmagazin.de/george-clooney-vermoegen/ (zugegriffen am 16.10.2021).

68 Birkner, Helena: »Social-Media-Atlas: So stark beeinflussen Influencer die Kaufentscheidungen junger Menschen«, *Horizont Online* (28.06.2021), https://www.horizont.net/marketing/nachrichten/social-media-atlas-so-stark-beeinflussen-influencer-die-kaufentscheidungen-junger-menschen-192611 (zugegriffen am 16.10.2021).

69 »What An Influencer Can Do For Your Brand (IGC)«, *Olapic*, 13.12.2017, https://www.olapic.com/resources/consumers-follow-listen-trust-influencers_article/ (zugegriffen am 17.10.2021); Riaz, Nadia: »Die Psychologie hinter dem Influencer Marketing«, *W&V online* (05.01.2018), https://www.wuv.de/tech/die_psychologie_hinter_dem_influencer_marketing (zugegriffen am 17.10.2021).

70 »Influencer werben für mein FAKE-PRODUKT«, 05.09.2021, https://www.youtube.com/watch?v=BpdgOzFO7wE (zugegriffen am 14.10.2021).

71 »Medienstaatsvertrag«, 16.02.2021, https://www.zdf.de/uri/2684ad03-7405-429e-980e-f256ecf7b7be (zugegriffen am 14.10.2021).

72 Ebd.

73 Wenn du dich genauer mit der Kennzeichnungspflicht beschäftigen willst, kannst du dir den Leitfaden der Medienanstalten mal genauer ansehen: Die Medienanstalten – ALM GbR: »Leitfaden der Medienanstalten – Werbekennzeichnung bei Online-Medien« (06.2021). https://www.die-medienanstalten.de/fileadmin/user_upload/Rechtsgrundlagen/Richtlinien_Leitfaeden/ua_Leitfaden_Medienanstalten_Werbekennzeichnung_Online-Medien.pdf

74 »Schleichwerbung durch Influencer – Urheberrecht 2021«, *Urheberrecht.de*, 15.08.2021, https://www.urheberrecht.de/schleichwerbung/ (zugegriffen am 14.10.2021); »Product Placement & Produktplatzierung – Urheberrecht 2021«, *Urheberrecht.de*, 15.08.2021, https://www.urheberrecht.de/product-placement/ (zugegriffen am 14.10.2021).

75 »Schleichwerbung durch Influencer – Urheberrecht 2021«.

76 Abbildung in Anlehnung an https://www.startworks.de/markenkern-bestimmen.

77 »§ 201a StGB: Wann ist Fotos machen strafbar?«, *Anwalt.org – Finden Sie den richtigen Anwalt!*, 15.10.2021, https://www.anwalt.org/201a-stgb/ (zugegriffen am 14.10.2021).

78 »Studie von Das Örtliche: 95 Prozent der kleinen & mittelständischen Unternehmen verspielen Sichtbarkeits-Chancen im Netz«, *Das Örtliche für Unternehmen*, 22.05.2019, https://www.dasoertliche.de/unternehmen/presse/studie-von-das-oertliche-95-prozent-der-kleinen-mittelstaendischen-unternehmen-verspielen-sichtbarkeits-chancen-im-netz/ (zugegriffen am 13.10.2021).

79 Ebd.
80 Stanford Graduate School of Business: »Jennifer Aaker: Harnessing the Power of Stories«, 13.03.2013, https://www.youtube.com/watch?v=9XoweDMh9C4 (zugegriffen am 17.10.2021).
81 Stanford Graduate School of Business: »Jennifer Aaker: The Power of Story«, 05.03.2016, https://www.youtube.com/watch?v=CdO9a41WUss (zugegriffen am 17.10.2021).
82 Zak, Paul: »Paul Zak: Vertrauen, Moral – und Oxytocin«, 2011, https://www.ted.com/talks/paul_zak_trust_morality_and_oxytocin?language=de (zugegriffen am 17.10.2021).
83 Vaynerchuk, Gary: »Document, Don't create: Creating Content that Builds Your Personal Brand«, *GaryVaynerchuk.Com*, 2016, https://www.garyvaynerchuk.com/creating-content-that-builds-your-personal-brand/ (zugegriffen am 14.10.2021).
84 »Markenkommunikation: Instagram ist der Duz-Kanal schlechthin«, *Appinio*, 01.07.2019, https://www.appinio.com/de/blog/studie-markenkommunikation-siezen-duzen (zugegriffen am 16.10.2021).
85 Lenz, Andreas: »Informationszeitalter oder absolute Reizüberflutung?«, *Dietrich Identity – Markenberatung, Corporate Design Agentur, Corporate Identity Beratung*, 23.10.2013, https://www.dietrichid.com/branding/reizueberflutung/ (zugegriffen am 16.10.2021).
86 Graefe, Lena: »Designwirtschaft: Umsatzentwicklung in Deutschland bis 2019«, *Statista*, 10.11.2020, https://de.statista.com/statistik/daten/studie/165763/umfrage/umsatzentwicklung-in-der-designwirtschaft-seit-2003/ (zugegriffen am 15.10.2021).
87 Singh, Satyendra: »Impact of color on marketing«, *Management Decision* 44/6 (01.01.2006), S. 783–789.
88 »Emotional Branding: Emotionale Wissenslücke bei Marketingexperten groß«, *YouGov: What the world thinks*, 25.08.2015, https://yougov.de/news/2015/08/25/emotional-branding-emotionale-wissenslucke-bei-mar/ (zugegriffen am 15.10.2021).
89 »Urheberrechtsverletzung: Definition, Begriff und Erklärung«, *JuraForum*, 25.07.2021, https://www.juraforum.de/lexikon/urheberrechtsverletzung (zugegriffen am 16.10.2021); »BMJV | Urheberrecht im Internet«, 2021, https://www.bmjv.de/DE/Verbraucherportal/DigitalesTelekommunikation/Urheberrecht/UrheberrechtImInternet_node.html (zugegriffen am 16.10.2021).
90 »Spitzenquote bei letzter Sendung: 15 Millionen Zuschauer sahen ›Wetten, dass..?‹«, *Spiegel Online*, 04.12.2011, https://www.spiegel.de/kultur/tv/spitzenquote-bei-letzter-sendung-15-millionen-zuschauer-sahen-wetten-dass-a-801594.html (zugegriffen am 15.10.2021).
91 Rezo ja lol ey: »Die Zerstörung der CDU.«, 18.05.2019, https://www.youtube.com/watch?v=4Y1lZQsyuSQ (zugegriffen am 16.10.2021); Richter, Markus: »›CDU-Zerstörungs-Video‹ von Rezo – Jung, politisch und sendungsbewusst«,

Deutschlandfunk Kultur, 25.05.2019, https://www.deutschlandfunkkultur.de/cdu-zerstoerungs-video-von-rezo-jung-politisch-und.1264.de.html?dram:article_id=449667 (zugegriffen am 16.10.2021).

92 H., Alice: »Erfolgreichster YouTuber 2020: Wer ist eigentlich Varion?«, *Promiflash.de*, 14.12.2020, https://www.promiflash.de/news/2020/12/14/erfolgreichster-youtuber-2020-wer-ist-eigentlich-varion.html (zugegriffen am 16.10.2021).

LIVING A SELFMADE LIFE

Mit 27 sitze ich in meiner 1,5-Zimmer-Bude in Oldenburg und habe bis dahin alles gemacht, was meine Eltern von mir erwarteten: Abitur und Studium. Dann breche ich aus dem vorgezeichneten Leben aus, um meinen eigenen Weg zu gehen. Ich erkenne die Chancen von Internet und Social Media, baue mich selbst zur Marke auf und mache einen Umsatz in Millionenhöhe.

In meinem Buch spreche ich offen über meine Fehler, meine Ängste und den Mut, Träume zu leben. Meine Botschaft: Dein Weg muss nicht kerzengerade verlaufen, der Glaube an dich selbst und die konsequente Umsetzung von Ideen machen dich langfristig auch außerhalb der Systemgrenzen glücklich.

224 Seiten
Klappenbroschur
18,99 € (D) | 19,60 € (A)
ISBN 978-3-95972-369-5

www.finanzbuchverlag.de

Haben Sie Interesse an unseren Büchern?

Zum Beispiel als Geschenk für Ihre Kundenbindungsprojekte?

Dann fordern Sie unsere attraktiven Sonderkonditionen an.

Weitere Informationen erhalten Sie bei unserem Vertriebsteam unter **+49 89 651285-252**

oder schreiben Sie uns per E-Mail an:
vertrieb@m-vg.de